ADVANCE PRAISE FOR
Decolonizing Paradise

"In *Decolonizing Paradise*, Rosalina Díaz blends the voices of scientists with local healers and activists to explore a radical ethnography of plants and people in the Caribbean. Through their lived experiences in this crucially important bioregion, herbalists, brujas, and western-trained scientists resurrect and reveal indigenous and diasporic plant wisdom that has long been denigrated. This collection is an important ethnobotanical starting point for the colonized people of the Caribbean to redress centuries of cultural and environmental injustice."

—Robert Voeks, Author of *The Ethnobotany of Eden: Rethinking the Jungle Medicine Narrative*

"*Decolonizing Paradise* is a must-read primer for anyone interested in an insider perspective of environmental stewardship in the Caribbean region, as told by the voices of those currently active in the movement. In recognizing the long-standing environmental conflicts, clashes and actions of local activists and community groups, this book rectifies historical omissions and misperceptions, and challenges the still prevailing narrative of inaction and dependence that has wrongly stigmatized this population for centuries."

—Alexis Massol-Gonzalez, Founding Director of Casa Pueblo of Adjuntas; Recipient of the Goldman Environmental Prize (2002)

"At a time when the world is intensely focused on finding solutions to complex and existential environmental issues, *Decolonizing Paradise* is an indispensable tool for those wanting to engage in collective action in the Caribbean. This timely anthology of scholars, scientists, farmers, grassroots activists and environmentalists provides both historical context and an agenda for the sustainable environmental future of the region, with a particular emphasis on Puerto Rico.

Decolonizing Paradise will quickly become essential reading for those interested in the Caribbean's environmental struggles, particularly as understood and analyzed by those who are currently in the trenches. *Decolonizing Paradise* also provides hope and inspiration for all those—students, policy makers, activists and scholars—who want to see change happen in the Caribbean."

—Felix V Matos Rodriguez, Chancellor of the City University of New York (CUNY), Author of *Women and Urban Change in San Juan, Puerto Rico, 1820–1868*

Decolonizing Paradise

COUNTERPOINTS

Studies in Criticality

Shirley R. Steinberg
General Editor

Vol. 536

The Counterpoints series is part of the Peter Lang Education list.
Every volume is peer reviewed and meets
the highest quality standards for content and production.

PETER LANG
New York • Berlin • Brussels • Lausanne • Oxford

Decolonizing Paradise

A Radical Ethnography of Environmental Stewardship in the Caribbean

Edited by
Rosalina Diaz

PETER LANG
New York • Berlin • Brussels • Lausanne • Oxford

Library of Congress Cataloging-in-Publication Control Number: 2022041734

Bibliographic information published by **Die Deutsche Nationalbibliothek.**
Die Deutsche Nationalbibliothek lists this publication in the "Deutsche Nationalbibliografie"; detailed bibliographic data are available on the Internet at http://dnb.d-nb.de/.

ISSN 1058-1634
ISBN 978-1-4331-9543-3 (hardback)
ISBN 978-1-4331-9544-0 (paperback)
ISBN 978-1-4331-9541-9 (ebook pdf)
ISBN 978-1-4331-9542-6 (epub)
DOI 10.3726/b20012

80 Broad Street, 5th floor, New York, NY 10004

www.peterlang.com

Dedication

Figure 0.1: Frances L. Dunston (19– to 2021)

Frances L. Dunston lived in Brooklyn, NY, where she was a renowned wellness practitioner. Heavily influenced by the world of plant medicine and all things considered alternative medicine from a young age, Fran dedicated her life to the healing arts. Her bodywork clients ranged from those having post-operative procedures, cancer recovery patients, pre- and post-natal clients with chronic and acute skeletal muscular dysfunction, and hospice patients. She worked with medical professionals to create holistic wellness protocols for all her patients. The wealth of her accumulated experience included plant medicines, and their healing and spiritual properties, massage therapy, crystal and gem healing modalities, and aromatherapy. Frances also conducted numerous workshops on the topic of indigenous remedies for the prevention of illness, self-care, and the management of health during chronic illness episodes.

Our beloved sister-healer was taken from us in 2021, while in the process of writing a chapter for our edited volume, *Decolonizing Paradise.* Her contribution to this volume would have focused on the herbs in the Crucian culture, as well as the role of "Bush Medicine" in spiritual life as it relates to African spiritual practice, Santeria, aka the White arts. Her parents hailed from the islands of Puerto Rico and St. Croix where indigenous practices stemming from "Bush Medicine" are well integrated into everyday life, not only in relation to herbs taken for acute alignments, but also as incorporated into food.

During her too-brief time on the Earth, Fran healed countless bodies and spirits. We were, all of us who knew her, the richer for her presence in our lives. Fran is survived by her husband, Jeffrey, and her daughters.

Dedicación

Frances L. Dunston vivía en Brooklyn, NY, donde era una reconocida practicante de bienestar. Fuertemente influenciada por el mundo de la medicina vegetal y todas las cosas consideradas medicina alternativa, Fran dedicó su vida a las artes curativas. Sus clientes iban desde los que tenían procedimientos postoperatorios, pacientes en recuperación de cáncer, clientes pre y post natales con disfunción muscular esquelética crónica y aguda y pacientes de hospicio. Trabajó cerca con profesionales médicos para crear protocolos de bienestar holísticos para todos sus pacientes. La riqueza de su experiencia acumulada incluye medicinas de plantas, y sus propiedades curativas y espirituales, terapia de masaje, cristales y gemas modalidades curativas y aromaterapia. Frances también realizó numerosos talleres sobre el tema de los remedios indígenas para la prevención de enfermedades, el autocuidado y el manejo de la salud durante enfermedades crónicas.

Nuestra querida hermana-sanadora nos fue arrebatada en 2021, mientras escribía un capítulo para nuestro volumen editado, *Decolonizing Paradise.* Su contribución a este volumen se habría centrado en las hierbas en la cultura cruciana, así como el papel de la "medicina Bush" en la vida espiritual, ya que se relaciona con la práctica espiritual africana, Santeria, alias las artes blancas. Sus padres procedían de las islas de Puerto Rico y Santa Cruz, donde las prácticas indígenas derivadas de la "medicina Bush" están bien integradas en la vida cotidiana.

Durante su breve tiempo en la Tierra, Fran sanó innumerables cuerpos y espíritus. Éramos, todos los que la conocíamos, los más ricos por su presencia en nuestras vidas. A Fran le sobreviven su marido, Jeffrey, y sus hijas.

For a colonized people the most essential value, because the most concrete, is first and foremost the land: the land which will bring them bread and, above all, dignity.

Para un pueblo colonizado el valor más esencial, porque el más concreto, es ante todo la tierra: la tierra que les traerá pan y, sobre todo, dignidad.

Frantz Fanon, *The Wretched of the Earth* (1961)

Table of Contents

Illustrations

Foreword

NELSON ALVAREZ FEBLES

The editor of this book defines it as radical, meaning emergent from and returning to the roots, and indicates that the voices that transmit the ancient knowledge of women and indigenous peoples of the Caribbean should not be conditioned by a reductionist and authoritarian science that claims a monopoly on intelligence.

Movements that advocate for the rights of local peoples/communities, gender equity, the rescue of ancestral and peasant knowledge, and solidarity with/and respect for nature hold reductionism as responsible for many of the current social and ecological problems: global warming and climate change, the destruction of entire ecosystems, the quantitative and qualitative increase in diseases, cultural homogenization, the excessive accumulation of wealth, and its counterpart, poverty, in which a large part of humanity lives. In place of the Cartesian paradigm, that assumes the whole as equal to the sum of the parts, we propose the multidimensional multiplicity of natural and social systems. The enormous and complex biological diversity that sustains our lives—plants, animals, insects, fish, trees, cereals, fruits, medicines, fibers, tubers, among others—and its ability to adapt to innumerable climatic, geographic, and cultural niches, is the result of the intelligence of local communities, not chance, as official science has often claimed.

Our Caribbean ancestors, the inhabitants of the Antilles before the European invasion, lived in close relationship with nature. Dominant science has constructed anthropocentric schemes to justify the destruction and domination of natural resources, repeating hierarchical narratives like mantras, *the lion is the king of the jungle*, or *the big fish eats the small fish*. However, modern ecology posits that nature is composed of complementary relationships, in which diversity gives rise to systemic stability.

The Taínos, the majority ethnic group in the Caribbean at the time of the conquest, were described by chroniclers as very healthy, "more vegetarian than carnivorous." Farmers, hunters, fishermen, and gatherers, they fed on a huge variety of plants, fruits, bark, roots, insects, animals, fish, and birds. This rapport with the territory and biodiversity is at the root of the sustainable and productive relationship they had with the land, as well as one of the primary causes of the brutality with which they were enslaved and exterminated.

Contrary to what many have been taught, our ancestors were not enslaved solely for the purpose of extracting gold from the rivers. Europeans arrived in the Caribbean islands with empty ships' holds or damaged supplies. They lacked bread, an essential staple of their diets. They tried and failed at planting wheat or other grains. As farmers, the peoples of the Caribbean harvested a great quantity, quality, and diversity of products. The main method of sowing was the *montones* or mounds that they made in the fields or *conucos*. Utilizing this method, they made *casabe* or *casabí*, a type of bread, by processing cassava, also known as manioc. According to nutritional studies, cassava is a food with high nutritional content, in some values higher than wheat-based bread. Unfortunately for the Taínos, it soon became the dietary staple for the invaders, essential for the continued conquest of other continental lands. In addition to forced labor, the rape of women, and mutilations, the colonizers demanded regular deliveries of bundles of cassava bread from the *caciques*, the chieftains. In 1521, on the now arid island of Mona, 27,500 pounds of cassava bread was reportedly delivered to Spanish settlers on their way to present-day Venezuela.

The harmonious and respectful relationship of our Caribbean ancestors with nature, allowed them to obtain all the elements needed for their sustenance by using strategies and practices that integrated natural environments and human communities. We maintain that the essence of this experience of sustainability has endured in many of the current practices of our peasants. At the same time, this heritage forms an enormous wealth of knowledge to build a sustainable future in our territories as an integral and necessary part of a decolonizing process, and a post-colonial future of local empowerment in partnership with mother nature.

In the centuries that followed the ecological and social destruction of the 16th century, a process of miscegenation, racial mixing, took place, which we call the "time of the *guácaras*" (Taíno or Arawakan word for caves). Fleeing from the invaders, the caves in the mountainous interior of the island became hideouts for the Taínos, fugitive African slaves, and Spaniards who fled from the arbitrariness of the Spanish authorities and laws. We maintain that the *jíbaros* in Puerto Rico are the product of that racial mix; contrary to those who consider them to be the descendants of the Spanish whites, although certainly some European sectors adopted the name *jíbaro*—people of the forest in Arawak—with pride. **[SEE CHAPTER 2 BY GLADYS M. Nazario Muñiz]**

Similar processes have been described in Cuba, in relation to the use of *guajiro* to designate the native peasants. The Caribbean peasantry has inherited the knowledge of the native American peoples, the Africans, and the Spanish peasants, as well as from other European and Mediterranean countries. However, we argue that the main traditional peasant agronomic strategies come to us from the original native peoples who inhabited the Caribbean.

Today, throughout the Caribbean and Mesoamerica, agroecology is being integrated by local communities as an agronomic tool, a social movement, and a political paradigm. For example, in the recent electoral triumph of the Historical Pact in Colombia (June 2022), local and regional movements that self-identify with agroecology were present, such as *Tierra Libre* in the center of the country. These political movements are possible through diverse multiplicities, from the integration of ecology as a commitment to nature, ecological agriculture as successful management based on local resources and community knowledge, and the inclusion of women, peasants and communities as protagonists of the struggle for food sovereignty as a strategy of political self-management. Peasant women occupy a special place, both historically and currently, as curators and guardians of the extraordinary biodiversity that sustains us.

Integration of Social Ecological strategies becomes more necessary in the face of increased natural disasters and climate changes suffered by the planet, which are amplified in the Caribbean due to its geographical designation as a hurricane zone, coastal maritime nature, and warm climate. Community experiences, confirmed by scientific studies, show that agroecological farms have greater resistance and resilience to hurricanes.

Circling back to theme of the tome that we are prologuing, a radical ethnography of the Caribbean necessarily demands that we be both objects and subjects of the construction of a future grounded on historic and ancestral knowledge, immersed in a decolonizing process that encompasses all areas: mental and social, from our bodies to our spirits. The authors who collaborate in the pages that follow admirably elucidate, from the roots, the movements and strategies essential toward an understanding of how to build that future.

In conclusion, I share a poem of my own authorship dedicated to *Atabiera*, the mother goddess and feminine principle of the ancestral Taino world:

> Atabeira of verdant enchantments
> and yawning sinkholes
> with fog adorned,
> from your guácaras spring
> the moist roar of deep subterranean roots

As the breeze
sweeps the batey of my soul,
you dive naked, in blood,
on a thousand clouds,
once festooned
for the festival of life

Prefacio

NELSON ALVAREZ FEBLES

La editora de este libro lo define como radical, que quiere decir ir a y desde las raíces, y nos señala que las voces que trasmiten el conocimiento milenario de las mujeres y los pueblos originarios del Caribe no deben ser condicionadas por una ciencia reduccionista y autoritaria que pretende el monopolio sobre la inteligencia.

Desde sectores que reivindican los derechos de los pueblos y las comunidades locales, la diversidad de géneros, el rescate de los conocimientos ancestrales y campesinos, la solidaridad y el respeto para relacionarnos con la naturaleza, el reduccionismo es responsabilizado por muchos de los problemas sociales y ecológicos actuales: el calentamiento global y el cambio climático, la destrucción de ecosistemas completos, el aumento cuantitativo y cualitativo de enfermedades, la homogenización cultural, la acumulación desmedida de la riqueza y su contraparte la pobreza en que vive gran parte de la humanidad. Ante el paradigma cartesiano de que *el todo es igual a la suma de las partes*, oponemos la multiplicidad multidimensional de los sistemas naturales y sociales. La enorme y compleja diversidad biológica que nos sustenta la vida—plantas, animales, insectos, peces, árboles, cereales, frutas, medicinales, fibras, tubérculos, entre otros—, y su capacidad de adaptación a innumerables nichos climáticos, geográficos y culturales, es el resultado de la inteligencia de las comunidades locales, no del azar, como mayoritariamente ha pretendido la ciencia oficial.

Nuestras ancestras caribeñas, todos los habitantes de las Antillas antes de la invasión y el genocidio europeo, vivían en estrecha relación con la naturaleza.

La ciencia dominante ha construido esquemas antropocentristas para justificar la destrucción y dominación de los recursos naturales, repitiendo como si fueran mantras esquemas jerárquicos, tales como el *león es el rey de la selva*, o *el pez grande se come al pez pequeño*. Sin embargo, la ecología moderna plantea que lo que existe en la naturaleza son relaciones de complementariedad, en las cuales la diversidad da lugar a la estabilidad sistémica.

Los taínos, la etnia mayoritaria al momento de la conquista, llamada así por los españoles, fueron descritos por los cronistas como muy saludables, "más vegetarianos que carnívoros," y eran agricultores, cazadores, pescadores y recolectores. Se alimentaban de una enorme variedad de plantas, frutas, cortezas, raíces, insectos, animales, peces y aves. Esa compenetración productiva con la tierra y la biodiversidad está tanto en la raíz de la relación solidaria y sostenible que tenían nuestros pueblos originarios con la tierra, como de la brutalidad con que fueron esclavizados y exterminados.

Cómo agricultores lograban una gran cantidad, calidad y diversidad de productos. El método principal de siembra eran los *montones* que hacían en las fincas o *conucos*. Contrario a lo que se nos ha enseñado, nuestros ancestros no solo fueron esclavizados para extraer oro de los ríos. Los europeos llegaban a Puerto Rico y a las otras islas con las bodegas de los barcos vacías o con las provisiones dañadas. Les faltaba el pan, elemento esencial de sus dietas. Intentaron y fracasaron en la siembra de trigo u otros cereales.

Sin embargo, no tardaron mucho en darse cuenta de que los pueblos caribeños hacían *casabe o casabí*, un tipo de *pan*, procesando la yuca. Según los estudios bromatológicos, el casabe es un alimento de buen contenido nutricional, en algunos valores superior al pan de trigo. Para desgracia de los taínos, se convirtió en la base nutricional para los invasores y elemento esencial para recargar bodegas y continuar hacia la conquista de otras tierras continentales. Además del trabajo forzado, la violación de las mujeres y las mutilaciones, los colonizadores, exigían a los caciques entregas regulares de atados de pan casabe. En 1521 se informa de una entrega, en la hoy árida isla de Mona, de 27,500 libras de pan de casabe, a colonos españoles que iban hacia la actual Venezuela.

La relación armoniosa y respetuosa de nuestros ancestros caribeños con la naturaleza, les permitía conseguir todos los elementos para su sustento mediante la práctica de estrategias basadas en creencias integradoras del medio natural y las comunidades humanas. Sostenemos que la esencia de esa vivencia de sustentabilidad ha perdurado en muchas prácticas en nuestros campesinos y campesinas; y forma un enorme caudal de conocimiento para construir un futuro en nuestros territorios como parte de un proceso descolonizador y un futuro poscolonial de empoderamiento de las bases comunitarias en respeto con la madre naturaleza.

En los siglos que siguen a la destrucción natural y social del siglo XVI, se da un proceso de mestizaje, que llamamos *los tiempos de las guácaras*, las cuevas en lenguaje taíno o arahuaco. Huyendo de los invasores, las cuevas del interior de las islas se convierten en reductos para la huida y supervivencia de taínos, esclavos africanos cimarrones y españoles que huyen de las leyes y arbitrariedades de las autoridades española. Sostenemos que los jíbaros en Puerto Rico son los campesinos producto de aquel mestizaje; contrario a quienes consideran que son los descendientes de los blancos españoles, aunque ciertamente algunos sectores europeos adoptaron el gentilicio jíbaro—gente del bosque en arahuaco—con orgullo. **[VER CAPÍTULO DE GLADYS M. Nazario Muñiz]**

Procesos similares se han descrito en Cuba en relación con el uso *de guajiro* para designar al campesinado autóctono. Ese campesinado caribeño es hereditario de los saberes de los pueblos originarios americanos, los africanos y los campesinos españoles y de otros lugares de Europa y el Mediterráneo. Sin embargo, sostenemos que las principales estrategias agronómicas campesinas de las islas nos llegan de los pueblos originarios que poblaban el Caribe.

En las bases sociales en todo el Caribe y Mesoamérica la agroecología se construye como herramienta agronómica, movimiento social y paradigma político. En el éxito electoral reciente del Pacto Histórico en Colombia (junio, 2022) estuvieron presentes movimientos locales y regionales que se auto identifican con la agroecología, como *Tierra Libre* en el centro del país. Estas articulaciones son posibles mediante las multiplicidades, a partir de la integración de la ecología como compromiso con la naturaleza, la agricultura ecológica como gestión exitosa a partir de los recursos locales y los conocimientos comunitarios, y la inserción de las mujeres, campesinos y comunidades en el centro de la lucha por la soberanía alimentaria como estrategia de autogestión política. Especial es el lugar en la historia y el presente de las mujeres campesinas, principales gestoras y guardianas de la biodiversidad que nos sustenta.

La movilización desde la ecología social se hace más necesaria ante el aumento de desastres naturales y cambios climáticos que sufre el planeta, los cuales se amplifican en el Caribe por su naturaleza marítima costera, clima cálido y por ser zona de huracanes. Las experiencias comunitarias, confirmadas por los estudios científicos, demuestran que las fincas agroecológicas tienen mayor resistencia y resiliencia ante los huracanes.

Retomando la propuesta de la editora del libro que estamos prologando, una etnografía radical del Caribe necesariamente nos convoca a ser a la vez objetos y sujetos de la construcción del futuro a partir de la historia y los saberes ancestrales, rescatados en un proceso descolonizador que abarca todos los ámbitos: mentales, sociales, desde nuestros cuerpos a nuestras espiritualidades. Las autoras y autores que colaboran en las páginas que siguen abarcan, desde las raíces, muchas de las luchas y resiliencias esenciales para comprender y construir futuros posibles.

Para terminar, me permito compartir un poema de mi autoría dedicado a *Atabiera*, la diosa madre y principio femenino de nuestro mundo ancestral:

Atabeira de los verdes encantos
y profundos sumideros
engalanada de nieblas
de tus guácaras brota
el húmedo bramido de las raíces

como la brisa
barre el batey de mi alma
te sumerges   desnuda de sangre
en mil nubes
una vez engalanada
para la fiesta de la vida

Acknowledgments

This volume has been years in the making and would not have been possible without the collaborative effort and support of so many extraordinary individuals. I would first like to acknowledge the amazing debt I owe to all the authors who have contributed their words, wisdom, and lived experiences to this work. The incorporation of their personal experiences within these chapters transformed research data into "life," with all its complexities, dramas/traumas, and victories. There were several others who contributed as well, though not in the form of a chapter. Their contribution to both this book and the environmental justice and sustainability movement is notable. These include Robert Mayer from Vida Marina, Ruth Santiago, environmental community lawyer, Betzy Cameron, Finca de la Yucca, and Jannette Gavillan from Tramil and Finca Gaia. Additionally, Peter Visscher, my assistant, and right hand, in all things related to the organization, proofing, and formatting of this book, was a godsend. Likewise, translator, Joshua Acevedo, who was able to turn around work at supersonic speed—sometimes within a day! It truly does take a team.

Finding the right publisher for this work was very challenging, as it is not your standard academic text or your general knowledge text. After several efforts, *Decolonizing Paradise* found its home with Peter Lang Publishing for several reasons. Shirley Steinberg, series editor, immediately grasped my vision for the book. She did not ask me to exclude voices, as others had done, because the voices "did not fit" or were not "credentialed enough." She embraced the entirety of the work wholeheartedly. Likewise, acquisitions editor, Dani Green, further strengthened my positive perception of Peter Lang, by celebrating the uniqueness of our project, down to the non-traditional formatting, the addition of multiple visuals, and the linguistic modifications. In fact, she was excited by all of it. Her suggestions regarding translation and formatting issues, amongst other things, were sensitive and insightful. Always responsive, enthusiastic, and accessible throughout, she was all things an editor should be.

For the last 15 years, I have been blessed to be a faculty person at Medgar Evers College, CUNY. Medgar Evers College, named for the slain civil rights activist, was constituted as a response from the local Crown Heights community for a college, focused on social justice, in their own Brooklyn neighborhood. Though the history of the institution has been at times tumultuous and contested, I am grateful to work within a community where I am constantly challenged by the confluence of identity and social justice issues, as it has made me hyper-aware of multi-positionality. A special thanks to my Chair (and sister from another mother) in the Department of Social and Behavioral Sciences, Maria Delongoria, for her outstanding support of me as a fellow WOC academic and writer, navigating the challenges embedded within that identity.

Finally, I would like to acknowledge my family, my mother, Rosa, my husband, George, and my four daughters and grandchildren for their ongoing support and love—a love that transcends all borders and boundaries—un amor que perdona todo lo malo.

Agradecimientos

Este volumen lleva años en ciernes y no habría sido posible sin el esfuerzo colaborativo y el apoyo de tantos extraordinarios individuos. Primero quiero reconocer la asombrosa deuda que tengo con todos los autores que han aportado sus palabras, sabiduría y experiencias vividas a esta obra. La incorporación de sus experiencias personales dentro de estos capítulos transformó los datos de investigación en "vida," con todas sus complejidades, dramas/traumas y victorias. Hubo varios otros que contribuyeron también, aunque no en forma de capítulo. Su contribución tanto a este libro como al movimiento de justicia ambiental y sostenibilidad es notable. Estos incluyen a Robert Mayer de Vida Marina UPR, Aguadilla, Ruth Santiago, abogada de la comunidad ambiental, Betzy Cameron, Finca La Yuca, y Jannette Gavillan de Tramil y Finca Gaia. Adicionalmente, Peter Visscher, mi asistente, y la mano derecha, en todas las cosas relacionadas con la organización, pruebas y formato de este libro, fue un regalo de Dios. Igualmente, el traductor, Joshua Acevedo, UPR Aguadilla, quien pudo entregar trabajos a velocidad supersónica—¡a veces en un día! Realmente se necesita un equipo.

Encontrar el editor adecuado para este trabajo fue muy difícil, ya que no es su texto académico estándar o su texto de conocimiento general. Después de varios esfuerzos, *Decolonizing Paradise* encontró su hogar con Peter Lang Publishing por varias razones. Shirley Steinberg, editora de la serie, captó inmediatamente mi visión del libro. Ella no me pidió que excluyera las vopces, como otros lo habían hecho, porque las voces "no encajaban" o no estaban "suficientemente acreditadas."

Ella abrazó la totalidad del trabajo de todo corazón. Del mismo modo, el editor de adquisiciones, Dani Green, fortaleció aún más mi percepción positiva de Peter Lang, al celebrar la singularidad de nuestro proyecto, hasta el formato no tradicional y la adición de múltiples imágenes. De hecho, estaba emocionada por todo. Sus sugerencias con respecto a la traducción y el formato, entre otras cosas, fueron sensibles y perspicaces. Siempre receptiva, entusiasta y accesible en todo, ella era todo lo que un editor debe ser.

Durante los últimos 15 años, he sido bendecido por ser una persona de la facultad en Medgar Evers College, CUNY. Medgar Evers College, llamado así por el activista de derechos civiles asesinado, fue constituido como una respuesta de la comunidad local de Crown Heights para una universidad, enfocada en la justicia social, en su propio barrio de Brooklyn. Aunque la historia de la institución ha sido a veces tumultuosa y disputada, estoy agradecido de trabajar dentro de una comunidad en la que me desafía constantemente la confluencia de temas de identidad y justicia social, ya que me ha hecho hiperconsciente de la multiposicionalidad. Un agradecimiento especial a mi Cátedra (y hermana de otra madre) en el Departamento de Ciencias Sociales y del Comportamiento, Maria Delongoria, por su sobresaliente apoyo de mí como compañera académica y escritora de WOC, navegando por los desafíos incrustados dentro de esa identidad.

Por último, quiero agradecer a mi familia, a mi madre, a Rosa, a mi marido, George, y a mis cuatro hijas y nietos por su apoyo y amor constantes, un amor que trasciende todas las fronteras y límites, *un amor que perdona a todo lo malo.*

Introduction: A Radically Reimagined Ethnography of the Caribbean

ROSALINA DÍAZ

The history of the peopling of the Greater Antillean region, Cuba, Dominican Republic/Haiti, Jamaica, Puerto Rico, and the US Virgin Islands, goes back over 5000 years. There is archaeological evidence of plant use on the island of Puerto Rico, going back 4500 years (see Diaz, chapter 1). According to 16th-century European chroniclers, Caribbean natives used plants in every aspect of their lives, nutritional, medicinal, and spiritual. As a result of European colonialism, the cultural development of the indigenous population was radically disrupted and their connection to the land on which they had toiled for centuries was severed. All cultural knowledge, including plant wisdom, went underground. Herbal practitioners, shamed and ridiculed as *"brujas"* and *"santeras,"* continued to practice in obscurity. The industrialization, urbanization, and tourism projects of the 20th century exacerbated the exploitation of the natural environment, which began with the plantation economy imposed by European settlement. However, the history of environmental activism and push-back on the islands is also noteworthy, "the Puerto Rican environmental movement got under way very early and has been distinctively political since its beginnings, 20 years before most other nations" (Concepcion, 1995, p. 112). The Fanon quote in the epigraph beautifully encapsulates the understanding that a colonized people MUST reclaim their connection to the land in order to decolonize, not just their bodies, but their hearts and minds as well. Thus, in the Greater Antilles, political movements have sprung up alongside grassroots environmental activism and a resurgence of indigenous identity.

In this same spirit of decolonization, this edited volume seeks to advance a somewhat radical ethnographic process where the informants, some identified as insider/outsiders, are presented as collaborators/contributing authors, with the inherent authority to tell their own stories from their unique standpoints. It is radical in that I, as the ethnographer, do not presume expertise or authority over their narratives or lived experiences. As an anthropologist, strongly influenced by critical feminist theory, I engage/enact the premise that knowledge and reality are socially constructed and situational (Haraway, 1988). Hence, the knowledge accrued by both women and indigenous peoples over thousands of years of observation and practice cannot and should not be so easily discounted by the relatively younger and less tried discipline of Science. This becomes even more significant at this critical juncture in our history, in the shadow of climate change, when any and all voices and knowledges may be crucial to the continuation of our entire species.

Therefore, this volume goes beyond cross-disciplinary in that it not only brings together academic scholars and scientists from the various disciplines but also includes and validates the expertise of those on the front lines, farmers, grassroots community activists, educators, healers, herbalists, and brujas, as equal partners in knowledge production and dissemination. That is, in and of itself, not just radical, it is revolutionary.

Furthermore, this book introduces a reimagined vision for the future of the Caribbean, as a geographically contained and interconnected region. Contrary to popular belief, the ancestors of modern-day Caribbean people were not *Taino*, *Carib*, or *Arawak* (these were European designations). They were one people who traded goods and shared resources, knowledge, and cultural traditions. Likewise, the authors in this book all have personal lived connections to the Caribbean region and thus to each other—some are current residents working to enact meaningful change in their communities—others are children of the Diaspora—descendants of the First Peoples of the Americas. Still others are circular migrants with a foothold in several realities—many embody a combination of all these identifiers. Their voices represent multiple worlds and ways of knowing, as their understanding is emergent from the kaleidoscopic intersectionality of their identities. Hence, the organization for the chapters in this book was especially challenging. In the end, I decided on geographic region, as that is how most Caribbean folk identify themselves. However, in this introduction, I discuss the chapters according to the role the author emphasized in their contribution, with the understanding that they all enact multiple overlapping roles in their lives. The authors of chapters 1, 2, 6, and 7 focus on indirect action, via research and education. Whereas the authors of chapters 3, 4, 5, and 8 emphasize direct action via community activism. Chapter 9 stands apart, for reasons I will explain shortly.

Understanding that "Situated knowledges are about communities, not about isolated individuals" and that "the only way to find a larger vision is to be somewhere in particular" (Haraway, 1988), I have chosen to situate my research (chapter 1) in *Boriken*, the land of my birth. In doing so, I too embrace my insider/outsider status, balancing my knowledge of Western thought and theory with the values, historiography, and collectivist knowledges of my ancestral indigeneity. By tapping into my own "double consciousness" as described by the great W.E.B. Dubois, I am able to access reality via multiple lenses, with the full understanding and acknowledgment that my intersectionality is a gift and a privilege. While I cannot claim complete objectivity regarding my island nation, my objectivity can be termed as strong (Harding, 1992) in that it is both comprehensive and transparent. My geo-historical overview of Puerto Rico, framed by my post-hurricane Maria experiences, traverses space and time, detailing the indelible impact human occupation has had on the environmental landscape, from the pre-colonial period to the present.

In Dr. Gladys M. Nazario Muñiz's contribution (chapter 2), she relates her ethnographic accounts of the *Jibaro* of the Central mountainous region of Puerto Rico, conducted in the early 1980s. *Jíbaro* (translated as "people of the mountain") refers to individuals who live inland, have very few possessions, and are believed to be direct descendants of the indigenous Taíno. Gladys conducted her informal research while living in a municipality (*Utuado*) considered sacred by the First Nation inhabitants, due to its close proximity to the *Caguana* Ceremonial site, a central site for native spiritual ceremonies over many centuries. In this chapter, she shares her research regarding the science and *Jibaro* folklore of the medicinal plants of Puerto Rico, as well as her own scholarly research on the ethnobotanical properties of weeds.

In chapter 6, Jorge Baracutei Estevez, educator and Taíno historian, shares his extensive scientific, historical, and lived knowledge of the *Anandenanthera peregrina* plant, commonly known as *Cohoba*, as well as other entheogens used by the indigenous Taíno of the Caribbean for mental, physical and/or spiritual health. He explains, "these medicines are used to fight alcoholism, addiction to cocaine, heroin, and other substances. Modern people who venture into the world of plant medicine seek answers to deeply rooted traumas, post-traumatic stress disorders, and phobias" (see Estevez, chapter 6). Additionally, Jorge relates ethnographic accounts of rural curanderos/healers of the Maguana, Cibao, and Higüey regions of the Dominican Republic and provides insights into indigenous spiritual healing modalities still practiced today.

Dr. Ina Vandebroek's contribution, presented in chapter 7, lies at the intersection of floristics, ethnobotany, community health, and conservation. Ina's research with Dominican immigrants in New York City indicates that, even in times of general loss of biological and cultural diversity worldwide, the use of wild and semi-domesticated plants remains popular in many communities and forms an integral part of their biocultural heritage. Her research has important implications for healthcare delivery to underserved communities.

Perhaps no contributor in this text more succinctly encapsulates the role of an activist than Dr. Arturo Massol Deyá of Casa Pueblo, a community organization. His contribution (chapter 3) begins with his indoctrination into direct political action at the tender age of 8! Born into a family of activists in the central mountainous municipality of *Adjuntas*, Arturo was educated into a reality that valued community voice and struggle as a means toward achieving the goal of a self-sufficient Puerto Rico. Sadly, he also learned that "participation in community-based struggles with ecological consciousness is a subversive act with consequences." From ongoing surveillance (conducted by state and federal authorities) to harassment and outright violence, Arturo shares the harrowing experiences of the Massol family on their journey toward self-determination and environmental justice for their community.

As a local legend and best-selling author, María Benedetti's contribution to this work is emblematic of her life journey. After 40 years as an herbalist and educator, María shifted, chameleon-like, into the role of grassroots activist and *Wise* woman, in the truest sense of that word. In chapter 5, María invites us into her process, as a community activist, in strategizing how best to educate, engage and galvanize local support in current environmental battles in Puerto Rico. Additionally, she shares the tools she co-created to increase awareness and convey a sense of urgency, regarding the negative effects of pesticides (such as glyphosate). Through her work, words, and actions, María reminds us that environmental stewardship, at any age, requires persistence, resilience and, most of all, a willingness to embrace change.

In chapter 4, U.S.-trained architect turned agriculturalist and queer rights activist, Tara Rodríguez Besosa, presents her personal life trajectory in relation (side by side) to the history of her colonized birthplace, Puerto Rico. Additionally, she shares her vision for a queer collective farm sanctuary in rural Caguas, aptly named, *Otra Cosa, Somos Otra Cosa* (translated as Something Else, we are something else), which she purchased in 2018. Understanding that "Nature is Queer" and "does not follow the order or binaries established by human society," Tara seeks to enter into relationship with the land she cohabits on equal footing with the multitude of non-humans already inhabiting that space. Her unique approach to undoing colonialism by creating/constructing a different reality that exists as the antithesis of the American capitalist agenda, is indeed "something else." Her vision evokes the words of the late Audre Lorde, "For the master's tools will never dismantle the master's house. They may allow us to temporarily beat him at his own game, but they will never enable us to bring about genuine change."

Best-selling author Juliet Díaz's contribution introduces the concept of spiritual decolonization as a necessary tool for the enactment of true activism. As a Cuban bruja and an ancestral seer of the Ciboney and Guanahatabey people, she theorizes that colonization and the imposition of Western religions have programmed the colonized to believe that real "magic" and power exist only outside themselves and are thus unattainable. She advocates for self-activism through community care, connecting/living in alignment with the ancestors, and ritual practice. In chapter 8, she shares rituals and spells for accessing the ancestors, community healing, and the healing of generational trauma.

This volume concludes with a chapter by Gen Z Nuyorican environmentalist/activist, Gabriela Miranda-Diaz. As the youngest of our contributors, Gabriela represents the generation most likely to be impacted by climate change, hence it is her generation's voice that most matters in this dialogue. She embodies the future, and her contribution (chapter 9) reminds us of the urgency of the moment. In this chapter, she communicates the reality that being born, and living, in the diaspora has not resulted in an escape from the legacy of oppression and social injustice for the descendants of the colonized. Instead, it has resulted in isolation, displacement, and a sense of not fitting in anywhere. No other contributor more poignantly expresses the dire need to regroup and reconsider our standpoint on climate change, environmental injustice, and the need for engagement in radical action. In addition to her narrative, Gabriela has compiled an extensive listing of environmental and grassroots organizations across the Greater Antillean region, based on her personal research, including her own anecdotes of interactions with select organizations and their mission/purpose, as well as contact information for those desiring further information.

REFERENCES

Concepcion, C. (1995). *Modern Environmental Activism in Puerto Rico*. Blackwell Publishers.

Haraway, D. (1988). Situated Knowledges: The Science Question in Feminism and the Privilege of Partial Perspective. *Feminist Studies*, Autumn 1988, Vol. 14, No. 3.

Harding, S. (1992). Rethinking Standpoint Epistemology: "What Is Strong Objectivity?" *The Centennial Review*, Fall 1992, Vol. 36, No. 3.

Introducción: Una Etnografía del Caribe Radicalmente Reimaginada

ROSALINA DÍAZ

La historia de los pueblos de la Gran Antillas, Cuba, República Dominicana/ Haití, Jamaica, Puerto Rico y las Islas Vírgenes de los Estados Unidos, se remonta a más de 5000 años. Hay evidencia arqueológica de uso de plantas en la isla de Puerto Rico, que se remonta a 4500 años atrás (ver Díaz, capítulo 1). Según cronistas europeos del siglo XVI, los nativos caribeños utilizaban plantas en todos los aspectos de sus vidas, nutricionales, medicinales y espirituales. Como resultado del colonialismo europeo, el desarrollo cultural de la población indígena se ve radicalmente perturbado y su conexión con la tierra en la que han trabajado durante siglos se ve cortada. Todo el conocimiento cultural, incluida la sabiduría vegetal, pasó a la clandestinidad. Los herbolarios, avergonzados y ridiculizados como "brujas" y "santeras," continuaron practicando en la oscuridad. Los proyectos de industrialización, urbanización y turismo del siglo XX exacerbaron la explotación del medio natural, que comenzó con la economía de las plantaciones impuesta por los asentamientos europeos. Sin embargo, la historia del activismo ambiental y el retroceso en las islas también es digna de mención, "el movimiento ambiental puertorriqueño se puso en marcha muy temprano y ha sido distintivamente político desde sus inicios, 20 años antes que la mayoría de las otras naciones" (Concepción, 1995, p. 112). La cita de Fanon en el epígrafe resume maravillosamente el entendimiento de que un pueblo colonizado DEBE recuperar su conexión con la tierra para descolonizar, no solo sus cuerpos, sino también sus corazones y mentes. Así, en las Antillas Mayores, han surgido movimientos políticos junto con el activismo ambiental de base y un resurgimiento de la identidad indígena.

En este mismo espíritu de descolonización, este volumen editado busca avanzar en un proceso etnográfico un tanto radical donde los informantes, algunos identificados como intrusos/extraños, se presentan como colaboradores/autores contribuyentes, con la autoridad inherente de contar sus propias historias desde sus puntos de vista únicos. Es radical en que yo, como etnógrafo, no presumo de pericia o autoridad sobre sus narrativas o experiencias vividas. Como antropóloga, fuertemente influenciada por la teoría feminista crítica, participo/promulgo la premisa de que el conocimiento y la realidad son socialmente construidos y situacionales (Haraway, 1988). De ahí que los conocimientos acumulados tanto por las mujeres como por los pueblos indígenas a lo largo de miles de años de observación y práctica no puedan ni deban ser descontados tan fácilmente por la disciplina de la Ciencia, relativamente más joven y menos probada. Esto se vuelve aún más significativo en esta coyuntura crítica de nuestra historia, a la sombra del cambio climático, cuando todas y cada una de las voces y conocimientos pueden ser cruciales para la continuación de toda nuestra especie.

Por lo tanto, este volumen va más allá de la interdisciplinariedad, ya que no solo reúne académicos y científicos de las diversas disciplinas, sino que también incluye y valida la experiencia de aquellos en primera línea, agricultores, activistas comunitarios de base, educadores, curanderos, herboristas y brujas, como socios iguales en la producción y difusión del conocimiento. Eso es, en sí mismo, no solo radical, es revolucionario.

Además, este libro introduce una visión reimaginada para el futuro del Caribe, como una región geográficamente contenida e interconectada. Contrariamente a la creencia popular, los ancestros de los caribeños modernos no eran taínos, caribes o arahuacos (estas eran designaciones europeas). Eran un solo pueblo que comerciaba bienes, compartía recursos, conocimientos y tradiciones culturales. De la misma manera, los autores de este libro todos tienen conexiones personales con la región del Caribe y por lo tanto entre sí—algunos son residentes actuales que trabajan para implementar cambios significativos en sus comunidades—otros son hijos de la Diáspora—descendientes de los Primeros Pueblos de las Américas. Otros son migrantes circulares con una posición en varias realidades—muchos encarnan una combinación de todos estos identificadores. Sus voces representan múltiples mundos y formas de saber, pues su comprensión emerge de la interseccionalidad caleidoscópica de sus identidades. Por lo tanto, la organización de los capítulos de este libro fue especialmente difícil. Al final, decidí la región geográfica, ya que así es como la mayoría de los caribeños se identifican. Sin embargo, en esta introducción, discuto los capítulos de acuerdo al papel que el autor enfatizó en su contribución, con el entendimiento de que todos ellos promulgan múltiples roles superpuestos en sus vidas. Los autores de los capítulos 1, 2, 6 y 7 se centran en la acción indirecta, a través de la investigación y la educación. Mientras que los autores de los capítulos 3, 4, 5 y 8 enfatizan la acción directa a través del activismo comunitario. El capítulo 9 se distingue, por razones que explicaré.

Entendiendo que "los conocimientos situados son sobre comunidades, no sobre individuos aislados" y que "la única manera de encontrar una visión más amplia es estar en algún lugar en particular" (Haraway, 1988), he optado por situar mi investigación (capítulo 1) en Boriken, la tierra de mi nacimiento. Al hacerlo, yo también abrazo mi estatus de persona de dentro/fuera, equilibrando mi conocimiento del pensamiento y la teoría occidentales con los valores, la historiografía y los conocimientos colectivistas de mi indigeneidad ancestral. Aprovechando mi propia "doble conciencia," como la describe el gran W.E.B. Dubois, puedo acceder a la realidad a través de múltiples lentes, con el pleno entendimiento y reconocimiento de que mi interseccionalidad es un don y un privilegio. Si bien no puedo afirmar una objetividad completa con respecto a mi nación insular, mi objetividad puede calificarse de sólida (Harding, 1992) en el sentido de que es amplia y transparente. Mi visión geohistórica de Puerto Rico, enmarcada por mis experiencias post-huracán María, atraviesa el espacio y el tiempo, detallando el impacto indeleble que la ocupación humana ha tenido en el paisaje ambiental, desde el período precolonial hasta el presente.

En su contribución (capítulo 2), la Dra. Gladys M. Nazario Muñiz relata sus relatos etnográficos del Jibaro de la región montañosa central de Puerto Rico, realizado a principios de los años ochenta. Jíbaro (traducido como "pueblo de la montaña") se refiere a individuos que viven en el interior, tienen muy pocas posesiones y se cree que son descendientes directos de los indígenas Taíno. Gladys realizó su investigación informal mientras vivía en un municipio (Utuado) considerado sagrado por los habitantes de la Primera Nación, debido a su cercanía al sitio Ceremonial de Caguana, un sitio central para ceremonias espirituales nativas a lo largo de muchos siglos. En este capítulo, comparte su investigación sobre la ciencia y el folclore de Jibaro de las plantas medicinales de Puerto Rico, así como su propia investigación académica sobre las propiedades etnobotánicas de las malas hierbas.

En el capítulo 6, Jorge Baracutei Estevez, educador e historiador Taíno, comparte su amplio conocimiento científico, histórico y vivido de la planta de Anandenanthera peregrina, comúnmente conocida como Cohoba, así como otros enteógenos utilizados por los indígenas taínos del Caribe para la salud mental, física y/o espiritual. Según explica, "estos medicamentos se utilizan para combatir el alcoholismo, la adicción a la cocaína, la heroína y otras sustancias. Las personas modernas que se aventuran en el mundo de la medicina vegetal buscan respuestas a traumas profundamente arraigados, trastornos de estrés postraumático y fobias" (ver Estévez, capítulo 6). Además, Jorge relata relatos etnográficos de curanderos/

curanderos rurales de las regiones Maguana, Cibao e Higüey de la República Dominicana y proporciona información sobre las modalidades de sanación espiritual indígena que todavía se practican hoy.

La contribución de la Dra. Ina Vandebroek, presentada en el capítulo 7, se encuentra en la intersección de la florística, la etnobotánica, la salud comunitaria y la conservación. La investigación de Ina con inmigrantes dominicanos en la ciudad de Nueva York indica que, incluso en tiempos de pérdida general de la diversidad biológica y cultural a nivel mundial, el uso de plantas silvestres y semidomesticadas sigue siendo popular en muchas comunidades y forma parte integral de su patrimonio biocultural. Su investigación tiene importantes implicaciones para la prestación de servicios de salud a comunidades desatendidas.

Tal vez ningún colaborador en este texto resume más sucintamente el papel de activista que el Dr. Arturo Massol Deyá de Casa Pueblo, una organización comunitaria. Su contribución (capítulo 3) comienza con su adoctrinamiento en la acción política directa a la tierna edad de 8 años! Nacido en una familia de activistas en el municipio montañoso central de Adjuntas, Arturo fue educado en una realidad que valoraba la voz y la lucha de la comunidad como un medio para lograr la meta de un Puerto Rico autosuficiente. Tristemente, también aprendió que "la participación en luchas de base comunitaria con conciencia ecológica es un acto subversivo con consecuencias." Desde la vigilancia continua (llevada a cabo por autoridades estatales y federales) hasta el acoso y la violencia abierta, Arturo comparte las desgarradoras experiencias de la familia Massol en su viaje hacia la autodeterminación y la justicia ambiental para su comunidad.

Como leyenda local y autora de best-seller, la contribución de María Benedetti a esta obra es emblemática de su trayectoria vital. Después de 40 años como herbolaria y educadora, María pasó, camaleónica, al papel de activista de base y mujer Sabia, en el verdadero sentido de esa palabra. En el capítulo 5, María nos invita a participar en su proceso, como activista de la comunidad, en la estrategia de la mejor manera de educar, involucrar y galvanizar el apoyo local en las actuales batallas ambientales en Puerto Rico. Además, comparte las herramientas que co-creó para aumentar la conciencia y transmitir un sentido de urgencia, con respecto a los efectos negativos de los pesticidas (como el glifosato). A través de su trabajo, palabras y acciones, María nos recuerda que la gestión ambiental, a cualquier edad, requiere persistencia, resiliencia y, sobre todo, voluntad de abrazar el cambio.

En el capítulo 4, la arquitecta formada en Estados Unidos y convertida en agricultora y activista por los derechos de los homosexuales, Tara Rodríguez Besosa, presenta su trayectoria personal de vida en relación (lado a lado) con la historia de su lugar de nacimiento colonizado, Puerto Rico. Además, comparte su visión de un santuario colectivo de granjas queer en la zona rural de Caguas, llamado acertadamente, Otra Cosa, Somos Otra Cosa, que compró en 2018. Entendiendo que "la naturaleza es queer" y "no sigue el orden ni los binarios establecidos por la sociedad humana," Tara busca entrar en relación con la tierra que cohabita en igualdad de condiciones con la multitud de no humanos que ya habitan ese espacio. Su enfoque único para deshacer el colonialismo creando/construyendo una realidad diferente que existe como la antítesis de la agenda capitalista estadounidense, es en efecto "otra cosa." Su visión evoca las palabras del difunto Audre Lorde: "Porque las herramientas del maestro nunca desmantelarán la casa del maestro. Pueden permitirnos vencerlo temporalmente en su propio juego, pero nunca nos permitirán lograr un cambio genuino."

La contribución de Julieta Díaz, autora de best-seller, introduce el concepto de descolonización espiritual como una herramienta necesaria para la promulgación de verdadero activismo. Como bruja cubana y vidente ancestral del pueblo Ciboney y Guanahatabey, teoriza que la colonización y la imposición de las religiones occidentales han programado a los colonizados para creer que la verdadera "magia" y el poder existen sólo fuera de sí mismos, y por lo tanto son inalcanzables. Aboga por el autoactivismo a través del cuidado comunitario, la conexión/la vida en alineación con los ancestros y la práctica ritual. En el capítulo 7, comparte rituales y hechizos para acceder a los antepasados, la sanación de la comunidad y la curación del trauma generacional.

Este volumen concluye con un capítulo de la ambientalista/activista de Gen Z Nuyorican, Gabriela Miranda-Diaz. Como la más joven de nuestras colaboradoras, Gabriela representa la generación más propensa a ser impactada por el cambio climático, de ahí que sea la voz de su generación la que más importa en este diálogo. Ella encarna el futuro, y su contribución (capítulo 9) nos recuerda la urgencia del momento. En este capítulo, comunica la realidad de que nacer, y vivir, en la diáspora no ha resultado en un escape del legado de opresión e injusticia social para los descendientes de los colonizados. En cambio, ha resultado en aislamiento, desplazamiento y una sensación de no encajar en ningún lugar. Ningún otro contribuyente expresa con más conmoción la necesidad imperiosa de reagrupar y reconsiderar nuestro punto de vista sobre el cambio climático, la injusticia ambiental y la necesidad de involucrarnos en acciones radicales. Además de su narrativa, Gabriela ha compilado una extensa lista de organizaciones ambientales y de base en toda la región de las Antillas Mayores, basada en su investigación personal, incluyendo sus propias anécdotas de interacciones con organizaciones selectas y su misión/propósito, así como información de contacto para aquellos que desean más información.

REFERENCIAS

Concepcion, C. (1995). *Modern Environmental Activism in Puerto Rico.* Blackwell Publishers.

Haraway, D. (1988). Situated Knowledges: The Science Question in Feminism and the Privilege of Partial Perspective. *Feminist Studies,* Autumn 1988, Vol. 14, No. 3.

Harding, S. (1992). Rethinking Standpoint Epistemology: "What Is Strong Objectivity?" *The Centennial Review,* Fall 1992, Vol. 36, No. 3.

CHAPTER 1

From Borikén to Puerto Rico: Landscape Memory as Historical Narrative

ROSALINA DÍAZ

FIELD NOTES: SEPTEMBER 2017

My daughter and I were silent during the drive West on Route 2 to Aguadilla, PR. Skeletal branches reached out to us from the side of the road as we passed, as if in mournful supplication. It was September 29th, nine days after Hurricane Maria had pummeled the island with Cat 5 hurricane winds, leaving behind a trail of despair and devastation. We stared blankly at what had once been a vibrant verdant countryside, now a barren wasteland stretching into the horizon for as far as the eye could see. Where were the palmas, the proud flamboyán trees waving vibrant red and yellow blossoms in the tropical breeze? The entire experience was surreal. This was not the Puerto Rico of my childhood, and in the eyes of the people lurked a haunting grief …

Our silence, however, was not due to the sadness we felt at the devastation surrounding us, though that was profound. It was due to fear—fear at what might await us when we reached our final destination. We had traveled to Puerto Rico to locate and rescue my 78-year-old mother. We had had no communication with her since 9/20, the day the hurricane struck, downing the old and decrepit power lines and creating a communication black-out on the island. I had tried every means at my disposal to get information as to her whereabouts and/or condition, to no avail. The week that followed the hurricane was the worst—the unfathomable purgatory of not knowing. I could not work, I watched news reports obsessively, and cried myself to sleep every night —fearing the worst, praying for the best. Finally, unwilling to live in that purgatory of ignorance any longer, I determined to go to Puerto Rico to find her.

We knew that there would be no water, electricity, or even gasoline once we left the San Juan airport. We had not been able to acquire return tickets, but all of that seemed trivial. We had heard that families and seniors in my mother's neighborhood had been relocated to shelters. I could not even imagine my proud mother at a shelter or accepting charity of any kind. And so we headed to her home, in the hope that we knew her well enough to know she would not willingly abandon her "casita." As we neared the adjoining town of Isabela, we searched anxiously for the *ancient Ceiba trees (so highly valued by the locals that the planners of the expressway built around them rather than cut them down), and upon sight of them, still standing persistently, majestically, my hopes were renewed.*

Figure 1.1: The Majestic Ceiba (Ceiba Petandra L.) on Route 2 survives Hurricane Maria!
Note: From Author

We had to stop several times on the road to her urbanization, due to closed roads, fallen tree branches and debris, and missing street lights, but finally we pulled up outside her home. The Hurricane winds had buffeted the façade of the house, scouring off the soft pastel color paint. It now looked dull and lifeless, and there was no welcoming porch light to alert us to her presence within. The neighborhood was silent as the grave. We feared the worst. We knocked on her door and heard sounds from within—footsteps slow and careful, and then the door opened and my mother stood on the other side. She was almost unrecognizable. She looked small and frail and so very thin. Her face reflected surprise, pain, and a vulnerability I had never seen before. Her eyes overflowed with tears as we hugged her. She kept repeating, "I thought I was going to die alone."

Figure 1.2: Living the aftermath
Note: From Author

I am ashamed to say that after the initial elation of finding my mother alive and well subsided, I grew afraid. Days passed and we were unable to secure return tickets. I was on the phone with the airline, every hour of every day (thank goodness I had invested in a solar powered battery charger). I grew afraid I might not be able to escape the island, the same island that had always been my home—my safe haven from the world, was now a prison. I felt vulnerable. I couldn't imagine surviving without the luxuries I had grown accustomed to—clean drinking water, electricity/light, internet service, hot showers—for more than a few days. I felt ashamed of wanting to run out of there when so many could not. I still do. For many Puerto Ricans, including myself, Maria highlighted long-standing issues of inequity, food insecurity, and corrupt government practices that had plagued this island nation, and much of the Caribbean, since the onset of colonialism. It made us painfully aware of our dependent status and vulnerability, both as a small island and as a colony, surviving at the whim of the United States. In the weeks and months that followed, I observed a gradual human awakening, from grief, loss, and despair to resilience, determination, and an urgent desire for change.

INTRODUCTION: GEOGRAPHIC FEATURES

Watching the sun setting into the perfect azure waters of the Atlantic from the cliffs of Aguadilla, Puerto Rico, I can well understand why *She* is described as a tropical gem, La Perla del Caribe (the Pearl of the Caribbean). Puerto Rico is situated between the Atlantic Ocean, to the North, and the Caribbean Sea, to the south. She is strategically located at the entry point to the Caribbean and is the smallest and easternmost of the Greater Antilles, which also includes the Dominican Republic/Haiti, Jamaica, and Cuba. Puerto Rico and adjacent islands constitute 3,435 square miles, 110 miles east to west, and 35 miles north to south.

She supports a "mosaic of diverse ecosystems," which include marine, terrestrial, mangroves, and submerged seagrass beds. Its land cover is variable (40 % central high mountains, 35 % karst foothills, and 25 % narrow coastal plain). Her coastline is 311 miles and is dotted with sand dune areas and beaches, such as at Isabela, Piñones, and Luquillo. The central mountain range (Cordillera Central) has peaks over 4,000 feet high (Cerro de Punto) and can receive up to 200 inches of rainfall annually. Mountains are visible from every part of the island and run east to west from Humacao to Mayaguez. There are 50 rivers on the island and hundreds of streams:

> The large diversity of ecosystem types in such a small island means that no ecosystem type covers a large area … Within hours, events in the mountains impact coastal ecosystems. This degree of connectivity, coupled with the small size of many types of ecosystems, has enormous implications for their management and conservation. Tropical ecosystems of Puerto Rico are ecologically resistant and resilient to numerous environmental disturbances, but are very vulnerable to improper human activities. (Miller & Lugo, 2009, p. 83)

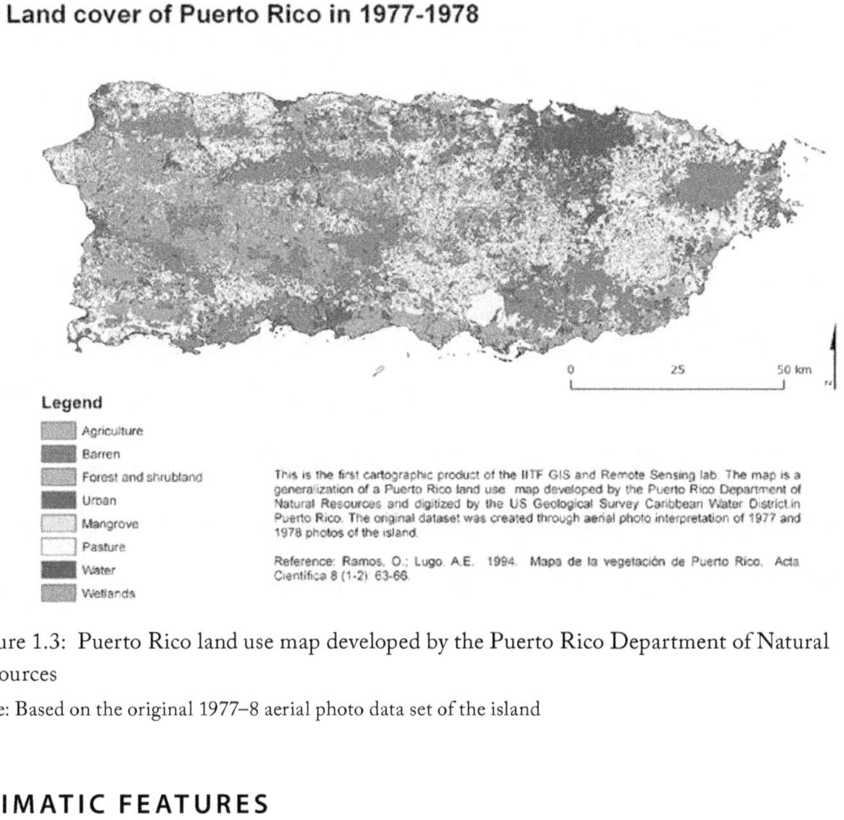

Figure 1.3: Puerto Rico land use map developed by the Puerto Rico Department of Natural Resources

Note: Based on the original 1977–8 aerial photo data set of the island

CLIMATIC FEATURES

Because of her geographic location in the Hurricane belt, Puerto Rico is prone to tropical storms and hurricanes, which have the potential for devastating long-term ecological impact, as observed in the tragic aftermath of Hurricane Maria in 2017. "During tropical storms and hurricanes, rivers on the south coast may become rapid torrents that flood extensive areas and often kill domestic grazing animals or human squatters living in the dry riverbeds or flood plains" (Miller & Lugo, 2009, pp. 21–22).

However, during most of the year, Puerto Rico has what can only be described as an idyllic climate. Warm ocean breezes bathe the island year round. May through November is considered the rainy period with January to March being slightly dryer, but also slightly cooler. Extremes in temperature are rare, with high temperatures rarely going into the mid 90° F and lows rarely below 60° F in the mountains.

The Köppen-Geiger system currently classifies Puerto Rico as Group CFA. This category groups the humid subtropical mid-latitude climates. Between 1900 and 1940, Puerto Rico was largely designated as an Equatorial fully humid region with the exception of the most southern region, which is classified as Equatorial Winter-dry. This changed from 1940 to 1980 when we saw a drop in precipitation patterns in the western coast, altering it from equatorial fully humid to Equatorial monsoonal. In 1980, 40 years after the changes in the western coast, the southernmost region's climate began to gradually shift from Equatorial winter dry to Equatorial fully humid. In 2000, all of Southern Puerto Rico shifted to Equatorial, fully humid, like the rest of the island except for the western coast, which was still Equatorial Monsoon. According to a B1 Projection model provided by … there will be a major shift from 2060 to 2080. During this time, the entire East Coast from Luquillo to Carolina will shift to an Equatorial monsoonal climate. Given the decrease in precipitation in the Caribbean as a result of global warming, this projection is the most likely scenario for Puerto Rico and could likely result in more drought and flooding events for the island population. "Islands in both the Caribbean and the Pacific are likely to experience significant warming in the next century … from approximately 2.5° F to over 6° F, depending on global greenhouse gas emissions throughout the 21st century" ("Climate Impacts on US Islands"). Figure 1.4 illustrates these changes.

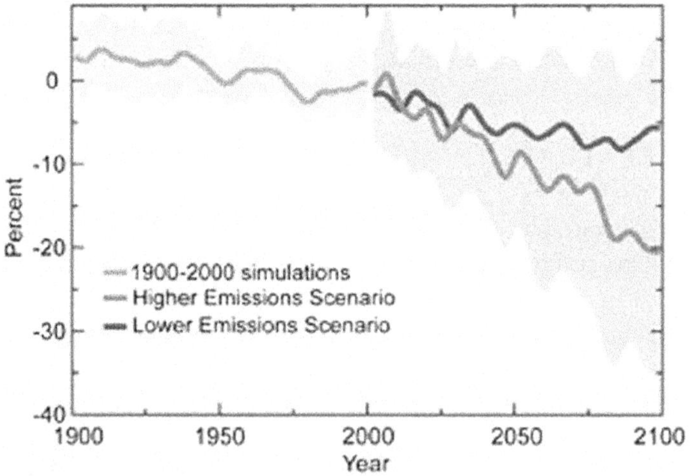

Figure 1.4: Caribbean precipitation change (1900 to 2100)

Note: From USGCRP (2009). Total annual precipitation has declined in the Caribbean and climate models project stronger declines in the future, particularly under higher emission scenarios. Such decreases threaten island communities that rely on rainfall for replenishing their freshwater supplies. The shaded areas show the likely ranges while the lines show the central projections from a set of climate models.

FLORA AND FAUNA

On a typical Puerto Rican evening, one is serenaded by the sounds of the tropics, a combination of bird song, insect sounds and the melodic susurrus of the coqui, the tiny tree frog, emblematic of the island's resilience. Puerto Rico is a land of diversity, and this extends to her Flora and Fauna.

The animals on the island represent 30 of the 34 phyla and 72 of 84 classes of animals. There are over 275 orders present that contain 1,500 of 6,200 animal families. Three of the animal families present are endemic to the Antilles. At least 10,335 species have been identified for the island. According to Vélez, about 50 percent of Puerto Rico's animals are terrestrial (more than 5,100 species), marine species comprise 38 percent of the fauna (approximately 3,900 species), freshwater species make up nearly 8 percent (almost 800 species), and symbiotic species comprise 5 percent of the fauna (over 500 species). The animals most associated with Puerto Rico are the Puerto Rican parrot (*Amazona vittata*), the Antillean manatee (*Trichechus manatus*), and the aforementioned Coquí (*Eleutherodactylus coqui*) tree frog, which makes the sound most recognized and loved by the island's inhabitants. Puerto Rico currently has no large land animals, but that has not always been the case:

> ... there were ground sloths and large rodents called hutías on the island. There were also native rats, moles, shrews, and hedgehogs in the fossil record.... All native terrestrial mammals are now extinct except for bats. Also, large populations of reptiles are reduced, with the rock iguana now confined to offshore islands. It is assumed that human disturbance activities associated with habitat destruction, the introduction of alien species, and possibly hunting pressures accounted for most of the problems encountered by the native fauna in the West Indies, species extinctions resulting from human pressures have struck the West Indies on a large scale .... Marine animal biodiversity is also declining in the Caribbean region. The native manatees, monk seals, and crocodiles once present, are largely extinct throughout most of their natural ranges. In addition, the populations of the large sea turtles (Green [*Chelonia mydas*], Hawksbill [*Eretmochelys imbricata*], and Leatherback [*Dermochelys coriacea*]) are all depressed and are all listed as endangered species throughout their ranges in the United States and Puerto Rico, as are all species of sea turtles. (Miller & Lugo, 2009, p. 45)

The island's flora includes more than 180 higher vascular plant families, with 3,100 mostly native species present (300 species are naturalized aliens and more than 250 endemics). Much of the plant diversity coincides with the island's diverse set of ecosystems, which range from rocky coastlines to wet elfin forests. The deep valleys and highly variable rainfall and soil types of the central mountain corridor all contribute to a complex flora (Miller & Lugo, 2009, p. 27).

THE HUMAN FACTOR: PRE-COLOMBIAN PUERTO RICO

The Puerto Rico that Columbus stumbled upon in 1493 has been much altered by time, climate, and human impact. As described in a 2009 USDA Technical Report:

> The *Taíno* people that lived on the island mostly fished and grew corn, yuca, yams, and cotton to supply their needs. In the 500-plus years since Columbus discovered Puerto Rico (1493, second voyage of discovery), the introduction and growth of non-indigenous European and African human populations has resulted in enormous habitat alteration throughout the island. In addition, thousands of alien species of plants and animals have been introduced, both intentionally and accidentally. Populations of some native species have undergone dramatic declines, whereas many introduced species have become naturalized ... (Miller & Lugo, 2009, p. 1)

However, evidence indicates there had already been significant alterations to the natural landscape prior to European colonization. Many accounts of the pre-Columbian Caribbean and Puerto Rico have been idealized to the point of myth. There is no doubt that Puerto Rico, along with the other Caribbean islands existed in a much more pristine condition than it currently exists, but to imagine that it was untouched is far from the truth. In his article, "The Pristine Myth: The Landscape of the Americas in 1492," William M. Denevan elaborates:

> There is substantial evidence, however, that the Native American landscape of the early sixteenth century was a humanized landscape almost everywhere. Populations were large. Forest composition had been modified, grasslands had been created, wild-life disrupted, and erosion was severe in places. Earthworks, roads, fields, and settlements were ubiquitous. (1992, p. 369)

Archival accounts of Puerto Rico's history prior to the arrival of Columbus are non-existent, as it is believed the indigenous people did not have a written language. Much of what we know about Puerto Rico's early history comes from archaeological evidence, but interpretations are consistently disputed, debated, and amended as new evidence continually comes to light. According to Dr. Irving Rouse, Puerto Rico was initially occupied by an archaic group of people (Ortoiroids) that traveled up from Trinidad while it was still attached to the South American mainland, and then advanced through the Lesser Antilles and Virgin Islands, finally stopping at the western shores of Puerto Rico. It was there that they established a frontier, circa 1000 to 400 BCE, across from the Casimiroid people (later displaced by the Ostionoids circa 600 BCE) who had arrived earlier from Middle America and had settled in Hispaniola and Jamaica. The Ortoiroid people were seafarers and did not exploit the terrestrial area extensively. Whereas the Saladoids & Ostionoids (forebears of the Classic

Tainos), who arrived circa 500 BCE, "expanded from the coastal plains to the beaches, apparently to more fully exploit the shellfish and other fish available there and in the sea" (Rouse, 1992, pp. 69–70). Jesse Fewkes, who excavated in Puerto Rico at the turn of the 20th century, speaks of the "existence of shell heaps along the coast of Porto Rico ... excavations have been made in some of these heaps situated near Salinas, on the south shore" (Fewkes, 1907, p. 86). He goes on to speak of shell heaps he had visited near Coamo Springs. "The heaps are very extensive, covering considerable portions of the bluff on the left bank of the Coamo River. At this place there is an embankment 20 or more feet above the river in which are layers of shells with fragments of pottery. On the surface shells occur for a hundred feet or more from the edge of the embankment" (Fewkes, 1907, pp. 86–87). By the Ostionoid and Classical Taino period, 600 AD to 1500 AD, the population had exploded. According to William Keegan, "the Taino (encountered by Columbus) reflect the syncretism of Saladoid and the Archaic-inspired Ostionoid" (Keegan, 2006, p. 8). Rouse goes on to state "the size of the two populations increased steadily during post-Saladoid time. Both groups expanded into the major mountain valleys in Period IIIa and fanned out into the rest of the interior in Period IIIb. By period IVA, their center had shifted from the coast to the interior" (Rouse, 1952, pp. 566–71). As the population grew, so did their exploitation of both marine and terrestrial flora and fauna:

> Taino caught fish in nets, speared them and used hooks and lines. They then stupefied them with poison, trapped them in weirs, and stored both fish and turtles in weirs until they were ready to eat them. They drove hutias into corrals by burning the prairies or chasing them with dogs and torches and kept them penned there until needed. They plucked iguanas off trees and decoyed wild parrots with tame birds. In the absence of large land mammals, they augmented their supply of protein by spearing manatees in the mouths of the rivers and by eating dogs. They may also have had guinea pigs, but the evidence for this is inconclusive. (Sauer, 1966, pp. 58–59 in Rouse, 1992, p. 13)

Rouse believes that the increase in population during this time may have been facilitated by the development of mounded agricultural fields (*conucos*) (Rouse, 1992, p. 108). This substantial population is further substantiated by historical accounts:

> Columbus encountered large permanent villages in Hispaniola and Puerto Rico, each governed by a chief or Cacique. They contained an average of one thousand to two thousand people and ranged in size from a single building to twenty to fifty buildings ... (Sauer, 1966, pp. 62–64)
>
> All that has been discovered up to the year forty-nine [1549] is full of people, like a hive of bees, so that it seems as though God had placed all, or the greater part of the entire human race in these countries. (Las Casas, in MacNutt, 1909, p. 314)

Denevan states that scholars believe there were 40–100 million natives in the hemisphere and exploitation of natural resources was expansive and all-encompassing (Denevan, 1992, p. 369). According to recent archaeological evidence, the Taino and their ancestors were farming for thousands of years before European colonization:

> The available data indicate that Puerto Rican agriculture began at least 4500 years ago (Pagán Jiménez et al. 2005; Rodríguez Ramos 2010). Microscopic analyses of starch granules preserved for thousands of years in the ground facets of stone tools that have been found in pre-Arawak contexts of Puerto Rico (Pagán Jiménez et al 2005; Pagán Jiménez 2009, 2011), indicating that the first pre-Columbian inhabitants of the island were already manipulating domestic and wild plants, some of which they imported from neighboring areas in the continental mainland. The cultivated botanical repertoire included corn (*Zea mays* L., Poaceae), yam or sweet potato (*Ipomoea batatas* (L.) Lam., Convolvulaceae), manioc (*Manihot esculenta* Crantz, Euphorbiaceae), and beans (*Phaseolus vulgaris* L., Fabaceae, and other species of legumes). Also, these pre-Arawak groups introduced less well-known plants, like *yuquilla* or arrowroot (*Maranta arundinacea* L., Marantaceae), gruya (*Canna* sp., Cannaceae), and arrowhead (*Sagittaria latifolia*, Alismataceae). In tandem with these introduced plants, those ancient societies utilized native species of cycads, particularly *Zamia* (Zamiaceae), better known as *marunguey* in Puerto Rico or *guáyiga*, in Hispaniola. … These indigenous societies were not only competent farmers since their earliest occupation of the island, but also developed a repertoire of botanical traditions that engaged them ritually with their floral landscape. (Rodríguez Ramos, Pagán-Jiménez, Santiago-Blay, Lambert, & Craig, 1990, pp. 83–84)

Additionally, historical accounts describe large tracts of land around the villages cleared for the cultivation of various everyday use food items. These accounts are supported by archeological evidence:

> Fruits, calabashes, cotton and tobacco were grown around the houses. Tobacco was smoked in the form of cigars (tobacco) apparently for pleasure. They collected a variety of wild fruits and vegetables, such as palm nuts, guava berries guayiga roots, whose remains have been found archaeologically. (Véloz Maggiolo, Ortega, & Caba Fuentes, 1981, pp. 169–170)

The extent of land used for farming purposes is unclear, based on the current archaeological record, but this historical account gives us an indication:

> Toward the Eastern part of this island of Puerto Rico several Christians went ashore where they found well-made houses formed around a plaza, one side of which opened on the sea. There was a very large street with cane fencing covered by interlacing vines. Above, like a green tapestry, were beautifully worked fields similar to the gardens one sees in Valencia in Spain. On the coast there was a high watchtower with a platform ample for a dozen persons, well-made like the houses. These must pertain to the Lord of the island or this part of it. (Loven, 1936, p. 337 quoted in Paiwonsky, 1991, p. 64)

Figure 1.5: The manner and style of gardening and planting of the Indians
Note: From The Drake Manuscript, fols. 120v–121, 1586

In addition to farming, the process of cultivating the cassava and other root vegetable was prevalent in Puerto Rico and required extensive use of land and resources:

> The Classic Taino had a sophisticated form of agriculture. Instead of simply slashing and burning the forest to make a temporary clearing, as is common in the tropics, they heaped up mounds of Earth in more permanent fields to cultivate root crops in the soft alluvial soil. The mounded fields were called *conuco*. The mounds three feet high and some nine feet in circumference, were arranged in regular rows. They retarded erosion, improved the drainage, and thus permitted more lengthy storage of the mature tubers in the ground. (Rouse, 1992, p. 12)

According to Dr. Agustin Stahl and Jesse Fewkes, the Taino were prolific mound builders. These mounds seem to have served various purposes in addition to agriculture, and were only one example of the various types of structures constructed by the Taino, which included large villages with dance plazas and/or ball courts, as well as watchtowers:

> Many of these structures are now found in the mountains but there is good evidence that in prehistoric times they were most numerous on the coastal plains. The latter regions are now given up mostly to sugar cultivation and have been planted with cane for so many years that all traces of aboriginal structures in them have been completely obliterated. Along the banks of the Rio Grande de Arecibo and its tributaries there are still found many remnants of ball courts, especially in the high mountains in the middle of the island. At present the best preserved are found near the towns of Utuado and adjuntas … During his archaeological studies in Utuado in 1903 over 20 bateys were brought to this author's attention. (Fewkes, 1907, pp. 81–84)

A batey, unearthed in Puerto Rico in 2007, can give us a more accurate idea of the dimensions of an intact village and ball court. The Jacanas site, alongside the Portugues River just north of Ponce, consists of nine acres and includes a "90 foot-long artifact laden midden mound, as well as a huge four-sided ceremonial center measuring 130 by 160 feet, and what could be as many as 400 prehistoric burials, post holes that delineate ancient dwellings, and a 60 foot-long row of intricately carved granite and sandstone petroglyphs" (Toner, 2008, p. 52) all

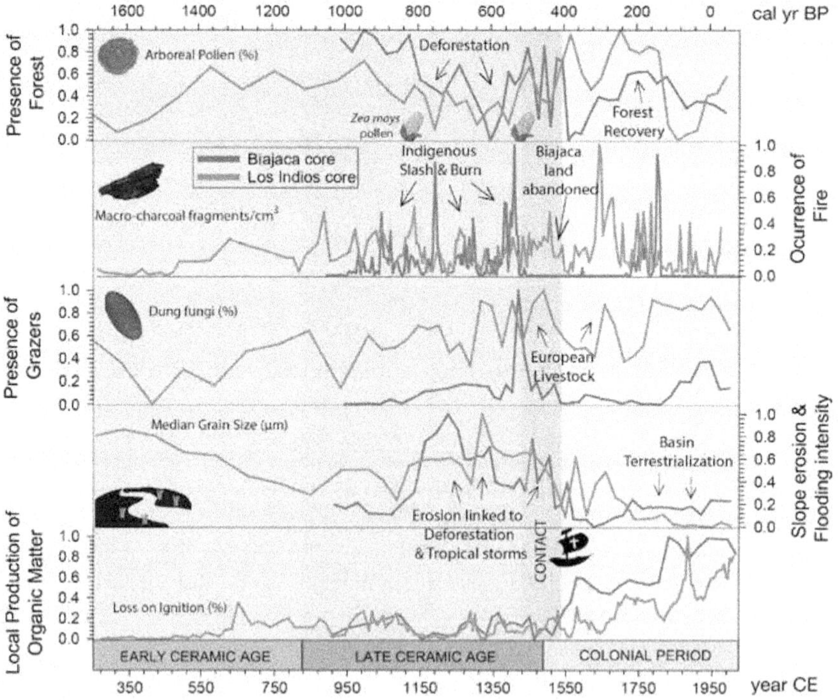

Figure 1.6: Paleoenvironmental change, Cibao Valley (Dominican Republic)

Note: Multiple lines of evidence from the Biajaca and Los Indios sediment cores. Measured values have been normalized (varying between 1 and 0). The records show the last ca. 1800 years of landscape and land-use changes in the Cibao Valley.

remarkably well-preserved. If this site, and others found to date, is indicative of the degree of terrestrial exploitation practiced by the Taino, then we can be sure it was substantial. However, it pales in comparison with the impact of the terrestrial exploitation of Europeans during the Colonial Period, as indicated in this chart for the neighboring island of Hispaniola.

EARTH-BASED MEDICINAL AND NUTRITIONAL PRACTICES OF THE TAINO

In March 1495, shortly after landing on the island of San Salvador, Columbus commissioned a Catalan missionary from the Jeronymite order, Fray Ramon Pané, to live with and learn about the Taino people of the Greater Antilles. Pané had come to the New World to serve as a chaplain to the newly arrived Spanish settlers. Over a three-year period, he wrote extensively about the Taino. Pané's diligence is evidenced by the fact that he wrote the most complete and reliable account of Taino customs and beliefs ever recorded. As in many other indigenous cultures, the Taino cosmology included a belief in the power of the four sacred elements, *earth, water, fire, and air.* A combination of these elements was typically employed in their healing practices. According to Pané, an *Earth*-based Taino belief system played an integral part in their daily existence. Everything born of *Earth*, including trees, herbs, plants, roots, and even fruits, was considered sacred, medicinal, and nutritional. Food was considered medicine. They believed that DIS-EASE came about as a result of one of two things: disordered thinking (stress or anxiety) or a nutritional deficiency. Illness was therefore treated with both spiritual and nutritional counseling, directed by a *behique* or shaman. Upon entering a hallucinogenic induced trance state, using a powdered herb (*cohoba*) inhaled through the nostrils, the *behique* would speak to the spirits in order to ascertain the cause of the illness:

> Although the chroniclers described vividly the magic-religious uses of the *cohoba*, it is only recently when seeds of *A. peregrina*, not *Nicotiana tabaccum* L. (Solanaceae) as commonly assumed, have been formally identified as the source of hallucinogens through the study of starch remains of this plant stored in a ground coral artifact fragment. *Cohoba* seeds were ground and mixed with other materials, such as seashells or shattered bones, allowing its users to reach modified states of conscience and, as a consequence, new spheres of esoteric knowledge. Through the *cohoba* ritual, natives of the Antilles and South communicated with their deities, thus endowing *A. peregrina* with a role as visionary plant. (Torres and Repke, 2006)

Oftentimes, after returning from the spiritual plane, abstention and/or dieting or fasting was prescribed to the patient. The nutritional and medicinal pharmacopia possessed by the indigenous people, as recorded by European explorers in the Drake manuscript and others, was vast. The following is a small sampling from the *Drake Manuscript* (ca. 1586):

- Pinnes (Pineapple). An exquisite fruit, extremely good, having the taste of raspberry; it grows on a tall tree where there can be found several, having the characteristic of growing rather down than up in contrast to the fruits of France. *It is eaten raw with salt only to relieve the Indians of stomach pains.*
- Petvn (Tobacco). A special herb which the Indians use for food as well as an extremely beneficial medicine; when they are sick, they breathe in the smoke by mouth with a straw; soon the ill humour escapes by vomiting. They often pulverize it and, putting it in their noses, it distills several drops of water from the brain to discharge it. It also is found very helpful for toothache; laying its leaves on the teeth, the pain disappears; it is also beneficial for alleviating eye problems and, for this [purpose], it is advisable to take the herb and steep it in water about half of a quarter of an hour and then wash one's eyes and one will experience its benefit.
- Goviaves (Guava). A fruit extremely useful for the bloody flux [dysentery]. Eaten still green, it relieves the person and, when ripe and smooth, it is a most excellent fruit.
- Patates (Sweet Potato). The Indians use this fruit as excellent nourishment and cook it with meat in a pot or braise it; it originates in the earth; is shaped like a root, and one can multiply it by cutting small pieces which one plants like a seed which grows. The Indians make them into a beverage; after having boiled them in water, they squeeze them out with their hands, and they get *intoxicated* as with wine.
- Coqves (Coconut Tree). Fruit growing on a tree like a nut. After removal of the first shell two eyes and a mouth like those of a fish appear containing very good nourishment white in color. There also is within the shell an exquisite liquid for quenching the thirst of persons having a fever.

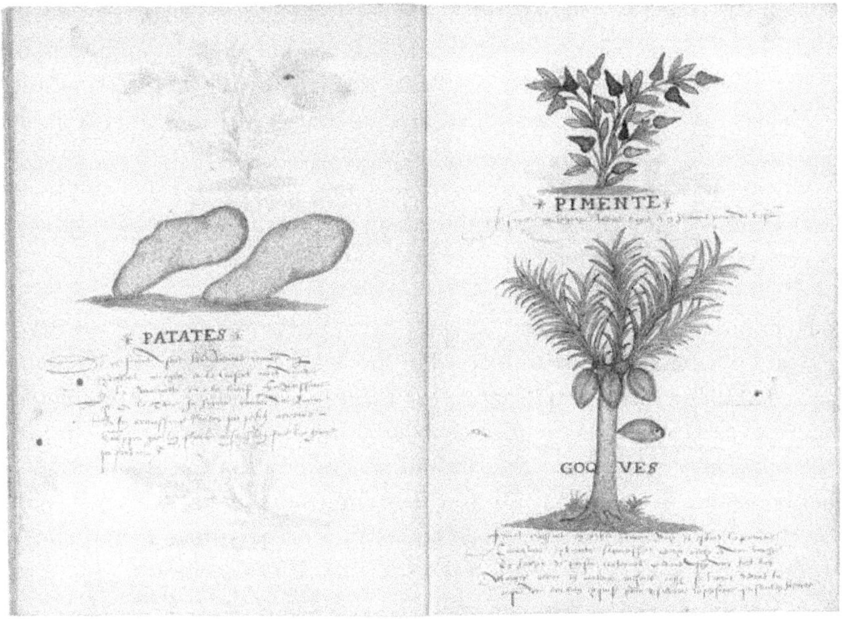

Figure 1.7: Sweet potatoes, hagis (pimente) and coconut

Note: From The Drake Manuscript, fols. 10v–11, 1586

- Plantainnes (Plantain). Good fruit similar to the grape vine. When a branch breaks off, it sprouts another; it has the shape of a long cucumber and has an extremely good taste, and aids in dispelling bad air from below. It is eaten cooked or raw and it is available at all times.
- Patille (Watermelon). It is a melon which is excellent for those who are unable to urinate; after eating it, the person will promptly and easily pass water. The Indians grow it from seed in their gardens.
- Balce (Balsam) MA 3900 (fols. 14v–15). It is a resin very good for healing wounds inflicted by arrows and other ailments, being applied with tobacco. It also is very helpful in curing the bloody flux (dysentery) being taken with an egg.
- Avilannes Noires Gomites (Physic Nut) MA 3900 (fols. 20v–21). There grows on this tree a sort of small nut and there are two kinds, black ones and white ones. When a person has eaten them, he will throw out everything in his body above and below. When the Indians feel they have eaten something bad or a poisonous animal has touched them, they take these nuts, promptly throwing out all the poison by mouth and "below" and are cured.

- Hagis Roges, Hagis Ianne, Hagis Vert (Red Pepper, Yellow Pepper, Green Pepper). Hagis means pepper in the language of the Indians and there are three kinds. However, the smallest, which is green, is the strongest and its leaf is very good when added to soup and salad. The Indians mash this pepper with salt and put it in the husk of millet and when they go far away where they cannot find fresh water to drink, they eat as much as possible of this pepper en route and are not thirsty, feeling always fresh in spite of the very intense heat.

In acknowledgment of the sacred *Water* element, newborn babies were blessed and purified by being immersed in the healing waters of the great mother goddess, Attabeira, and, according to the *Histoire Naturelle des Indes* (aka Drake manuscript) ca. 1586, this practice continued into later childhood. "The Indian women take their children to the sea and wash them under the full moon. The mother holds one by the hand and the other climbs on her back. They scrub them well so that they have no skin sores or itch and they are clean all over their bodies. The Indian women swim like fish in the sea" (fols 10fv–11, 1586).

Figure 1.8: How Indian women wash their children in the sea when the moon is full

Note: From The Drake Manuscript, fols. 109v–110, 1586

In addition to abstaining from sexual relations and fasting, men washed themselves before undertaking any potentially dangerous journeys for protection.

The elemental power of *Fire and Air* in indigenous healing is evidenced in several recorded practices. Healing herb potions (*jarabes*) were heated over the *fire* to activate their healing powers, and great leaders were burned on a pyre to purify their spirits. The *behique* often used the power of breath to suck or blow spiritual forces into or out of his patients, and upon burning on a ritual pyre, dead men were said to expel or confess truths in their final breaths. Another account of healing by fire is described in the Drake Manuscript, "When the Indians are mortally wounded by arrows, she lays them on a rack and makes an oven with a tube leading to the wound of the sick man. When the fire is lighted, they put in it a leaf of tobacco together with a resin called balsam and as soon as the smoke enters the wound of the patient, they take a leaf of tobacco with some of the balsam and make a plaster which they apply to the wound of the patient, and he is cured" (Drake manuscript, folio 91v–92, 1586).

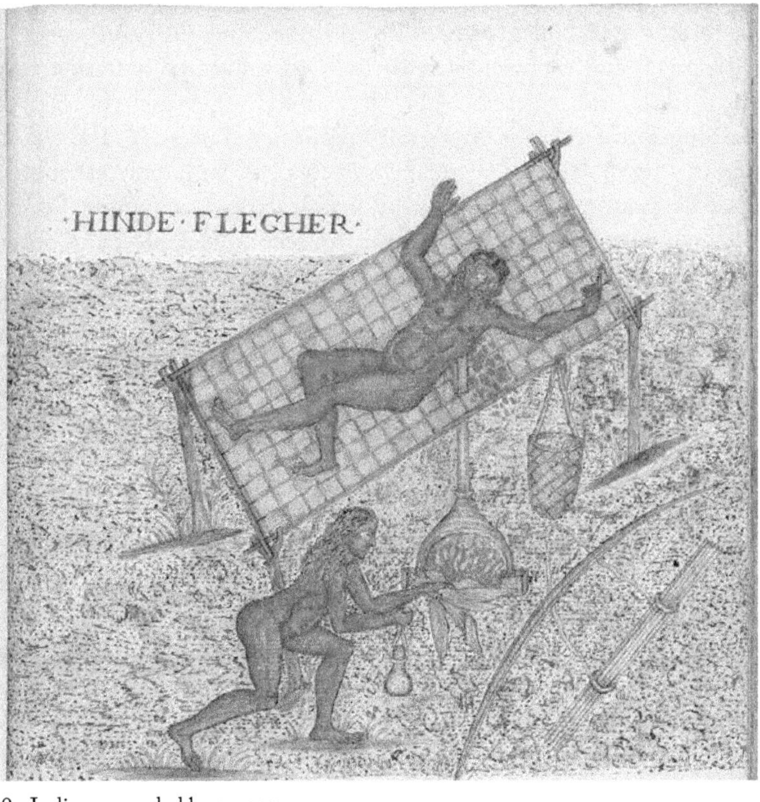

Figure 1.9: Indian wounded by an arrow

Note: From The Drake Manuscript, fols. 91v–92, 1586

An aromatic herb called *Rozmerre* was commonly used by the indigenous people to clear "bad air." "The Indians throw it in the fire in their houses and burn it and if there are some poisonous animals of any sort when they smell the smoke of this herb, they die instantly and by the same method all the poison disappears" (Drake manuscript, folio 17v–10, 1586).

Similar practices are still employed by indigenous healers of the Caribbean today (see The Art of Taino healing in this book).

POST-COLONIAL PUERTO RICO

When Europeans first made landfall on *Borikén*, approximately 890,000 hectares (2.2 million acres) of land was forested. By the early twentieth century, that number had been reduced to 189,000 hectares (467,000 acres) mostly due to "agriculture, timber harvest, and pasturage." By the mid-20th century, deforestation was greater than 90 percent. A decade later, when Europeans had moved onto more profitable ventures and left Puerto Rico, forest recovery began, and within 40 years, forest cover had grown to 287,000 hectares (709,000 acres) (Franco et al., 1997, p. 45) and is presently at 40 %. "Older mature vegetation covers only 1 percent of the island, whereas older successional vegetation covers 10 percent. The remaining forest cover is young mixed-species stands ..." The changes that took place in Puerto Rico's forested ecosystems can be largely attributed to the 200 years (the post-colonial era) during which various economically important plants "such as sugarcane, coffee, bananas, tobacco, pineapples, and others" were introduced. According to Sidney Mintz:

> During the 1800s, large tracts of forest were modified to plant coffee, which was heavily exported to the United States and Europe where it was considered a superior product ... Some sugarcane was also grown in this life zone, as no irrigation water was required. The dominant trend in land use, however, as in other areas of Puerto Rico, was grazing. (1985, p. 132)

As a result of "Operation Bootstrap," an American post WWII program of industrialization instituted in Puerto Rico, "by the summer of 1950, eighty new industrial plants were in operation and the hundredth was under construction." When the constitution of the new Commonwealth of Puerto Rico came into effect, on July 25, 1952, some 152 factories were in operation. The overwhelming majority were consumer goods industries: producers of textiles, wearing apparel, footwear, electronics equipment, electric wiring, drafting tools, artist's brushes, fishing tackle, artificial flowers, and other plastic and metal articles assembled in Puerto Rico for sale in the United States. They were "'labor intensive' industries, for they relied more heavily on labor than on machinery to supply the value added to the raw materials which they imported from the mainland" (Wells, 1969, p. 152). In 1956 the income generated by the manufacturing sector exceeded that of agriculture for the first time.

Currently, the island-colony of Puerto Rico suffers from all the environmental ills and injustices typical of an "industrial and technologically driven consumer economy," including waste and disposal management issues, water and air pollution, the poisoning of flora from overuse of pesticides (described in chapter 5) among others:

> Puerto Rico has over 2 million automobiles, trucks, and buses constituting one of the highest vehicle densities in the world ... Old infrastructure is also a big problem for the island's water supply in that almost 50 percent—about 250 million gallons per day—of all potable water processed by the Water Authority is lost prior to delivery because of leaks, broken hydrants, and unmetered connections to the system. Puerto Rico's sewerage system is still developing. Fifty percent of the island lacks sanitary sewer lines, and some communities still have difficulty meeting secondary sewage treatment standards, which is of concern to beach communities and the tourism industry. Sixty-eight treatment plants discharge into the ocean. (Miller & Lugo, 2009, p. 2)

A LEGACY OF ENVIRONMENTAL ACTIVISM

As environmental realities cannot be detached from human ones, the historical trajectory toward extensive urbanization and industrialism in Puerto Rico, as well as its relatively small size and enduring colonial status, provides us with a singular opportunity to examine the political, economic and socio-cultural exploitation of a human society over time, as reflected in its environmental landscape. Not surprisingly, there is little mention of sustainable natural resource management strategies employed by the *Taino* in the historical accounts of the European chroniclers reviewed by this author. This is largely because indigenous practices were historically held in contempt and disparaged, as were the *Taino* themselves. Critical Environmental Justice (CEJ), which focuses "on the ways that gender, sexuality, citizenship, indigeneity, and nation shape the terrain of ecological inequalities" posits that "various marginalized human populations are treated—if not viewed—as inferior and less valuable, to society than others ... these populations are marked for erasure and early death ..." (Pellow, 2016). However, contemporary anthropologists' efforts to use ethnographic accounts of current island residents, *Taino* descendants, to gain insight into indigenous knowledge and resource management practices, have proved useful in this regard. Many of these practices have been passed down for many generations (as evidenced by the ethnographic accounts in several chapters of this book). This vast storehouse of indigenous knowledge has remarkably survived all attempts at cultural erasure and has resurfaced during a time when all such knowledge, along with the "threatened bodies" (that have safeguarded them) are "indispensable to building socially and environmentally just and resilient futures for us all" (Pellow, 2016).

The history of environmental activism on the island, in response to human and environmental injustices, is also noteworthy, as "the Puerto Rican environmental movement got underway very early and has been distinctly political since its beginnings, 20 years before most other nations. …" It is valuable to understand this experience, given the important role environmentalism plays in the third world—especially in renewing long-standing social struggles, offering new perspectives on social change, and engaging a broader public (Concepcion, 1995, p. 112). Interestingly, in Puerto Rico, environmental activism sprung up alongside a grassroots political independence movement, as well as the aforementioned resurgence of indigenous identity. That historical narrative has provided a strong incentive for self-actualization and entrepreneurial innovation that can provide a foundation for successful resilience in facing the climate change threats still to come.

In the years since *Huracan* Maria, I have continued to visit several times a year to observe and track the recovery process. I have established friendships with local agriculturalists, activists, and Puerto Rican scholars, who were likewise personally invested in the recovery. I have witnessed the resurgence of small-scale farming, back-yard gardening, farmer's markets, herbal remedies, and integration of environmentally sustainable practices, as well as a burgeoning spirit of pride and self-determination, In the process, it has dawned on me that *Boriken* has never and could never be destroyed by *Huracan* (represented by the Taino Goddess Guabancex). Like the Goddesses Tiamat, Pele, and Kali, Guabancex rains down destruction only to wash away stale, negative and unproductive energies that impede growth and transformation. It is not an ending but a path forward.

Figure 1.10: Visiting a nearby Caserio (public housing complex) after Maria

Note: From Author

REFERENCES

Alegria, R. E. (1992). *Historia de Nuestros Indios.* Coleccion de Estudios Puertorriquenos.

Chanca, D. A. (1906). Letter of Dr. Chanca on the Second Voyage of Columbus. In J. E. Olson & E. G. Bourne (Eds.), *The Northmen, Columbus and Cabot, 985–1503: The Voyages of the Northmen; The Voyages of Columbus and of John Cabot* (pp. 281–313). Charles Scribner's Sons. Online facsimile edition at www.americanjourneys.org/aj--065/. Accessed November 7, 2013.

Concepcion, C. (1995) *Modern Environmental Activism in Puerto Rico.* Blackwell publishers.

Denevan, W. M. (1992). The Pristine Myth: The Landscape of the Americas in 1492. Annals of the Association of American Geographers, Vol. 82, No. 3, *The Americas before and after 1492: Current Geographical Research* (Sep., 1992), 369–385.

Fewkes, J. W. (1907). *The Aborigines of Porto Rico and Neighboring Islands.* Washington Government Printing Office.

Fikret, B., Colding, J., & Folke, C. (2000). Rediscovery of Traditional Ecological Knowledge as Adaptive Management. *Ecological Applications,* 10: 1251–1262.

Franco, P. A., Weaver, P. L., & Eggen-McIntosh, S. (1997). Forest resources of Puerto Rico, 1990. Resour. Bull. SRS-22. Asheville, NC: U.S. Department of Agriculture, Forest Service, Southern Research Station.

Karl, T. R., Melillo, J. M., & Peterson, T. C. (Eds.). (2009). *Global Climate Change Impacts in the United States.* United States Global Change Research Program. Cambridge University Press.

Keegan, W. F. (2006). Archaic Influences in the Origins and Development of Taino Societies. *Caribbean Journal of Science,* Vol. 42, No. 1.

MacNutt, F. A. (1909). *Bartholomew de Las Casas: His Life, His Apostolate, and His Writings*. G.P. Putnam's Sons, Princeton University.

McNeill, J. R. (1999). Ecology, Epidemics and Empires: Environmental Change and the Geopolitics of Tropical America, 1600–1825. *Environment and History* 5(2): 175–184.

Miller, GL, & Lugo, A. E. (2009). *Guide to the Ecological Systems of Puerto Rico*. United States Department of Agriculture International Institute of Tropical Forestry, General Technical Report IITF-GTR35 June 2009.

Mintz, S. (1985). *Sweetness and Power: The Place of Sugar in Modern History*. Penguin Books, Harmondsworth.

Oviedo, G. F. (1959). *Historia General Y Natural de Las Indias*. Biblioteca de Autores Espanoles.

Paiwonsky, M. (1991). *Conquest of Eden: 1493–1515 Other Voyages of Columbus*. Mapes Monde Editore.

Pané, R. (1999). *An Account of the Antiquities of the Indians: Chronicles of the New World Encounter*. José Juan Arrom, Editor, and Susan Griswold, Translator. Duke University Press.

Peck, C. (Bequest/owner). (1586). Histoire naturelle des Indes: Drake manuscript, provenance unknown. Currently at the Pierpont Morgan Library. New York: Norton, 1996 (full-color facsimile).

Pellow, D. (2016). Toward a Critical Environmental Justice Studies: Black Lives Matter as an Environmental Justice Challenge. *Dubois Review Social Science Research on Race*, 13(2).

Rodríguez Ramos, R., Pagán-Jiménez, J., Santiago-Blay, J., Lambert, J. B., & Craig, P. R. (1990). Some indigenous uses of plants in pre-Columbian Puerto Rico. *Life: The Excitement of Biology* (1): 83–84. http://doi.org/10.9784/LEB1(1)Rodriguez.09.

Rouse, I. (1952). *Porto Rican Prehistory, Scientific Survey of P.R. and the V.I., Vol. XVIII, No. 3–4*. Academy of Science, New York.

Rouse, I. (1992). *The Tainos: Rise and Decline of the People who Greeted Columbus*. Yale University Press.

Sauer, C. (1966). *The Early Spanish Main*. University of California Press.

Stahl, A. (1889). *Los Indios Borinquenos: Estudios Etnograficos*. San Juan, PR: Imprenta Y Libreria De Acosta Fortaleza num. 21.

Toner, M. (2008). Ghosts of the Taino: Mystery and Controversy Haunt a Pre-Columbian Ceremonial Site in Puerto Rico. *Archaeology* (March/April).

Torres, C. M., & Repke, D. B. (2006). *Anadenanthera: vsionaly plant of ancient South America*. The Haworth Herbal Press.

Véloz Maggiolo, M., Ortega, E., & Caba Fuentes, A. (1981). L*os Modos de vida Meillacoides y sus posibles origenes*, Santo Domingo: Museo del Hombre Dominicano.

Watts, D. (1987). *The West Indies: Patterns of Development, Culture and Environmental Change since 1492*. Cambridge University Press.

Wells, H. (1969). *The Modernization of Puerto Rico: A Political Study of Changing Values and Institutions*. Harvard University Press.

Wing, E. S. (2001). The Sustainability of Resources Used by Native Americans on Four Caribbean Islands. *International Journal of Osteoarchaeology* 11: 112–126.

Websites

http://www.epa.gov/climatechange/impacts-adaptation/islands.html
http://www.ipcc.ch/publications_and_data/ar4/wg2/en/ch16s16-3.html#16-3-

CAPÍTULO 1

De Borikén a Puerto Rico: La memoria del paisaje como narrativa histórica

ROSALINA DÍAZ

NOTAS DE CAMPO: SEPTIEMBRE 2017

Mi hija y yo íbamos calladas durante el camino al oeste en la ruta 2 a Aguadilla PR. Las ramas esqueléticas se acercaron a nosotros desde el lado de la carretera a medida que pasamos, como si en una triste súplica. Era el 29 de septiembre, nueve días después que el huracán María azotara la isla con vientos de huracán de categoría 5, dejando tras de sí un rastro de desesperación y devastación. Nos quedamos crudos ante lo que alguna vez había sido un vibrante campo verde, ahora un desierto que se extiende en el horizonte hasta donde llegaba la vista. ¿Dónde estaban las palmas, los flamboyanes que ondeaban vibrantes flores rojas y amarillas en la brisa tropical? Toda la experiencia fue surrealista. Este no fue el Puerto Rico de mi niñez, y a los ojos de la gente acechó un duelo inquietante ...

Sin embargo, nuestro silencio no se debió a la tristeza que sentimos por la devastación que nos rodeaba, aunque fue profunda. Era debido al miedo—miedo a lo que podría esperarnos cuando llegáramos a nuestro destino final. Habíamos viajado a Puerto Rico para localizar y rescatar a mi madre de 78 años. No habíamos tenido comunicación con ella desde el 20/9, el día que el huracán golpeó, derribando las viejas y decrépitas líneas de energía y creando un apagón de comunicación en la isla. Había intentado por todos los medios a mi disposición para obtener información sobre su localización y / o condición, en vano. La semana que siguió al huracán fue la peor—el insondable purgatorio de no saber. No podía trabajar, miraba las noticias obsesivamente, lloraba hasta dormir todas las noches, temía lo peor, rezaba por lo mejor. Finalmente, sin querer vivir más en ese purgatorio de ignorancia, decidí ir a Puerto Rico a buscarla.

Sabíamos que no habría agua, electricidad, ni siquiera gasolina una vez que saliéramos del aeropuerto de San Juan. No habíamos podido adquirir boletos de ida y vuelta, pero todo eso parecía trivial. Habíamos oído que familias y personas mayores en el barrio de mi madre habían sido reubicadas en refugios. Ni siquiera podía imaginar a mi madre orgullosa en un refugio o aceptando caridad de cualquier tipo. Así nos dirigimos a su casa, con la esperanza de conocerla lo suficientemente bien como para saber que no abandonaría voluntariamente su "casita." Al acercarnos a la vecina ciudad de Isabela, buscamos ansiosamente los antiguos árboles de Ceiba (tan apreciados por los locales que los planificadores de la autopista construyeron a su alrededor en lugar de talarlos), y al verlos, todavía en pie persistentemente, majestuosamente, mis esperanzas se renovaron.

Figura 1.1: ¡La Majestuosa Ceiba (Ceiba Petandra L.) en la Ruta 2 sobrevive al huracán María!
Nota: Del autor

Tuvimos que parar varias veces en el camino a su urbanización, debido a caminos cerrados, ramas de árboles caídas y escombros, y falta de luces de calle, pero finalmente nos detuvimos fuera de su casa. Los vientos huracanados habían golpeado la fachada de la casa, arrancando la suave pintura de color pastel. Ahora parecía aburrido y sin vida, y no había luz de porche acogedor para alertarnos de su presencia dentro. El barrio estaba tan silencioso como una tumba. Temíamos lo peor. Llamamos a su puerta y escuchamos sonidos desde dentro, pasos lentos y cuidadosos, y luego la puerta se abrió y mi madre se encontraba al otro lado. Era casi irreconocible. Parecía pequeña y frágil y muy delgada. Su rostro reflejaba, sorpresa, dolor y una vulnerabilidad que nunca había visto. Sus ojos se desbordaron de lágrimas mientras la abrazábamos. Ella repetía: "Pensaba que iba a morir sola."

Figura 1.2: Viviendo las secuelas

Nota: Del autor

Me avergüenza decir que después de la euforia inicial de encontrar a mi madre viva y calmada, sentía temor. Pasaron los días y no pudimos asegurar boletos de regreso. Estaba al teléfono con la aerolínea, cada hora de cada día (gracias a Dios que había invertido en un cargador de baterías alimentado por energía solar). Crecí temeroso de no poder escapar de la isla, la misma isla que siempre había sido mi hogar, mi refugio seguro del mundo ahora era una prisión. Me sentí vulnerable. No podía imaginar sobrevivir sin los lujos a los que me había acostumbrado —agua potable, electricidad/luz, servicio de internet, duchas calientes—por más de unos días. Me sentí avergonzado de querer salir corriendo de allí cuando tantos no pudieron. Aún lo hago. Para muchos puertorriqueños, entre los que me incluyo, María destacó temas de larga data de inequidad, inseguridad alimentaria y prácticas corruptas del gobierno que habían plagado a esta nación insular, y a gran parte del Caribe, desde el inicio del colonialismo. Nos hizo dolorosamente conscientes de nuestra situación de dependencia y vulnerabilidad, tanto como pequeña isla como como colonia, sobreviviendo al antojo de los Estados Unidos. En las semanas y meses siguientes, observé un gradual despertar humano, desde el dolor, la pérdida y la desesperación hasta la resiliencia, la determinación y un deseo urgente de cambio.

INTRODUCCIÓN: CARACTERÍSTICAS GEOGRÁFICAS

Viendo la puesta del sol en las aguas azules perfectas del Atlántico desde los acantilados de Aguadilla, Puerto Rico, puedo entender por qué *Ella* es descrita como una joya tropical, La Perla del Caribe. Puerto Rico está situado entre el Océano Atlántico, al norte, y el Mar Caribe, al sur. Está estratégicamente ubicada en el punto de entrada al Caribe y es la más pequeña y oriental de las Antillas Mayores, que también incluye República Dominicana/Haití, Jamaica y Cuba. Puerto Rico y las islas adyacentes constituyen 3.435 millas cuadradas, 110 millas de este a oeste y 35 millas de norte a sur.

Sostiene un "mosaico de ecosistemas diversos," que incluyen marinos, terrestres, manglares y pastos marinos sumergidos. Su cobertura terrestre es variable (40 % altas montañas centrales, 35 % faldeos kársticos y 25 % estrecha llanura costera). Su costa es de 311 millas y está salpicada de áreas de dunas de arena y playas, como en Isabela, Piñones y Luquillo. La cordillera central tiene picos de más de 4000 pies de altura (Cerro de Punto) y puede recibir hasta 200 pulgadas de lluvia anualmente. Las montañas son visibles desde cada parte de la isla y van de este a oeste desde Humacao hasta Mayagüez. Hay 50 ríos en la isla y cientos de arroyos:

> La gran diversidad de tipos de ecosistemas en una isla tan pequeña significa que ningún tipo de ecosistema cubre una gran área … En cuestión de horas, los eventos en las montañas impactan los ecosistemas costeros. Este grado de conectividad, unido al pequeño tamaño de muchos tipos de ecosistemas, tiene enormes implicaciones para su manejo y conservación. Los ecosistemas tropicales de Puerto Rico son ecológicamente resistentes y resistentes a numerosos disturbios ambientales, pero son muy vulnerables a actividades humanas inadecuadas. (Miller & Lugo, 2009, p. 83)

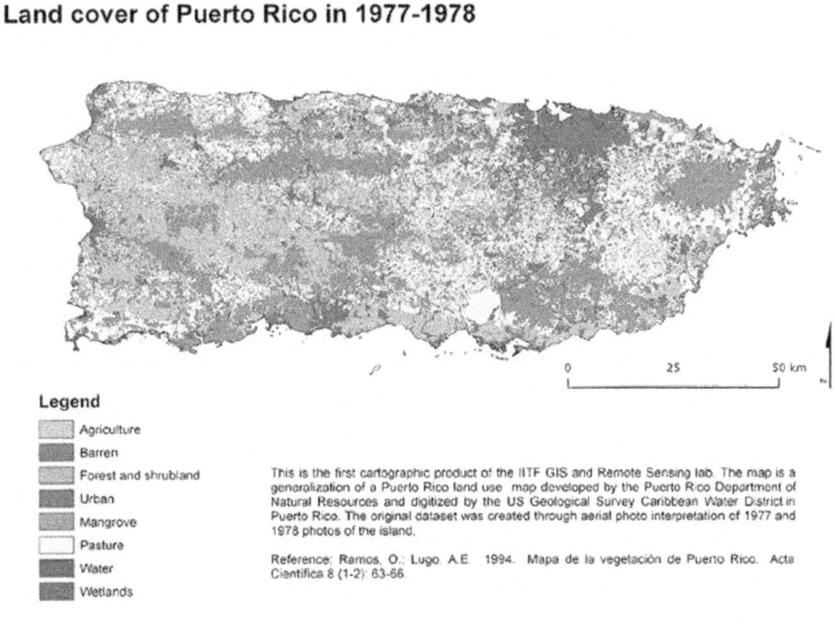

Figura 1.3: Puerto Rico mapa de uso de la tierra elaborado por el Departamento de Recursos Naturales de Puerto Rico

Nota: Basado en el conjunto original de datos de fotos aéreas de 1977–8 de la isla

CARACTERÍSTICAS CLIMÁTICAS

Debido a su ubicación geográfica en el cinturón de huracanes, Puerto Rico es propensa a las tormentas tropicales y huracanes, que tienen el potencial de devastador impacto ecológico a largo plazo, como se observó en las trágicas secuelas del huracán María en 2017. "Durante las tormentas tropicales y huracanes, los ríos en la costa sur pueden convertirse en torrentes rápidos que inundan extensas áreas y a menudo matan animales domésticos de pastoreo o ocupantes ilegales humanos que viven en los lechos secos de los ríos o llanuras de inundación" (Miller y Lugo, 2009, pp. 21–22).

Sin embargo, durante la mayor parte del año, Puerto Rico tiene lo que solo se puede describir como un clima idílico. Las cálidas brisas del océano bañan la isla todo el año. De mayo a noviembre se considera el período de lluvias con enero a marzo siendo ligeramente más seco, pero también ligeramente más fresco. Las temperaturas extremas son raras, con temperaturas altas que rara vez llegan a los 90° F y bajas que rara vez están por debajo 60° F en las montañas.

El sistema Köppen-Geiger clasifica actualmente a Puerto Rico como Grupo CFA. Esta categoría agrupa los climas húmedos subtropicales de latitud media.

Entre 1900 y 1940, Puerto Rico fue designado en gran medida como una región ecuatorial totalmente húmeda, con la excepción de la región más meridional, que se clasifica como ecuatorial invierno-seco. Esto cambió de 1940 a 1980 cuando vimos una caída en los patrones de precipitación en la costa occidental, modificándose de ecuatorial totalmente húmedo a ecuatorial monsoonal. En 1980, 40 años después de los cambios en la costa occidental, el clima de la región más meridional comenzó a cambiar gradualmente de seco invernal ecuatorial a totalmente húmedo ecuatorial. En el año 2000, todo el sur de Puerto Rico pasó a ser ecuatorial totalmente húmedo, como el resto de la isla, excepto la costa occidental, que todavía era monzón ecuatorial. Según un modelo de proyección B1 proporcionado por … habrá un cambio importante de 2060 a 2080. Durante este tiempo, toda la Costa Este desde Luquillo hasta Carolina se desplazará hacia un clima monzónico ecuatorial. Dada la disminución de las precipitaciones en el Caribe como resultado del calentamiento global, esta proyección es el escenario más probable para Puerto Rico y probablemente podría resultar en más eventos de sequía e inundaciones para la población insular. "Es probable que las islas del Caribe y del Pacífico experimenten un calentamiento significativo en el próximo siglo … de aproximadamente 2,5° F a más de 6° F, dependiendo de las emisiones globales de gases de efecto invernadero a lo largo del siglo XXI" ("Climate Impacts on US Islands"). El gráfico siguiente ilustra estos cambios.

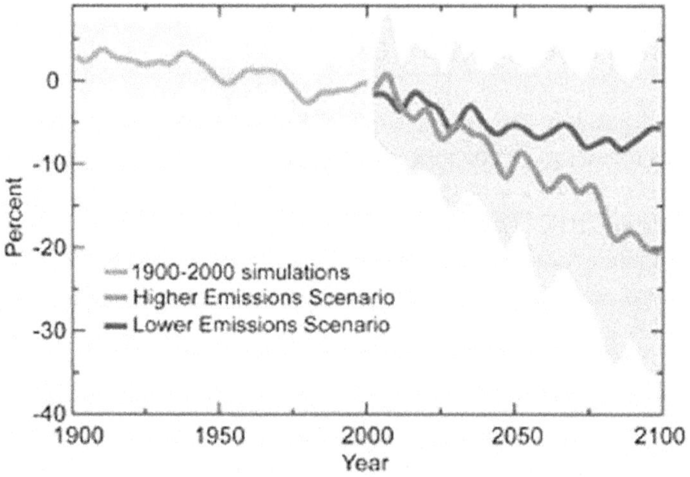

Figura 1.4: Cambio de Precipitaciones en el Caribe (1900 a 2100)

Nota: Del USGCRP (2009). La precipitación anual total ha disminuido en el Caribe y los modelos climáticos proyectan caídas más fuertes en el futuro, particularmente bajo escenarios de emisiones más altas. Esas disminuciones amenazan a las comunidades insulares que dependen de las precipitaciones para reponer sus suministros de agua dulce. Las áreas sombreadas muestran los rangos probables mientras que las líneas muestran las proyecciones centrales de un conjunto de modelos climáticos.

FLORA Y FAUNA

En una noche típica puertorriqueña, uno se siente serenado por los sonidos de los trópicos, una combinación de canto de aves, sonidos de insectos y el susurro melódico del coquí, la diminuta rana arborícola, emblemática de la resiliencia de la isla. Puerto Rico es una tierra de diversidad, y esto se extiende a su Flora y Fauna.

Los animales de la isla representan 30 de las 34 phyla y 72 de 84 clases de animales. Hay más de 275 órdenes presentes que contienen 1.500 de 6.200 familias de animales. Tres de las familias animales presentes son endémicas de las Antillas. Se han identificado al menos 10.335 especies para la isla. Según Vélez, cerca del 50 por ciento de los animales de Puerto Rico son terrestres (más de 5,100 especies), las especies marinas comprenden el 38 por ciento de la fauna (aproximadamente 3,900 especies), las especies de agua dulce representan casi el 8 por ciento (casi 800 especies) y las especies simbióticas comprenden el 5 por ciento de la fauna (más de 500 especies). Los animales más asociados con Puerto Rico son el loro puertorriqueño (Amazona vittata), el manatí antillano (Trichechus manatus) y la mencionada rana arbórea Coquí (Eleutherodactylus coqui), que hace que el sonido sea más reconocido y querido por los habitantes de la isla. Actualmente Puerto Rico no tiene grandes animales terrestres, pero no siempre ha sido así:

> … había perezosos de tierra y grandes roedores llamados hutías en la isla. También había ratas nativas, lunares, musarañas y erizos en el registro fósil … Todos los mamíferos terrestres nativos están ahora extintos excepto los murciélagos. También se reducen grandes poblaciones de reptiles, con la iguana rocosa ahora confinada a islas mar adentro. Se supone que las actividades de perturbación humana asociadas con la destrucción del hábitat, la introducción de especies exóticas y posiblemente las presiones de la caza explicaron la mayoría de los problemas encontrados por la fauna nativa en las Indias Occidentales, las extinciones de especies resultantes de las presiones humanas han golpeado a Occidente Indias a gran escala … La biodiversidad animal marina también está disminuyendo en la región del Caribe. Los manatíes nativos, las focas monje y los cocodrilos una vez presentes, están en gran parte extintos en la mayoría de sus rangos naturales. Además, las poblaciones de las grandes tortugas marinas (Green [Chelonia mydas], Hawksbill [Eretmochelys imbricata], y Leatherback [Dermochelys coriacea]) están todas deprimidas y están todas catalogadas como especies en peligro de extinción a lo largo de sus rangos en Estados Unidos y Puerto Rico, al igual que todas las especies de tortugas marinas. (Miller y Lugo, 2009, p. 45)

La flora de la isla incluye más de 180 familias de plantas vasculares superiores, con 3.100 especies en su mayoría nativas presentes (300 especies son alienígenas naturalizadas y más de 250 endémicas). Gran parte de la diversidad vegetal coincide con el diverso conjunto de ecosistemas de la isla, que van desde las costas rocosas hasta los bosques húmedos de elfos. Los valles profundos y los tipos de precipitaciones y suelos altamente variables del corredor montañoso central contribuyen a una flora compleja (Miller y Lugo, 2009, p. 27).

EL FACTOR HUMANO: PUERTO RICO PRECOLOMBINO

El Puerto Rico con el que Colón tropezó en 1493 ha sido muy alterado por el tiempo, el clima y el impacto humano. Como se describe en un informe técnico de 2009 del USDA:

> Los Taíno que vivían en la isla pescaban y cultivaban maíz, yuca, ñame y algodón para satisfacer sus necesidades. En los más de 500 años desde que Colón descubrió Puerto Rico (1493, segundo viaje de descubrimiento), la introducción y crecimiento de poblaciones humanas europeas y africanas no indígenas ha resultado en una enorme alteración del hábitat en toda la isla. Además, se han introducido miles de especies exóticas de plantas y animales, tanto intencionada como accidentalmente. Poblaciones de algunas especies nativas han sufrido drástica disminución, mientras que muchas especies introducidas se han naturalizado. (Miller y Lugo, 2009, p. 1)

Sin embargo, la evidencia indica que ya se habían producido alteraciones significativas en el paisaje natural antes de la colonización europea. Muchos relatos del Caribe precolombino y de Puerto Rico han sido idealizados hasta el punto del mito. No hay duda de que Puerto Rico, junto con las otras islas del Caribe, existió en una condición mucho más prístina de lo que existe actualmente, pero imaginar que estuvo intacto dista mucho de la verdad. En su artículo, "El mito prístino: El paisaje de las Américas en 1492," William M. Denevan explica:

> Sin embargo, hay pruebas sustanciales de que el paisaje de los nativos americanos de principios del siglo XVI era un paisaje humanizado en casi todas partes. Las poblaciones eran grandes. Se había modificado la composición de los bosques, se habían creado pastizales, se había alterado la vida silvestre y la erosión era grave en algunos lugares. Las obras de tierra, las carreteras, los campos y los asentamientos eran omnipresentes. (1992, p. 369)

Los relatos de archivo de la historia de Puerto Rico antes de la llegada de Colón son inexistentes, ya que se cree que los indígenas no tenían un idioma escrito. Mucho de lo que sabemos sobre la historia temprana de Puerto Rico proviene de evidencia arqueológica, pero las interpretaciones son constantemente discutidas, debatidas y enmendadas a medida que nuevas evidencias continuamente salen a la luz. Según el Dr. Irving Rouse, Puerto Rico fue ocupado inicialmente por un grupo arcaico de personas (Ortoiroides) que viajó desde Trinidad mientras aún estaba unido al continente sudamericano, y luego avanzó a través de las Antillas Menores y las Islas Vírgenes, finalmente deteniéndose en las costas occidentales de Puerto Rico. Fue allí donde establecieron una frontera,alrededor del 1000 al 400 a.C., frente al pueblo Casimiroide (más tarde desplazado por los Ostionoides alrededor del 600 a.C.) que había llegado antes de América Central y se había establecido en La Española y Jamaica. Los ortoiroides eran marinos y no explotaban extensamente la zona terrestre. Mientras que los Saladoides y Ostionoides (antepasados de los taínos clásicos), que llegaron alrededor del 500 a.C., "se expandieron de las llanuras costeras a las playas, aparentemente para explotar más plenamente los mariscos y otros peces disponibles allí y en el mar" (Rouse, 1992, pp. 69–70). Jesse Fewkes, quien excavó en Puerto Rico a comienzos del siglo XX, habla de la "existencia de montones de conchas a lo largo de la costa de Puerto Rico … se han hecho excavaciones en algunos de estos montones situados cerca de Salinas, en la orilla sur" (Fewkes, 1907, p. 86). Continúa hablando de montones de conchas que había visitado cerca de Coamo Springs. "Los montones son muy extensos, cubriendo porciones considerables del farol en la orilla izquierda del río Coamo. En este lugar hay un terraplén a 20 o más pies sobre el río en el que hay capas dc conchas con fragmentos de cerámica. En la superficie, las conchas ocurren durante cien pies o más desde el borde del terraplén (Fewkes, 1907, pp. 86–87). Para el período Ostionoide y Taíno Clásico, de 600 d.C. a 1500 d.C., la población había explotado. Según William Keegan, "los taínos (encontrados por Colón) reflejan el sincretismo de Saladoid y el Ostionoide de inspiración arcaica" (Keegan, 2006, p. 8). Rouse continúa afirmando que "el tamaño de las dos poblaciones aumentó constantemente durante el período post-Saladoid. Ambos grupos se expandieron en los principales valles de montaña en el Período IIIa y se abanicaron en el resto del interior en el Período IIIb. Por época IVA, su centro había pasado de la costa al interior (Rouse, 1952, p. 566–71). A medida que la población crecía, también lo hacía su explotación de la flora y fauna tanto marina como terrestre:

> El taíno atrapaba peces en redes, los abroncaba y utilizaban anzuelos y líneas. Luego los estupefaccionaron con veneno, los atraparon en vertederos y almacenaron tanto peces como tortugas en vertederos hasta que estaban listos para comerlos. Condujeron hutias a corrales quemando las praderas o persiguiéndolas con perros y antorchas y las mantuvieron allí abiertas hasta que las necesitaron. Sacaron iguanas de los árboles y señorean loros salvajes con pájaros domesticados. Ante la ausencia de grandes mamíferos terrestres, incrementaron su aporte de proteína lanzando manatíes en las bocas de los ríos y comiendo perros. También pueden haber tenido conejillos de indias, pero la evidencia para esto no es concluyente. (Sauer, 1966, pp. 58–59 en Rouse, 1992, p. 13)

Rouse considera que el aumento de población durante este tiempo pudo haber sido facilitado por el desarrollo de campos agrícolas montados (conucos) (Rouse, 1992, p 108). Esta importante población se ve corroborada además por los relatos históricos:

> Colón se encontró con grandes pueblos permanentes en La Española y Puerto Rico, cada uno gobernado por un jefe o Cacique. Contenían un promedio de mil a dos mil personas y variaban en tamaño desde un solo edificio hasta veinte a cincuenta edificios … (Sauer, 1966, pp. 62–64)

> Todo lo que se ha descubierto hasta el año cuarenta y nueve [1549] está lleno de gente, como una colmena de abejas, de modo que parece como si Dios hubiera colocado todo, o la mayor parte de toda la raza humana en estos países. (Las Casas, en MacNutt, 1909, p. 314)

Denevan afirma que los eruditos creen que había entre 40 y 100 millones de nativos en el hemisferio y que la explotación de los recursos naturales era expansiva y abarcadora (Denevan, 1992, p. 369). Según las recientes pruebas arqueológicas, los Taínos y sus antepasados cultivaban durante miles de años antes de la colonización europea:

> Los datos disponibles indican que la agricultura puertorriqueña comenzó hace al menos 4500 años (Pagán Jiménez et al. 2005; Rodríguez Ramos 2010). Análisis microscópicos de gránulos de almidón conservados durante miles de años en las facetas del suelo de herramientas de piedra que han sido encontrados en contextos pre-arawak de Puerto Rico (Pagán Jiménez et al 2005; Pagán Jiménez 2009, 2011), indicando que los primeros pobladores precolombinos de la isla ya estaban manipulando plantas domésticas y silvestres, algunas de las cuales importaban de zonas vecinas del continente continental. El repertorio botánico cultivado incluyó maíz (*Zea mays* L., Poaceae), ñame o batata (*Ipomoea batatas* (L.) Lam., Convolvulaceae), mandioca (*Manihot esculenta* Crantz, Euphorbiaceae) y frijol (Phaseolus vulgaris L., Fabaceae y otras especies de leguminosas). También, estos grupos pre-Arawak introdujeron plantas menos conocidas, como *yuquilla* o arrurruz (Maranta arundinacea L., Marantaceae), gruya (Canna sp., Cannaceae), y planta de punta de flecha (Sagittaria latifolia, Alismataceae). A la par de estas plantas introducidas, esas sociedades antiguas utilizaban especies nativas de cícadas, particularmente Zamia (Zamiaceae), más conocida como *marunguey* en Puerto Rico o guáyiga, en La Española. … Estas sociedades indígenas no solo fueron agricultores competentes desde su más temprana ocupación de la isla, sino que también desarrollaron un repertorio de tradiciones botánicas que los comprometieron ritualmente con su paisaje floral. (Rodríguez Ramos, Pagán-Jiménez, Santiago-Blay, Lambert, y Craig, 1990, pp. 83–84)

Además, los relatos históricos describen grandes extensiones de tierra alrededor de las aldeas despejadas para el cultivo de diversos alimentos de uso cotidiano. Estos relatos están sustentados en evidencias arqueológicas:

> Alrededor de las casas se cultivaban frutas, calabazas, algodón y tabaco. El tabaco se fumaba en forma de cigarros (tabaco) aparentemente por placer. Recolectaron una variedad de frutas y verduras silvestres, como nueces de palma, bayas de guayiga y raíces de guayiga, cuyos restos han sido encontrados arqueológicamente. (Véloz Maggiolo, Ortega, y Caba Fuentes, 1981, pp. 169–170)

La extensión de la tierra utilizada con fines agrícolas no está clara, según el registro arqueológico actual, pero este relato histórico nos da una indicación:

> Hacia la parte Este de esta isla de Puerto Rico, varios cristianos bajaron a tierra, donde encontraron casas bien hechas formadas alrededor de una plaza, una de las cuales se

abrió al mar. Había una calle muy grande con vallado de caña cubierto por enredaderas entrelazadas. Arriba, como un tapiz verde, había campos hermosamente trabajados similares a los jardines que uno ve en Valencia en España. En la costa había una alta torre de vigilancia con una plataforma amplia para una docena de personas, bien hecha como las casas. Estos deben pertenecer al Señor de la isla o esta parte de ella. (Loven, 1936, p. 337 citado en Paiewonsky, 1991, p. 64)

Figura 1.5: La Manera y el estilo de la jardinería y la plantación de los indios

Nota: Del Manuscrito de Drake, fol. 120v–121. 1586

Además de la agricultura, el proceso de cultivo de la yuca y otras raíces vegetales era frecuente en Puerto Rico y requería un uso extensivo de la tierra y los recursos:

El Taíno clásico tenía una forma sofisticada de agricultura. En lugar de simplemente cortar y quemar el bosque para hacer una limpieza temporal, como es común en los trópicos, amontonaron tierra en campos más permanentes para cultivar raíces en el suelo aluvial suave. Los campos montañosos se llamaban *conuco*. Los montones de tierra de tres pies de altura y unos nueve pies de circunferencia, estaban dispuestos en filas regulares.

> Retrasaron la erosión, mejoraron el drenaje y permitieron un almacenamiento más prolongado de los tubérculos maduros en el suelo. (Rouse, 1992, p. 12)

Según el Dr. Agustin Stahl y Jesse Fewkes, los Taínos eran constructores prolíficos de montículos. Estos montículos parecen haber servido para varios propósitos además de la agricultura, y fueron solo un ejemplo de los diversos tipos de estructuras construidas por los taínos, que incluían grandes aldeas con plazas de baile y/ canchas de pelota, así como torres de vigilancia:

> Muchas de estas estructuras se encuentran ahora en las montañas, pero hay buena evidencia de que en tiempos prehistóricos eran más numerosas en las llanuras costeras. Estas últimas regiones están ahora entregadas mayormente al cultivo del azúcar y han sido plantadas con caña durante tantos años que todos los rastros de estructuras aborígenes en ellas han sido completamente destruidos. A lo largo de las orillas del Río Grande de Arecibo y sus afluentes todavía se encuentran muchos restos de canchas de pelota, especialmente en las altas montañas en medio de la isla. En la actualidad los mejor conservados se encuentran cerca de las localidades de Utuado y adjuntas ... Durante sus estudios arqueológicos en Utuado en 1903, más de 20 bateys fueron puestas en conocimiento de este autor. (Fewkes, 1907, pp. 81–84)

Un batey, desenterrado en Puerto Rico en 2007, puede darnos una idea más precisa de las dimensiones de un pueblo intacto y una cancha de pelota. El sitio de Jacanas, junto al río Portugues al norte de Ponce, consta de nueve acres e incluye un "montículo central cargado de artefactos de 90 pies de largo, así como un enorme centro ceremonial de cuatro lados que mide 130 por 160 pies, y lo que podría ser hasta 400 enterramientos prehistóricos, agujeros de poste que delinean viviendas antiguas, y una fila de 60 pies de largo de petroglifos de granito y arenisca intrincadamente tallados" (Toner, 2008, p. 52) todos bien conservado. Si este sitio, y otros encontrados hasta la fecha, es indicativo del grado de explotación terrestre practicado por los taínos, entonces podemos estar seguros de que fue sustancial. Sin embargo, palidece en comparación con el impacto de la explotación terrestre de los europeos durante el Período Colonial, como se indica en este gráfico para la vecina isla de La Española.

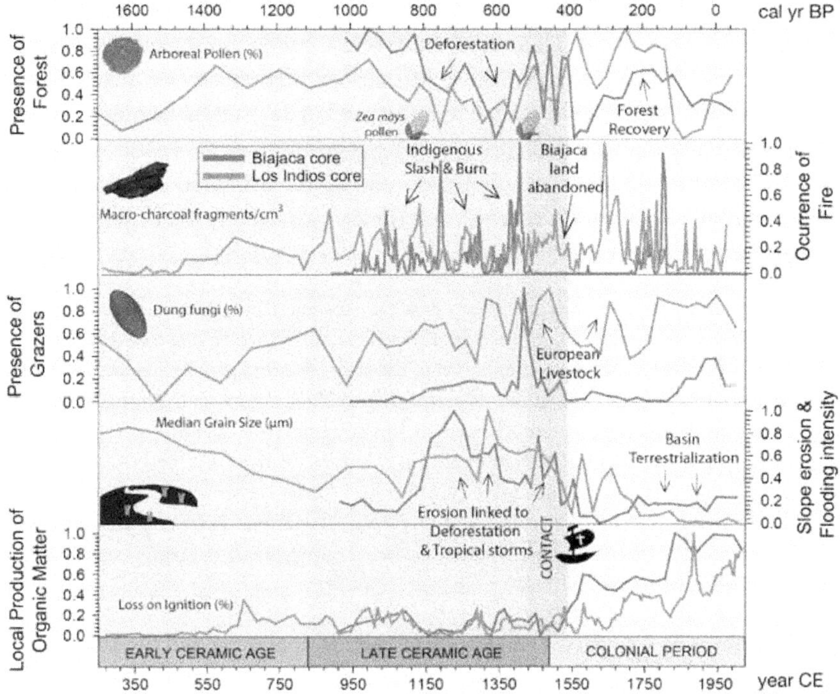

Figura 1.6: Cambio paleoambiental, Valle del Cibao (República Dominicana)

Nota: Múltiples líneas de evidencia de los núcleos sedimentarios de Biajaca y Los Indios. Los valores medidos se han normalizado (variando entre 1 y 0). Los registros muestran los últimos ca. 1800 años de cambios de paisaje y uso de suelo en el Valle del Cibao.

PRÁCTICAS MEDICINALES Y NUTRICIONALES TERRESTRES DEL TAÍNO

En marzo de 1495, poco después de desembarcar en la isla de San Salvador, Colón encargó a un misionero catalán de la orden jerónima, Fray Ramón Pané, que viviera con el pueblo Taíno de las Antillas Mayores y aprendiera sobre él. Pané había venido al Nuevo Mundo para servir de capellán a los recién llegados colonos españoles. Durante un período de tres años, escribió extensamente sobre el taíno. La diligencia de Pané se evidencia en el hecho de que escribió el relato más completo y confiable de las costumbres y creencias Taínos jamás registrado. Como en muchas otras culturas indígenas, la cosmología Taína incluía una creencia en el poder de los cuatro elementos sagrados, *tierra, agua, fuego y aire.* Una combinación de estos elementos fue típicamente empleada en sus prácticas de curación. Según Pané, un sistema de creencias taíno basado en la Tierra jugó un papel integral en su existencia diaria. Todo lo que nace de la Tierra, incluyendo árboles, hierbas, plantas, raíces e incluso frutos, era considerado sagrado, medicinal y nutricional. La comida era considerada medicina. Creían que la enfermedad surgía como resultado de una de dos cosas: pensamiento desordenado (estrés o ansiedad) o una deficiencia nutricional. Por lo tanto, la enfermedad se trataba con asesoramiento espiritual y nutricional, dirigido por un *behique* o chamán. Al entrar en un estado de trance alucinógeno inducido, utilizando una hierba en polvo (*cohoba*) inhalada a través de las fosas nasales, el *behique* hablaría con los espíritus con el fin de determinar la causa de la enfermedad:

> Aunque los cronistas describieron vívidamente los usos mágico-religiosos de la *cohoba*, es sólo recientemente cuando las semillas de *A. peregrina*, no *Nicotiana tabaccum* L. (Solanaceae) como comúnmente se supone, han sido identificados formalmente como la fuente de alucinógenos a través del estudio de restos de almidón de esta planta almacenada en un fragmento de artefacto de coral terrestre. Las semillas de Cohoba fueron molidas y mezcladas con otros materiales, como conchas o huesos destrozados, permitiendo a sus usuarios alcanzar estados de conciencia modificados y, como consecuencia, nuevas esferas de conocimiento esotérico. A través del ritual *cohoba*, los nativos de las Antillas y del Sur se comunicaron con sus deidades, dotando así a A. peregrina de un papel como planta visionaria. (Torres y Repke, 2006)

A menudo, después de regresar del plano espiritual, abstención y/o dieta o ayuno fue recetado al paciente. La farmacia nutricional y medicinal que poseían los indígenas, según lo registrado por los exploradores europeos en el manuscrito de Drake y otros, era vasta. Lo que sigue no es más que una pequeña muestra del Manuscrito de Drake (c.a. 1586):

- Pinnes (Piña). Una fruta exquisita, extremadamente buena, que tiene el sabor de la frambuesa; crece en un árbol alto donde se pueden encontrar varios, teniendo la característica de crecer más abajo que arriba en contraste con los frutos de Francia. *Se come crudo con sal solo para aliviar a los indios de dolores de estómago.*
- Petvn (Tabaco). Una hierba especial que los indios utilizan para la alimentación, así como una medicina extremadamente beneficiosa; cuando están enfermos, respiran el humo por boca con una paja; pronto el mal humor se escapa vomitando. A menudo lo pulverizan y, poniéndolo en sus narices, destila varias gotas de agua del cerebro para descargarlo. También se encuentra muy útil para el dolor de muelas; poniendo sus hojas sobre los dientes, el dolor desaparece; también es beneficioso para aliviar los problemas oculares y, para este [propósito], es recomendable tomar la hierba y empinarla en agua aproximadamente medio cuarto de hora y luego lavarse los ojos y uno experimentará su beneficio.

- Goviaves (Guayaba). Una fruta extremadamente útil para el flujo sanguinolento [disentería]. Comido aún verde, alivia a la persona y, cuando está madura y lisa, es una fruta excelente.
- Patatas (Sweet Potato). Los indios usan esta fruta como excelente alimento y la cocinan con carne en una olla o rebuznarla; se origina en la tierra; tiene forma de raíz, y uno puede multiplicarla cortando pequeños trozos que planta como una semilla que crece. Los indios los convierten en bebida; después de haberlos hervido en agua, los exprimen con las manos y se embriagan como con el vino.
- Coques (coco). Fruta que crece en un árbol como una nuez. Después de la eliminación de la primera cáscara dos ojos y una boca como los de un pez aparecen conteniendo muy buena alimentación de color blanco. También hay dentro de la cáscara un exquisito líquido para saciar la sed de las personas que tienen fiebre.

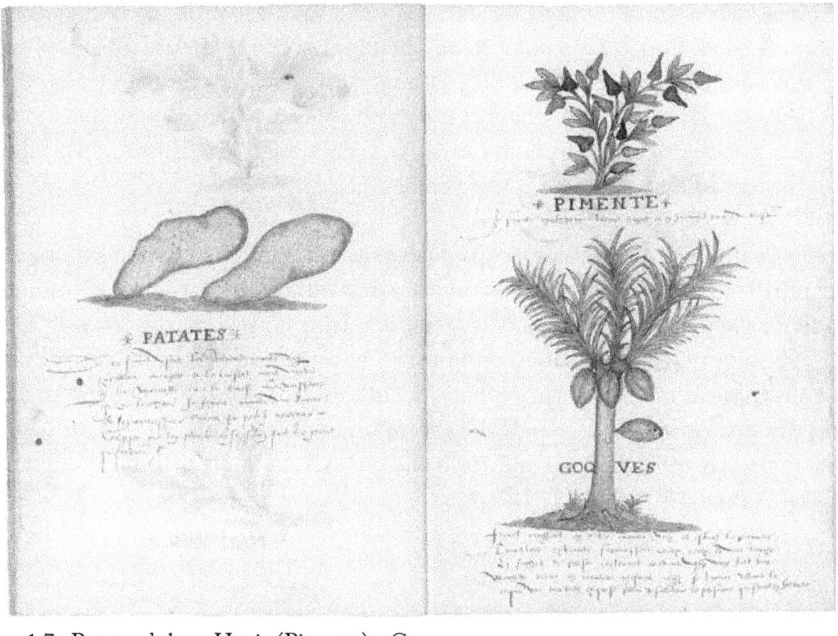

Figura 1.7: Patatas dulces, Hagis (Pimente) y Coco

Nota: Del Manuscrito de Drake, fol. 10v–11, 1586

- Plantainnes (Plantain). Buena fruta similar a la vid de uva. Cuando una rama se rompe, brota otra; tiene la forma de un pepino largo y tiene un sabor extremadamente bueno, y ayuda a disipar el aire malo desde abajo. Se come cocido o crudo y está disponible en todo momento.

- Patille (sandía). Es un melón que es excelente para aquellos que no pueden orinar; después de comerlo, la persona pasará agua rápida y fácilmente. Los indios lo cultivan de semilla en sus jardines. MA 3900 (fol. 14v–15).
- Balce (Balsam). Es una resina muy buena para curar heridas infligidas por flechas y otras dolencias, siendo aplicada con tabaco. También es muy útil para curar el flujo de sangre (disentería) tomándose con un huevo.
- Avilannes Noires Gomites (Physic Nut) MA 3900 (fol. 20v–21). Crece en este árbol una especie de nueces pequeñas y hay dos tipos, los negros y los blancos. Cuando una persona se los ha comido, expulsará todo lo que hay en su cuerpo por dentro y por debajo. Cuando los indios sienten que han comido algo malo o que un animal venenoso les ha tocado, toman estas nueces, lanzando rápidamente todo el veneno por la boca y "abajo" y se curan.
- Hagis Roges, Hagis Ianne, Hagis Vert (pimiento rojo, pimiento amarillo, pimiento verde). Hagis significa pimiento en la lengua de los indios y hay tres clases. Sin embargo, la más pequeña, que es verde, es la más fuerte y su hoja es muy buena cuando se añade a la sopa y la ensalada. Los indios trituran está pimienta con sal y la ponen en la cáscara de mijo y cuando van lejos donde no pueden encontrar agua fresca para beber, comen tanto como sea posible de esta pimienta en ruta y no tienen sed, sintiéndose siempre frescos a pesar del calor muy intenso.

En reconocimiento al elemento sagrado Agua, los recién nacidos fueron bendecidos y purificados al estar inmersos en las aguas curativas de la gran diosa madre, Attabeira, y, según la Histoire Naturelle des Indes (alias manuscrito de Drake) c.a. 1586, esta práctica continuó en la infancia posterior. "Las mujeres indias llevan a sus hijos al mar y los bañan bajo la luna llena. La madre sostiene una de la mano y la otra se sube a la espalda. Los frotan bien para que no tengan llagas en la piel ni picor y estén limpios por todo el cuerpo. Las mujeres indias nadan como peces en el mar" (fol 10fv–11, 1586).

Figura 1.8: Cómo las mujeres indias lavan a sus hijos en el mar cuando la luna está llena
Nota: Del Manuscrito de Drake, 109v–110, 1586

Además de abstenerse de relaciones sexuales y ayunar, los hombres se lavaban antes de emprender cualquier viaje potencialmente peligroso para protegerse. El poder elemental del Fuego y del Aire en la sanación indígena se evidencia en varias prácticas registradas. Pociones de hierbas curativas (jarabes) se calentaron sobre el fuego para activar su poderes curativos, y grandes líderes fueron quemados en una pira para purificar sus espíritus. El behique a menudo usaba el poder de la respiración para succionar o soplar fuerzas espirituales dentro o fuera de sus pacientes, y al arder en una pira ritual, se decía que los hombres muertos expulsaban o confesaban verdades en sus respiraciones finales. Otro relato de sanación por fuego se describe en el Manuscrito de Drake, "Cuando los indios son mortalmente heridos por flechas, ella los pone en una cremallera y hace un horno con un tubo que conduce a la herida del enfermo. Cuando se enciende el fuego, ponen en él una hoja de tabaco junto con una resina llamada bálsamo y tan pronto como el humo entra en la herida del paciente, toman una hoja de tabaco con algo del bálsamo y hacen un yeso que aplican a la herida del paciente, y se cura" (manuscrito de Drake, folio 91v–92, 1586).

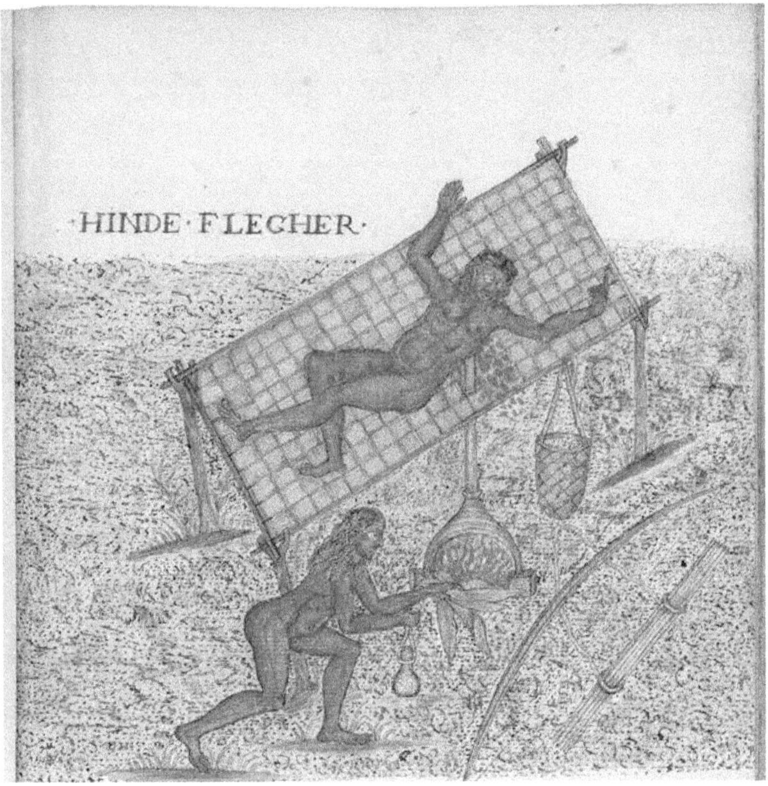

Figura 1.9: Indio herido por una flecha

Nota: Del Manuscrito de Drake, fol. 91v-92, 1586

Una hierba aromática llamada Rozmerre era comúnmente utilizada por los indígenas para limpiar el "mal aire." "Los indios lo lanzan al fuego en sus casas y lo queman y si hay algún animal venenoso de cualquier tipo cuando huelen el humo de esta hierba, mueren al instante y por el mismo método todo el veneno desaparece" (manuscrito de Drake, folio 17v–10, 1586).

Prácticas similares siguen siendo empleadas por curanderos indígenas del Caribe hoy en día (ver *El Arte de Soñar Taíno* en este libro).

PUERTO RICO POST-COLONIAL

Cuando los europeos tocaron tierra por primera vez en Borikén, aproximadamente 890.000 hectáreas (2,2 millones de acres) de tierra fueron forestadas. A principios del siglo XX, ese número se había reducido a 189.000 hectáreas (467.000 acres) debido principalmente a la "agricultura, la cosecha de madera y los pastos."

A mediados del siglo XX, la deforestación era superior al 90 por ciento. Una década después, cuando los europeos se habían trasladado a empresas más rentables y habían abandonado Puerto Rico, comenzó la recuperación de los bosques, y en 40 años, la cubierta forestal había crecido a 287.000 hectáreas (709.000 acres) (Franco et al., 1997, p. 45) y actualmente está en el 40 %. "La vegetación madura más antigua cubre solo el 1 % de la isla, mientras que la vegetación sucesional más antigua cubre el 10 %. La cubierta forestal restante es joven mixta, especies en pie ..." Los cambios que tuvieron lugar en los ecosistemas forestales de Puerto Rico pueden atribuirse en gran medida a los 200 años (la era poscolonial) durante los cuales se introdujeron varias plantas económicamente importantes "como la caña de azúcar, el café, el banano, el tabaco, las piñas y otras." Según Sidney Mintz:

> Durante la década de 1800, grandes extensiones de bosque fueron modificadas para plantar café, que fue fuertemente exportado a los Estados Unidos y Europa donde se consideraba un producto superior ... En esta zona de vida también se cultivó algo de caña de azúcar, ya que no se requería agua de riego. Sin embargo, la tendencia dominante en el uso de la tierra, como en otras zonas de Puerto Rico, es el pastoreo. (1985, p. 132)

Como resultado de la "Operación Bootstrap," un programa estadounidense de industrialización posterior a la Segunda Guerra Mundial instituido en Puerto Rico, "para el verano de 1950, ochenta nuevas plantas industriales estaban en funcionamiento y la centésima estaba en construcción." Cuando entró en vigor la constitución del nuevo Estado Libre Asociado de Puerto Rico, el 25 de julio de 1952, unas 152 fábricas estaban en funcionamiento. La abrumadora mayoría eran industrias de bienes de consumo: productores de textiles, prendas de vestir, calzado, equipos electrónicos, cableado eléctrico, herramientas de redacción, pinceles de artista, aparejos de pesca, flores artificiales y otros artículos de plástico y metal ensamblados en Puerto Rico para la venta en Estados Unidos. Eran industrias "intensivas en mano de obra, ya que dependían más de la mano de obra que de la maquinaria para suministrar el valor añadido a las materias primas que importaban de la continental" (Wells, 1969, p. 152). En 1956 los ingresos generados por el sector manufacturero superaron por primera vez al de la agricultura.

Actualmente, la isla-colonia de Puerto Rico sufre de todos los males e injusticias ambientales típicas de una "economía de consumo industrial y tecnológicamente impulsada," incluyendo problemas de manejo de desechos y desechos, contaminación del agua y el aire, el envenenamiento de la flora por el uso excesivo de pesticidas (descrito en el capítulo 5) entre otros:

> Puerto Rico tiene más de 2 millones de automóviles, camiones y autobuses que constituyen una de las densidades de vehículos más altas del mundo. ... La infraestructura antigua también es un gran problema para el suministro de agua de la isla, ya que casi el 50%—unos 250 millones de galones por día—de toda el agua potable procesada por la Autoridad de Agua se pierde antes de la entrega debido a fugas, hidrantes rotos y

> conexiones sin medidor al sistema. El sistema de alcantarillado de Puerto Rico todavía está en desarrollo. El 50% de la isla carece de alcantarillado sanitario, y algunas comunidades todavía tienen dificultades para cumplir con las normas de tratamiento de alcantarillado secundario, lo que preocupa a las comunidades de playa y a la industria turística. Sesenta y ocho plantas de tratamiento descargan en el océano. (Miller y Lugo, 2009, p. 2)

UN LEGADO DE ACTIVISMO AMBIENTAL

Como las realidades ambientales no pueden desligarse de las humanas, la trayectoria histórica hacia la urbanización e industrialismo extensivos en Puerto Rico, así como su tamaño relativamente pequeño y su condición colonial perdurable, nos brinda una oportunidad singular de examinar la explotación política, económica y sociocultural de una sociedad humana a lo largo del tiempo, reflejada en su paisaje ambiental. No es de extrañar que en los relatos históricos de los cronistas europeos reseñados por este autor se haga poca mención a las estrategias de gestión sostenible de los recursos naturales empleadas por los taínos. Esto se debe en gran medida a que históricamente las prácticas indígenas fueron despreciadas y menospreciadas, al igual que los propios Taínos. Estudios de la CEJ (Justicia Ambiental Crítica) plantean que "varias poblaciones humanas marginadas son tratadas—si no vistas—como inferiores y menos valiosas, para la sociedad más que otros … estas poblaciones están marcadas para el borrado y la muerte temprana …" (Pellow, 2016). Sin embargo, los esfuerzos de los antropólogos contemporáneos por utilizar relatos etnográficos de los residentes actuales de las islas, descendientes de taínos, para obtener información sobre los conocimientos indígenas y las prácticas de gestión de recursos, han demostrado ser útiles en este sentido. Muchas de estas prácticas han sido transmitidas por muchas generaciones (como lo demuestran los relatos etnográficos en varios capítulos de este libro). Este vasto depósito de conocimiento indígena ha sobrevivido notablemente a todos los intentos de borrado cultural y ha resurgido durante un tiempo en que todos esos conocimientos, junto con los "cuerpos amenazados" (que los han salvaguardado) son "indispensables para construir futuros social y ambientalmente justos y resilientes para todos nosotros" (Pellow, 2016).

La historia del activismo ambiental en la isla, en respuesta a las injusticias humanas y ambientales, también es digna de mención, ya que "el movimiento ambiental puertorriqueño se puso en marcha muy temprano y ha sido distintivamente político desde sus inicios, 20 años antes que la mayoría de las otras naciones. …" Es valioso entender esta experiencia, dado el importante papel que juega el ecologismo en el tercer mundo—especialmente en la renovación de luchas sociales de larga data, ofreciendo nuevas perspectivas sobre el cambio social y comprometiendo a un público más amplio (Concepcion, 1995, p. 112).

Curiosamente, en Puerto Rico, el activismo ambiental surgió junto con un movimiento de independencia política de base, así como el resurgimiento de la identidad indígena. Esa narrativa histórica ha proporcionado un fuerte incentivo para la auto-actualización y la innovación empresarial que puede proporcionar una base para una resiliencia exitosa al enfrentar las amenazas del cambio climático que aún están por venir.

En los años transcurridos desde el huracán María, he seguido visitando varias veces al año para observar y seguir el proceso de recuperación. He establecido amistades con agricultores locales, activistas y académicos puertorriqueños, que también han invertido personalmente en la recuperación. He sido testigo del resurgimiento de la agricultura a pequeña escala, la jardinería de traspatio, los mercados de agricultores, los remedios a base de hierbas y la integración de prácticas ambientalmente sostenibles, así como un floreciente espíritu de orgullo y autodeterminación. En el proceso, me he dado cuenta de que *Boriken* nunca ha sido ni podría ser destruido por *Huracán* (representado por la diosa Taína Guabancex). Al igual que las diosas Tiamat, Pele y Kali, Guabancex destruye solo para eliminar energías rancias, negativas e improductivas que impiden el crecimiento y la transformación. No es un final sino un camino hacia adelante.

Figura 1.10: Visitar un cercano Caserio (complejo de viviendas públicas) después de María.

Nota: Del autor

REFERENCIAS

Alegria, R. E. (1992). *Historia de Nuestros Indios.* oleccion de Estudios Puertorriquenos.

Chanca, D. A. (1906). Letter of Dr. Chanca on the Second Voyage of Columbus. In J. E. Olson & E. G. Bourne (Eds.), *The Northmen, Columbus and Cabot, 985–1503: The Voyages of the Northmen; The Voyages of Columbus and of John Cabot* (pp. 281–313). Charles Scribner's Sons. Online facsimile edition at www.americanjourneys.org/aj--065/. Accessed November 7, 2013.

Concepcion, C. (1995). *Modern Environmental Activism in Puerto Rico.* Blackwell publishers.

Denevan, W. M. (1992). The Pristine Myth: The Landscape of the Americas in 1492. Annals of the Association of American Geographers, Vol. 82, No. 3, *The Americas before and after 1492: Current Geographical Research* (Sep., 1992), 369–385.

Fewkes, J. W. (1907). *The Aborigines of Porto Rico and Neighboring Islands.* Washington Government Printing Office.

Fikret, B., Colding, J., & Folke, C. (2000). Rediscovery of Traditional Ecological Knowledge as Adaptive Management. *Ecological Applications,* 10: 1251–1262.

Franco, P. A., Weaver, P. L., & Eggen-McIntosh, S. (1997). Forest resources of Puerto Rico, 1990. Resour. Bull. SRS-22. Asheville, NC: U.S. Department of Agriculture, Forest Service, Southern Research Station.

Karl, T. R., Melillo, J. M., & Peterson, T. C. (Eds.). (2009). *Global Climate Change Impacts in the United States.* United States Global Change Research Program. Cambridge University Press.

Keegan, W. F. (2006). Archaic Influences in the Origins and Development of Taino Societies. *Caribbean Journal of Science,* Vol. 42, No. 1.

MacNutt, F. A. (1909). *Bartholomew de Las Casas: His Life, His Apostolate, and His Writings.* G.P. Putnam's Sons, Princeton University.

McNeill, J. R. (1999). Ecology, Epidemics and Empires: Environmental Change and the Geopolitics of Tropical America, 1600–1825. *Environment and History* 5(2): 175–184.

Miller, GL, & Lugo, A. E. (2009). *Guide to the Ecological Systems of Puerto Rico.* United States Department of Agriculture International Institute of Tropical Forestry, General Technical Report IITF-GTR35 June 2009.

Mintz, S. (1985). *Sweetness and Power: The Place of Sugar in Modern History.* Penguin Books, Harmondsworth.

Oviedo, G. F. (1959). *Historia General Y Natural de Las Indias.* Biblioteca de Autores Espanoles.

Paiwonsky, M. (1991). *Conquest of Eden: 1493–1515 Other Voyages of Columbus.* Mapes Monde Editore.

Pané, R. (1999). *An Account of the Antiquities of the Indians: Chronicles of the New World Encounter.* José Juan Arrom, Editor, and Susan Griswold, Translator. Duke University Press.

Peck, C. (Bequest/owner). (1586). Histoire naturelle des Indes: Drake manuscript, provenance unknown. Currently at the Pierpont Morgan Library. New York: Norton, 1996 (full-color facsimile).

Pellow, D. (2016). Toward a Critical Environmental Justice Studies: Black Lives Matter as an Environmental Justice Challenge. *Dubois Review Social Science Research on Race,* 13(2).

Rodríguez Ramos, R., Pagán-Jiménez, J., Santiago-Blay, J., Lambert, J. B., & Craig, P. R. (1990). Some indigenous uses of plants in pre-Columbian Puerto Rico. *Life: The Excitement of Biology* (1): 83–84. http://doi.org/10.9784/LEB1(1)Rodriguez.09.

Rouse, I. (1952). *Porto Rican Prehistory, Scientific Survey of P.R. and the V.I., Vol. XVIII, No. 3–4.* Academy of Science, New York.

Rouse, I. (1992). *The Tainos: Rise and Decline of the People who Greeted Columbus*. Yale University Press.

Sauer, C. (1966). *The Early Spanish Main*. University of California Press.

Stahl, A. (1889). *Los Indios Borinquenos: Estudios Etnograficos*. San Juan, PR: Imprenta Y Libreria De Acosta Fortaleza num. 21.

Toner, M. (2008). Ghosts of the Taino: Mystery and Controversy Haunt a Pre-Columbian Ceremonial Site in Puerto Rico. *Archaeology* (March/April).

Torres, C. M., & Repke, D. B. (2006). *Anadenanthera: vsionaly plant of ancient South America*. The Haworth Herbal Press.

Veloz Maggiolo, M., Ortega, E., & Caba Fuentes, A. (1981). Los Modos de vida Meillacoides y sus posibles origenes, Santo Domingo: Museo del Hombre Dominicano.

Watts, D. (1987). *The West Indies: Patterns of Development, Culture and Environmental Change since 1492*. Cambridge University Press.

Wells, H. (1969). *The Modernization of Puerto Rico: A Political Study of Changing Values and Institutions*. Harvard University Press.

Wing, E. S. (2001). The Sustainability of Resources Used by Native Americans on Four Caribbean Islands. *International Journal of Osteoarchaeology* 11: 112–126.

Websites

http://www.epa.gov/climatechange/impacts-adaptation/islands.html

http://www.ipcc.ch/publications_and_data/ar4/wg2/en/ch16s16-3.html#16-3-

CHAPTER 2

The *Jíbaro* Legacy: An Ethnobotanical Account of Traditional Plant Use in the Cordillera Central of Puerto Rico

GLADYS M. NAZARIO MUÑIZ

INTRODUCTION

I was born and raised in the city of San Juan, Puerto Rico, but when I was nineteen years old I married and moved with my husband to a beautiful farm in the mountains of Utuado (PR). At that young age, we already understood that resources are not infinite, and we wanted to prepare ourselves for what could eventually happen. We wanted to become autonomous—produce our food, our energy, and collect rain for water. We had a romantic vision of a self-sustaining farm, completely off the grid, filled with aromatic plants, food, and animals. Through a government program, we were able to acquire sixteen acres of land in the mountains of Utuado and were able to take our first steps toward the realization of that vision. Even though we knew nothing about cultivating the land for food, raising farm animals, or collecting rainwater, we were willing to give it a try. We thought that was enough, and, in a way, it was.

THE *JÍBARO* OF PUERTO RICO

The farmers of the Cordillera Central (Central Mountainous Region) of Puerto Rico are called "*jíbaros*." *Jíbaro* means "people of the mountain" in the Taíno (indigenous) language. A *jíbaro* is described as a mountain person that lives inland, has very few possessions, and represents the backbone of Puerto Rican culture. In the early history of Puerto Rico, the mountains of the island were not very accessible, and the *jíbaros* were isolated, which helped them to develop their distinct identity and love of nature. In those years, they cultivated the land by using traditional methods. They considered the phases of the moon when planting and performing other agricultural chores. They were poor and uneducated, but not unwise; they were honest, brave, and very hospitable. Their folkloric knowledge was extensive. They had learned from their parents how to effectively cultivate the soil for specific crops, identify and utilize medicinal plants and, to date, cultivate the best coffee in the world. Through the years, most of these distinctive characteristics "evolved."

My husband's family was from Utuado. As a child, he had often visited his family farm and learned much about their agricultural practices. He loved watching his grandparents and uncles/aunts at their daily chores, harvesting coffee, plantains, tubers, and rhizomes, as well as picking oranges, *guayabas*, *pomarrosas*, and many other fruits. Consequently, we did not feel isolated or unsupported as we began our own farm. We had family living thirty minutes away, and the local Jibaros were friendly and generous with their time and knowledge.

As a direct result of my interactions with the *jíbaros*, I became increasingly familiar with the world of plants—their aromas, uses, and traditions. I was so captivated by this world that I put aside my childhood dream of becoming a marine biologist, and instead focused my efforts on understanding the impact plants had on our lives—the *jíbaros* became my instructors. In effect, I began doing informal ethnographic research on the plant-related cultural traditions, knowledge, and practices of the Jibaro, without realizing how valuable that research would later become as this population diminished over time.

ETHNOGRAPHIC ACCOUNTS (INFORMAL)

The first time we drove to the Cordillera Central in the late seventies, I started to feel sick, because of the curvy road, and we had to stop near a local home. A lady came out and quickly ascertained that I was not feeling well. She approached me and asked what was wrong, and I told her how I felt. Immediately, *Doña*[1] *Toña*—that was her name—came back with an aromatic herb that she had just snipped from a plant in her yard. Doña Toña told me to whiff it, so I did. In a short time, I started to feel better. From that moment on, I became fascinated with the "jíbaros," their plants, and how they routinely use them. Later, I became aware that the plant Doña Toña gave me that day was peppermint which is known to be used to reduce symptoms such as nausea, headache, and vomiting. I learned many things from Doña Toña and her husband, Don Pepe.

They were born and raised in those mountains and learned the uses of plants as medicine, food, and shelter from their own parents. Besides being a farmer, Don Pepe was also a carpenter. So, together with my husband, he built our first house. He taught my husband about local woods, such as the guaraguao tree (*Guarea Guidonia*), and how many people substitute mahogany (*Swietenia* spp.) with this inexpensive and available wood. My husband learned about carpentry and wood trees with Don Pepe.

Doña Miguelina

Figure 2.1: Doña Miguelina

Note: From Author

When we finally moved to the farm in the Fall of 1975, I met *Doña Miguelina*. Doña Miguelina had eight kids and lived in a small wooden house surrounded by flowers, aromatic herbs, coffee, banana, plantain, and many other fruits. For every disease, she had a treatment that would include a plant part, or a combination of aromatic herbs and oils, ashes, and/or clay. I started to cultivate every single plant Doña Miguelina introduced me to, and every time we felt sick we consulted her. She was my mentor for many years and I attained a great portion of folkloric knowledge from her. I trusted Doña Miguelina's wisdom and used her remedies consistently. Doña Miguelina taught me how to prepare a mint infusion for indigestion, a *salvia criolla* cataplasm for a headache, and how to drink ashes to cure a diarrhea episode. She inspired me to read every book I was able to locate connected to medicinal plants—no internet in those times—so, I read several. After a while, I found myself creating my own preparations and recipes, and identifying other plants with medicinal properties. She also taught me everything about coffee processing, from harvesting to roasting and grinding. I was not a coffee drinker, but it was so fresh and delicious that I could not resist and started drinking coffee every day. I did not stop drinking our artisanal coffee for several months. After a while, I was forced to stop, because it kept me so energized that I could not sleep. The love I developed for this plant was such, that for my doctoral thesis I studied the synthesis of the alkaloid caffeine in coffee plants, the same property that kept me awake during those long nights of sleeplessness.

Doña Miguelina had vast knowledge, not just about plants, but also about the many tales and 'superstitions' that were common to the people of the area. I remember visiting her one day. When I got inside the house all the mirrors were covered with a piece of cloth and she was avoiding the use of the refrigerator. I asked her why, and she told me that she was roasting coffee outside at the *fogón*[2] and it gets very hot, so she must avoid all cold surfaces, or she could suffer a facial paralysis—she called it "*pasmarse*." I knew abrupt changes of temperature could cause facial paralysis, among other disturbances, but would never have considered a covered mirror as a preventative measure. Many years later, we realized that most of her beliefs could be easily explained by scientific facts.

Doña Miguelina also did *santigüos*—healing rituals to alleviate illnesses—lthat consisted of doing several signs of the cross in combination with *cánticos*[3] and essential oil massages. Only some people can do *santigüos*. Moreover, it is a ritual transmitted from a parent to an interested child; none of her children were interested. I asked her if she could transfer that knowledge to me. Initially, she said no, and asserted that it had to be one of her offspring. However, after a while, she agreed, and I had the honor of receiving a share of that knowledge. The transfer of knowledge could not be completed, because she died shortly after. Nonetheless, I learned and felt her wisdom, and now I understand the true meaning of a 'santigüo'—mystical healing connection between touch, chanting, and empathy.

Don Dae

Figure 2.2: Don Dae
Note: From Author

About that same time, I met Don Dae, the perfect image of a jíbaro, very strong. He had short, fat, and rough fingers—he could draw you a vivid story sketching on the ground with those fingers. He was very expressive and had many stories regarding life in the mountains—you could listen to him for hours. I remember when he told us they used to arrange two vegetable gardens, one for them and one for the pests, "because they are also very important in nature." It did not take us long to understand that one. From him and his son, Manolito, I learned about medicinal plants and weeds that you can eat, such as wild mustard, sour-grass (*Oxiladaceae*), broad-leaf scratch bush (*Urticaceae*), and aloe, among many others. They told me that some of those plants were their source of medicine and salads for many years when they could not afford to go to the store—going to the store presented a difficult task for the Jibaros due to the distance from town and lack of transportation. They also taught me how to identify weeds with nutritional or medicinal properties, as well as how to distinguish those that were poisonous. Learning with the 'jibaros' motivated me to learn more, and after eight years of living in the mountains and cultivating most of our own food and medicine, I decided to go back to school and pursue a career related to plants.

GROWING AND SHARING THE KNOWLEDGE

The interest I developed in medicinal plant uses and properties during my year with the *Jibaros* inspired me to work with secondary plant metabolites—compounds that sustain most of those properties. For my doctoral thesis, I wanted to work with a secondary metabolite and a plant of importance to my Island—I worked in the elucidation of the pathway of caffeine synthesis in coffee. Caffeine is a plant compound that belongs to one of the secondary metabolite groups, alkaloids; coffee, is one of the first plants I became interested in when I first moved to the mountains. I finished a Ph.D. in Plant Physiology at the University of California in Riverside, and since 1992 I have been teaching Botany and Ethnobotany at the University of Puerto Rico (UPR).

When I first arrived at the UPR, Rio Piedras campus, I decided that I wanted to combine my mountain knowledge with my academic knowledge, and so I did. In the Botany course, I described a medicinal plant laboratory practice that has been in use for 28 years. At present, as part of the two courses I teach, we cultivate medicinal plants and educate the students on how to propagate, nurture and use plants for medicinal purposes. We also identify weeds that grow in the gardens with ethnobotanical potential and study their uses as medicine or food. The students oversee the gardens, where they also conduct short research projects that help them understand botanical concepts. Together with another professor, I established an Ethnobotany course and have been teaching it for 20 years. In this course, we combine many aspects of folklore with science, and the students conduct short research projects in the gardens that help them understand how necessary science is to substantiate folklore, and vice versa.

Consequently, I decided to write a book that would include our local flora and enable the student's connection to our food, medicine, and ancestral culture. I have been using the book in the course for eight years—*Ethnobotanical Concepts Over time: Old and New Affairs Between Humans and Plants* (2013).

In 2016 my husband and I moved back to the farm but were also living in the city part-time where I was still teaching at the UPR. Having access to plants at the farm, where I initially learned about them, provided supplementary material for the courses I was teaching at the university, crafting a holistic and interactive hands-on teaching and learning practice. As an academic, I know the importance of teaching and understanding science concepts, but I have also learned that connecting and applying that knowledge in our daily lives is even more important. Through those aromatic, savory, weedy plants, the students are learning botany but also how and why it is so important to respect nature and the ecological web of which we are all an integral part. Furthermore, they are learning how to cultivate their food, to be self-sustainable, and how to identify herbs and weeds with potential uses. After hurricane María, people in Puerto Rico conclusively realized the importance of those skills. Puerto Rico is a small island, and we import more than 85 % of the food we consume, thus a disaster could leave us completely deprived of food and medicine.

Taking into consideration our vulnerability, I have been conducting research on weeds with ethnobotanical properties. Together with a group of students, I have identified more than a hundred local species. As a result of this research, we are close to publishing a book that includes Forty-five weeds (buenezas) that grow in Puerto Rico and have edible, medicinal, and/or poisonous properties; a second book with additional species is also in progress. It is very important for us to be able to identify plants that grow in the wild that could serve as food or medicine in case of a shortage and, even more importantly, to preserve our ancestral culture.

CLOSING THE CIRCLE

Since the pandemic, my husband and I have been living on the mountain, and I have been teaching my university courses in virtual mode. As a result, we have been able to move to the farm permanently and have started to cultivate our food and medicinal plants full-time. We have solar energy, collect rainwater, and produce most of our ferments from vegetables that we grow in the garden—sauerkraut, pickles, kimchi, and ginger beer. We also produce other ferments such as kefir, tempeh, kombucha, tibico, and tepache. I have been educating myself in the art of producing ferments, not only for our health but also to have ferments for restoring the soil—efficient microorganism and fermented plant juices. My major interest continues to be education, and I would like to continue to teach Botany and all the processes I have learned that can support our health and enhance the cultivation of our food. I am very interested in working with our community to teach them all the strategies that we are effectively using on our farm.

The neighborhood has changed since the seventies when we originally made the mountain our home. At present, transportation is more accessible, almost every family has a car, phone, and internet access. We still have *Jíbaros* living in the mountains, but their numbers have dwindled. The youngsters in the mountains are not interested in cultivating the land, and many have left in search of better opportunities in the city or the states. Most of the elders with folkloric knowledge have passed away and a lot of information has been lost.

On the other hand, every day more people from the city and peripheries are interested in moving back to basics. Young people have realized that things are changing too fast, and our environment is suffering the consequences. Some of them are well educated in agroecological practices and are very interested in recovering the folklore. These youngsters are moving from the city to the mountains in search of attaining the dream of cultivating the land for food, producing their own energy, and becoming independent of the system, as I did so many years ago. So, not everything is lost. Along with them, I want to continue to contribute to the restoration of our identity, our land, and our folklore.

Figure 2.3: Huerta y casa

Note: From Author

Figure 2.4: Author at her mountain home

Note: From Author

NOTES

1 *Doña:* a Spanish title prefix to a woman's name; *Don:* a Spanish title prefix to a man's name.
2 *Fogón*: a small kitchen outside of the house where you cook with firewood.
3 *Cánticos*: Spanish for chants or prayers.

REFERENCES

Blair K. (2014). *The Wild Wisdom of Weeds*. Chelsea Green Publishing.

Judd W. S., Campbell C. S., Kellogg E. A., Stevens P. F., & Donohue M. J. (2008). *Plant Systematics: A Phylogenetic Approach* (3d Ed.). Sinauer Associates, Inc.

Martin, F. W., & Ruberté, R. (1979). *Edible Leaves of The Tropics* (2nd Ed.). Antillean College Press.

Nazario, G. M. (2013). *Conceptos de la Etnobotánica: Relaciones Viejas y Nuevas del Ser Humano con las Plantas*. Publicaciones Botánikas.

Núñez, E. M. (1982). *Plantas Medicinales de Puerto Rico*. Editorial de la Universidad de Puerto Rico.

Nyerges C. (2014). *Foraging California: Finding, Identifying, and Preparing Edible Wild Foods in California*. Falcon Guides, an imprint of Rowman and Littlefield.

Perdomo-Roldán, F, Mondragón-Pichardo, J., & Vibrans, H. (2009). *Brassica juncea (L.) Coss.* http://www.conabio.gob.mx/malezasdemexico/brassicaceae/brassica-juncea/fichas/ficha.htm

CAPÍTULO 2

El Legado del Jíbaro un Relato Etnobotánico del Uso Tradicional de Plantas en la Cordillera Central de Puerto Rico

GLADYS M. NAZARIO MUÑIZ

INTRODUCCION

Nací y crecí en la ciudad de San Juan, Puerto Rico, pero cuando tenía diecinueve años, me casé y me mudé con mi esposo a una hermosa granja en las montañas de Utuado (PR). A esa temprana edad ya entendíamos que los recursos no son infinitos y queríamos prepararnos para lo que eventualmente pudiera suceder. Queríamos ser autónomos: producir nuestra comida, nuestra energía y recoger lluvia para el agua. Teníamos una visión romántica de una granja autosostenible, completamente fuera de la red, llena de plantas aromáticas, alimentos y animales. A través de un programa de gobierno, pudimos adquirir dieciséis acres de tierra en las montañas de Utuado y pudimos dar nuestros primeros pasos hacia la realización de esa visión. A pesar de que no sabíamos nada sobre cultivar la tierra para comida, criar animales de granja o recoger agua de lluvia, estábamos dispuestos a intentarlo. Pensamos que era suficiente, y, en cierto modo, lo era.

EL JÍBARO DE PUERTO RICO

Los agricultores de la Cordillera Central (Región Montañosa Central) de Puerto Rico son llamados "jíbaros." Jíbaro significa "gente de la montaña" en lengua Taíno (indígena). Un jíbaro es descrito como una persona de montaña que vive en el tierra adentro, tiene muy pocas posesiones y representa la columna vertebral de la cultura puertorriqueña. En la historia temprana de Puerto Rico, las montañas de la isla no eran muy accesibles, y los jíbaros estaban aislados, lo que les ayudaba a desarrollar su identidad distinta y su amor por la naturaleza. En esos años cultivaban la tierra utilizando métodos tradicionales. Consideraban las fases de la luna al sembrar y realizar otras labores agrícolas. Eran pobres e incultos, pero no imprudentes; fueron honestos, valientes y muy hospitalarios. Su conocimiento folclórico era extenso. Habían aprendido de sus padres cómo cultivar eficazmente el suelo para cultivos específicos, identificar y utilizar plantas medicinales y, hasta la fecha, cultivar el mejor café del mundo. A través de los años, la mayoría de estas características distintivas "evolucionaron."

La familia de mi esposo era de Utuado. De niña, había visitado a menudo su granja familiar y aprendido mucho sobre sus prácticas agrícolas. Le encantaba observar a sus abuelos y tíos/tías en sus quehaceres diarios, cosechando café, plátanos, tubérculos y rizomas, además de recoger naranjas, guayabas, pomarrosas y muchas otras frutas. En consecuencia, no nos sentimos aislados o sin apoyo cuando comenzamos nuestra propia granja. Teníamos familia viviendo a treinta minutos de distancia, y los Jibaros locales eran amigables y generosos con su tiempo y conocimiento.

Como resultado directo de mis interacciones con los jíbaros, me fui familiarizando cada vez más con el mundo de las plantas, sus aromas, usos y tradiciones. Estaba tan cautivada por este mundo que dejé de lado mi sueño de infancia de convertirme en bióloga marina, y en cambio centré mis esfuerzos en entender el impacto que las plantas tenían en nuestras vidas—los jíbaros se convirtieron en mis instructores—. En efecto, comencé a hacer una investigación etnográfica informal sobre las tradiciones culturales, conocimientos y prácticas del Jibaro relacionadas con las plantas, sin darme cuenta de lo valiosa que sería esa investigación más tarde a medida que esta población disminuyera con el tiempo.

CUENTAS ETNOGRÁFICAS (INFORMAL)

La primera vez que condujimos a la Cordillera Central a finales de los setenta, comencé a sentirme mal, debido a la carretera con curvas, y tuvimos que parar cerca de una casa local. Una señora salió y rápidamente se dio cuenta de que no me sentía bien. Ella se acercó a mí y me preguntó qué estaba mal, y le dije cómo me sentía. Inmediatamente, Doña[1] Toña—así se llamaba— regresó con una hierba aromática que acababa de arrancar de una planta de su patio. Doña Toña me dijo que lo oliera, así que lo hice. En poco tiempo, empecé a sentirme mejor. A partir de ese momento, me quedé fascinado con los "jíbaros," sus plantas y cómo las usan rutinariamente. Más tarde, me di cuenta de que la planta que Doña Toña me dio ese día era menta que se sabe que se utiliza para reducir síntomas como náuseas, dolor de cabeza y vómitos. Aprendí muchas cosas de Doña Toña y de su marido, Don Pepe.

Nacieron y crecieron en esas montañas y aprendieron los usos de las plantas como medicina, alimento y refugio de sus propios padres. Además de agricultor, Don Pepe también fue carpintero. Así que, junto con mi marido, construyó nuestra primera casa. Le enseñó a mi esposo sobre los bosques locales, como el árbol del guaraguao (Guarea Guidonia), y cuántas personas sustituyen la caoba (Swietenia spp.) con esta madera barata y disponible. Mi esposo aprendió sobre carpintería y árboles de madera con Don Pepe.

Doña Miguelina

Figura 2.1: Doña Miguelina

Nota: De Autor

Cuando finalmente nos mudamos a la finca en el otoño de 1975, conocí a Doña Miguelina. Doña Miguelina tenía ocho hijos y vivía en una pequeña casa de madera rodeada de flores, hierbas aromáticas, café, plátano, plátano y muchas otras frutas. Para cada enfermedad, ella tenía un tratamiento que incluiría una parte de la planta, o una combinación de hierbas aromáticas y aceites, cenizas y/o arcilla. Empecé a cultivar cada planta que Doña Miguelina me presentaba, y cada vez que nos sentíamos mal la consultábamos. Ella fue mi mentora durante muchos años y obtuve una gran porción de conocimiento folclórico de ella. Confié en la sabiduría de Doña Miguelina y utilicé sus remedios de manera consistente. Doña Miguelina me enseñó a preparar una infusión de menta para la indigestión, una cataplasma de salvia criolla para un dolor de cabeza y a beber cenizas para curar un episodio de diarrea. Ella me inspiró a leer todos los libros que pude encontrar conectados a plantas medicinales—sin internet en esos tiempos—así que, leí varios.

Después de un tiempo, me encontré creando mis propias preparaciones y recetas, e identificando otras plantas con propiedades medicinales. También me enseñó todo sobre el procesamiento del café, desde la cosecha hasta el tostado y la molienda. No era un bebedor de café, pero era tan fresco y delicioso que no podía resistirme y empecé a tomar café todos los días. No dejé de beber nuestro café artesanal durante varios meses. Después de un tiempo, me vi obligado a parar, porque me mantenía tan energizado que no podía dormir. El amor que desarrollé por esta planta fue tal, que para mi tesis doctoral estudié la síntesis del alcaloide cafeína en las plantas de café, la misma propiedad que me mantuvo despierto durante esas largas noches de insomnio.

Doña Miguelina tenía vastos conocimientos, no sólo sobre las plantas, sino también sobre los muchos cuentos y "supersticiones" que eran comunes a la gente de la zona. Recuerdo haberla visitado un día. Cuando entré a la casa todos los espejos estaban cubiertos con un trozo de tela y ella evitaba el uso del refrigerador. Le pregunté por qué, y me dijo que estaba asando café afuera en el fogón[2] y se pone muy caliente, así que debe evitar todas las superficies frías, o podría sufrir un parálisis facial ... ella lo llamó "pasarse." Sabía que los cambios bruscos de temperatura podían causar parálisis facial, entre otras perturbaciones, pero nunca habría considerado un espejo cubierto como una medida preventiva. Muchos años después, nos dimos cuenta de que la mayoría de sus creencias podían explicarse fácilmente por hechos científicos.

Doña Miguelina también hizo santigüos—rituales curativos para aliviar enfermedades—, eso consistió en hacer varios signos de la cruz en combinación con cánticos y masajes con aceite esencial. Sólo algunas personas pueden hacer santigüos. Además, es un ritual transmitido de un progenitor a un hijo interesado; ninguno de sus hijos estaba interesado. Le pregunté si podía transferirme ese conocimiento a mí. Inicialmente, ella dijo que no, y aseguró que tenía que ser una de sus crías. Sin embargo, después de un tiempo, ella estuvo de acuerdo, y tuve el honor de recibir una parte de ese conocimiento. La transferencia de conocimiento no pudo completarse, porque ella murió poco después. Sin embargo, aprendí y sentí su sabiduría, y ahora entiendo el verdadero significado de un "santigüo": conexión de sanación mística entre el tacto, el canto y la empatía.

Don Dae

Figura 2.2: Don Dae

Nota: De Autor

Sobre esa misma época, conocí a Don Dae, la imagen perfecta de un jíbaro, muy fuerte. Tenía dedos cortos, gordos y ásperos ... podía dibujarte una historia vívida dibujando en el suelo con esos dedos. Él era muy expresivo y tenía muchas historias sobre la vida en las montañas—se le podía escuchar durante horas. Recuerdo cuando nos dijo que solían organizar dos huertas, una para ellos y otra para las plagas, "porque también son muy importantes en la naturaleza." No nos tomó mucho tiempo entender eso. De él y de su hijo, Manolito, aprendí sobre plantas medicinales y malezas que se pueden comer, como la mostaza silvestre, el pasto agrio (Oxiladaceae), el arbusto rascado de hoja ancha (Urticaceae) y el aloe, entre muchos otros. Me dijeron que algunas de esas plantas eran su fuente de medicinas y ensaladas durante muchos años cuando no podían permitirse ir a la tienda—ir a la tienda representaba una tarea difícil para los jibaros debido a la distancia de la ciudad y la falta de transporte. También me enseñaron a identificar malezas con propiedades nutricionales o medicinales, así como a distinguir aquellas que eran venenosas. Aprender con los "jibaros" me motivó a aprender más, y después de ocho años de vivir en las montañas y cultivar la mayor parte de nuestra propia comida y medicina, decidí volver a la escuela y seguir una carrera relacionada con las plantas.

SABIDURÍA DE LA PLANTA JIBARO (MATERIA MEDICA)

"Buenezas" (buenas hierbas) Para compartir parte de ese conocimiento, he elegido tres de mis buenezas favoritas para ser incluidas en este capítulo. Me enteré de estas buenas hierbas con los jíbaros a finales de los años setenta y las he estado usando desde entonces—todas tienen propiedades medicinales y comestibles. Estas buenezas crecen en la naturaleza casi en todas partes en las montañas de Puerto Rico, y espero que algún día usted tenga la oportunidad de usarlas y saborear su magia.

Brassica juncea: (J.) Czern, Brassicáceas (familia mostaza). Nombre común: mostaza india (inglés); mostaza silvestre o rúgula criolla (español).

Se trata de una gran familia que comprende más de 4.000 especies, en su mayoría comestibles y medicinales. El género Brassica incluye más de 35 especies. Los patos van desde hierbas hasta arbustos o árboles. Otras verduras muy conocidas en esta familia son el brócoli, el rábano y la col. B. juncea ha sido distribuida en todo el mundo y se ha naturalizado como una hierba en los bordes de carreteras, campos y terrenos baldíos.

Brassica juncea es una de las primeras malezas con propiedades comestibles y medicinales que aprendí con Manolito y Don Dae. Recuerdo que lo consumían como una verdura de hojas en ensaladas, como todavía lo hacemos. Todos los mustoles tienen un olor aromático y picante, yo lo llamo nuestra "rúgula criolla," tiene hermosas flores amarillas con cuatro sépalos y cuatro pétalos, seis estambres—cuatro largos y dos cortos (tetradamosíos)—y un pistil. Las hojas se encuentran en una posición alternativa y se dentan de manera irregular; se originan en la base de un centro basal, y luego el tallo son progresivamente más pequeños, delgados y menos dentados. El fruto es una cápsula, llamada silique, y se llena de numerosas semillas: marrón, pequeña, redondeada y lisa.

Usos culturales: En algunos cultivos, las hojas se usan como sustituto del tabaco, y algunos indican que fumar las ayuda a 'comunicarse' con los dioses.

Usos comestibles: Las hojas contienen proteínas, vitaminas A, C y hierro: una taza proporciona el 60 % de la vitamina A, el 100 % de la vitamina C y el 20 % del hierro requerido por un adulto. Además, proporciona fibra, calcio, sodio y potasio, así como otros nutrientes necesarios en menor concentración. Las hojas, los brotes, las raíces y las flores son comestibles. Se puede comer todo crudo en ensaladas o salteado en sauté con ajo, pimienta, curry, comino y sal, o agregarlo a tortillas y otros platos. Las hermosas flores añaden color y sabor a las ensaladas y otros platos. También se puede cosechar la semilla[3] cuando las vainas están listas y agregarlas a ensaladas y otros platos, que son más potentes que las hojas.

Usos medicinales:

1. Una infusión[4] de hojas se utiliza como gargla bucal para la dolor de garganta y la congestión.
2. Se prepara una decocción[5] de hojas para mejorar la producción de leche en mujeres lactantes.
   También se realiza una decocción con toda la planta para prevenir infecciones y sanar heridas.
3. Las hojas se utilizan como cataplasma[6] para las afecciones respiratorias, los dolores de cabeza y para tratar las afecciones inflamatorias.

Se puede pasar la hoja a través del fuego (amorgüar) o se puede purgar y aplicarla directamente a la zona afectada. Según mi experiencia, es más eficaz cuando aplico una sustancia grasa como el coco, la almendra o el aceite de sésamo a la zona antes de añadir la cataplasma. También puede mejorar el resultado de cataplasma de mostaza con un aceite esencial como el eucalipto para una condición respiratoria, o lavanda para un dolor de cabeza. Una cataplasma también es eficaz para tratar los úlceras y los tumores.

He cultivado mostaza silvestre durante muchos años y la mejor manera de hacerlo es como la naturaleza lo hace; sólo se dispersan las semillas, y cada temporada de cultivo se mostrará con las hojas y flores más hermosas en los lugares más inusuales. He tratado de cultivar mostaza silvestre en las camas de nuestro jardín, pero nunca crece tan vigorosamente como la de los alrededores donde yo solo dispersaba semillas.

Plantago mayor L., Plantagináceas. Nombre común: plátano de hojas anchas (inglés); llantén o plántago (español): Esta familia consta de 104 géneros y más de 1.800 especies en todo el mundo. En esta familia, podemos encontrar hierbas, a veces pequeños arbustos, y a veces plantas acuáticas. Más de 250 son especies

Plantago, todas comestibles y medicinales. P. major es nativo de Europa y Asia, pero está ampliamente distribuido en todo el mundo.

Plantago mayor es una planta vivaz herbácea y tiene redondo para ovar las hojas glabrosas que crecen alrededor de la base de la planta (roseta) y son muy estrechas—cuando se saca una puede ver cadenas de fibra pegadas al tallo. Las flores están formadas en espesos picos sobre tallos sin hoja que pueden llegar a medir aproximadamente dos pies de altura. Cada flor de la inflorescencia tiene cuatro pétalos blancos diminutos que apenas se pueden ver a simple vista. Esta especie está polinizada por el viento.

Usos comestibles: Toda la planta es comestible. Las hojas se pueden cortar finamente y añadir a la ensalada y los zumos verdes. los tallos y las raíces se pueden saltar en ajo y aceite de oliva y mezclarse con verduras; las semillas inmaduras y maduras pueden ser comidas crudas o agregadas al vegano y a otros platos. También se pueden remojar y cocinar las semillas, como el arroz o los brotes, y agregarlas a las ensaladas, excelente laxante. La planta tiene un sabor muy fuerte, a veces amargo, pero muy sabroso. Algunos consideran que comer plátano es un sabor adquirido, pero una vez que se acostumbra a él se antoja más.

La plátano es rica en hierro, vitamina B1, proteína, calcio, potasio y micronutrientes, buenos para huesos, dientes, músculos y órganos sanos. Sus semillas son ricas en proteínas, aminoácidos, ácidos grasos omega-3 y otros minerales.

Usos medicinales:

1. Una decocción de hojas se utiliza como diurético, bueno para hemorroides, úlceras gástricas y pépticas, síndrome intestinal irritable (IBS), bronquitis, frío común, asma y otras afecciones respiratorias superiores.
2. También puede hacer un jugo de hojas maduras, mezclarlo con jugo de col y utilizarlo para el IBS y otras afecciones relacionadas con el colon. Además, las semillas están cubiertas por un mucílago que también absorbe toxinas en el tracto digestivo y lubrifica el colon, actuando así como un laxante.
3. La cataplasma de hojas es excelente en el tratamiento de las condiciones dermatológicas; funciona como una vulnerabilidad para contusiones, cortes y moretones, así como para picaduras de insectos, tiene potentes propiedades antiinflamatorias. Puede pasar la hoja a través del fuego (amorgüar) o si está fuera en el campo y tiene un corte malo, puede simplemente masticar la hoja y aplicarla directamente a la zona. Ayudará a controlar la hemorragia, disminuir la inflamación y acelerar el proceso de curación.

Siempre he dicho, si sólo se puede tener una planta medicinal, debe ser llantén, sobre todo si se vive en las montañas y tiene acceso limitado a un médico. He cultivado el llantén durante muchos años, y también crece en la naturaleza. Sólo disperso las semillas en mi entorno, y siempre está ahí, aparece en los lugares más raros. Llantén es una planta perenne por lo que es medicina y comida a la que podemos acceder todo el año.

Pluchea carolinensis (Jacq.) G Don, Asteráceas, anteriormente Compuesto. Nombre común: tabaco salvaje, arbusto agrio indio o "cura para todos" (inglés); salvia criolla:

Esta es una de las familias de plantas más grandes con 23.000 especies y más de 1.500 géneros. Esta familia se distribuye en todo el mundo, y podemos encontrar hierbas, arbustos o árboles. En Puerto Rico, comúnmente llamamos a P. carolinensis "salvia", y a menudo se confunde con Salvia officinalis—misma familia, diferentes especies—, por lo tanto, la importancia de los nombres científicos. Varias plantas de importancia económica pertenecen a esta familia: girasol, lechuga, alcachofa, artemisia y diente de león, entre otros.

Pluchea carolinensis es un arbusto erecto, ramificado, ligeramente aromático, con tallo y hojas de pústula suave y pubescente (hirsute). Las hojas son de color gris-verde en la superficie superior y pálidas en la superficie inferior; son alternas y están dispuestas espiralmente y son suaves al tacto, aterciopeladas. Los cabezales de las flores están en una gran inflorescencia plana que consiste en hermosas flores rosadas.

Usos culturales:

Las hojas y ramas se utilizan para la limpieza espiritual (quemado), el baño (decocción), la desposesión y como incienso. El aceite extraído de la planta tiene insecticida y fungicidas utilizados en la agricultura. La hoja se utiliza como sustituto del tabaco; algunos jíbaros fuman las hojas para las gargantas, prefiero masticarlas.

Usos comestibles:

Las hojas cocidas se añaden al guiso y a otros platos.

Usos medicinales:

1. Las hojas se utilizan de varias maneras: usted puede masticarlos para dolor de garganta y catarro o hacer una infusión para el mismo propósito. Las hojas tienen propiedades analgésicas, por lo que también se pueden masticar para un dolor de muelas.
2. Un cataplasma hecho con hojas es bueno para aliviar dolores de cabeza, dolores de dientes e inflamación
3. pasar las hojas a través del fuego (amorgüar), usar una sustancia grasa, localizarla en la zona afectada y luego agregar las hojas calientes, dejarla encendida por lo menos 15 minutos; repita el proceso, si es necesario. Recomiendo una cataplasma de hojas de salvia con aceite de lavanda, como sustancia grasa, para dolores de cabeza—muy eficaz.

4. Una decocción de las partes aéreas de la planta se prepara contra la bronquitis, el frío y la fiebre, el asma, las afecciones reumáticas, los estómagos y dolores de cabeza, entre otras afecciones.
5. Una decocción también puede ser utilizada para la vaginitis en un baño "sitz."
6. Se prepara una tintura[7] y se frota en el cuerpo para provocar la sudoración y reducir la fiebre.

Siempre he propagado salvia criolla de cortes. Crecen muy rápido y también se pueden propagar a partir de semillas. Recuerde, este es un arbusto y crece cada vez más alto, por lo que es mejor si se puede controlar dónde crece, pero también crece en los lugares más peculiares.

Estas son sólo tres especies representativas con usos comestibles y medicinales de los miles que existen en nuestro entorno salvaje. Espero que esta pequeña muestra despierte en usted el deseo de aprender más sobre ellos y, tal vez, en un futuro próximo, motivarlos a llevar a cabo la investigación folclórica y académica, como hizo en mí, para documentar el beneficio de estas buenezas para nosotros y las generaciones futuras.

CRECIENDO Y COMPARTIENDO EL CONOCIMIENTO

El interés que desarrollé en los usos y propiedades de las plantas medicinales durante mi año con los Jibaros me inspiró a trabajar con metabolitos vegetales secundarios—compuestos que sostienen la mayoría de esas propiedades. Para mi tesis doctoral, quería trabajar con un metabolito secundario y una planta de importancia para mi isla—trabajé en la aclaración de la vía de síntesis de cafeína en el café. La cafeína es un compuesto vegetal que pertenece a uno de los grupos metabolitos secundarios, los alcaloides; café, es una de las primeras plantas en las que me interesé cuando me mudé por primera vez a las montañas. Terminé un doctorado. en Fisiología Vegetal en la Universidad de California en Riverside, y desde 1992 he estado enseñando Botánica y Etnobotánica en la Universidad de Puerto Rico (UPR).

Cuando llegué a la UPR, campus de Río Piedras, decidí que quería combinar mis conocimientos de montaña con mis conocimientos académicos, y así fue. En el curso Botánico, describí una práctica de laboratorio de plantas medicinales que ha estado en uso durante 28 años. En la actualidad, como parte de los dos cursos que imparto, cultivamos plantas medicinales y educamos a los estudiantes sobre cómo propagar, cultivar y utilizar plantas con fines medicinales. También identificamos las malas hierbas que crecen en los jardines con potencial etnobotánico y estudiamos sus usos como medicina o alimento. Los estudiantes supervisan los jardines, donde también llevan a cabo breves proyectos de investigación que les ayudan a entender los conceptos botánicos. Junto con otro profesor, he establecido un curso de Etnobotánica y lo he estado enseñando durante 20 años. En este curso, combinamos muchos aspectos del folklore con la ciencia, y los estudiantes llevan a cabo proyectos de investigación cortos en los jardines que les ayudan a entender cómo es necesaria la ciencia para fundamentar el folclore, y viceversa.

En consecuencia, decidí escribir un libro que incluyera nuestra flora local y permitiera la conexión del estudiante con nuestra comida, medicina y cultura ancestral. He estado usando el libro en el curso durante ocho años—*Conceptos etnobotánicos con el tiempo: Asuntos antiguos y nuevos entre humanos y plantas* (2013).

En 2016, mi esposo y yo regresamos a la granja, pero también vivíamos en la ciudad a tiempo parcial, donde todavía enseñaba en la UPR. Tener acceso a las plantas en la granja, donde inicialmente aprendí sobre ellas, proporcionó material complementario para los cursos que estaba enseñando en la universidad, elaborando una práctica práctica práctica práctica e interactiva de enseñanza y aprendizaje. Como académico, sé la importancia de enseñar y entender los conceptos científicos, pero también he aprendido que conectar y aplicar ese conocimiento en nuestra vida cotidiana es aún más importante. A través de estas plantas aromáticas, saladas y maduras, los estudiantes están aprendiendo botánica, pero también cómo y por qué es tan importante respetar la naturaleza y la red ecológica de la que todos somos parte integral. Además, están aprendiendo a cultivar sus alimentos, a ser autosostenibles y a identificar hierbas y hierbas con usos potenciales. Luego del huracán María, la gente en Puerto Rico se dio cuenta de manera concluyente de la importancia de esas habilidades. Puerto Rico es una isla pequeña, e importamos más del 85 % de la comida que consumimos, por lo que un desastre podría dejarnos completamente privados de comida y medicinas.

Teniendo en cuenta nuestra vulnerabilidad, he estado realizando investigaciones sobre malezas con propiedades etnobotánicas. Junto con un grupo de estudiantes, he identificado más de cien especies locales. Como resultado de esta investigación, estamos cerca de publicar un libro que incluye cuarenta y cinco malas hierbas (buenezas) que crecen en Puerto Rico y tienen propiedades comestibles, medicinales y/o venenosas; también se está preparando un segundo libro con especies adicionales. Es muy importante para nosotros poder identificar las plantas que crecen en el medio silvestre que podrían servir como alimento o medicina en caso de escasez y, lo que es más importante, preservar nuestra cultura ancestral.

CIERRE DEL CÍRCULO

Desde la pandemia, mi esposo y yo hemos estado viviendo en la montaña, y he estado enseñando mis cursos universitarios en modo virtual. Como resultado, hemos podido mudarnos permanentemente a la granja y hemos comenzado a cultivar nuestros alimentos y plantas medicinales a tiempo completo. Tenemos energía solar, recogemos agua de lluvia y producimos la mayoría de nuestros fermentos a partir de vegetales que cultivamos en el jardín: sauerkraut, pepinillos, kimchi y cerveza de jengibre. También producimos otros fermentos como kefir, tempeh, kombucha, tibico y tepache. He estado educándome en el arte de producir fermentos, no sólo para nuestra salud, sino también para tener fermentos para restaurar el suelo: microorganismo eficiente y zumos fermentados de plantas. Mi mayor interés sigue siendo la educación, y me gustaría seguir enseñando a Botánica y todos los procesos que he aprendido que pueden apoyar nuestra salud y mejorar el cultivo de nuestra comida. Estoy muy interesado en trabajar con nuestra comunidad para enseñarles todas las estrategias que estamos usando efectivamente en nuestra granja.

El vecindario ha cambiado desde los años setenta cuando originalmente hicimos de la montaña nuestro hogar. En la actualidad, el transporte es más accesible, casi todas las familias tienen un coche, teléfono y acceso a Internet. Todavía tenemos a Jíbaros viviendo en las montañas, pero su número ha disminuido. Los jóvenes en las montañas no están interesados en cultivar la tierra, y muchos se han ido en busca de mejores oportunidades en la ciudad o los estados. La mayoría de los ancianos con conocimientos folclóricos han fallecido y se ha perdido mucha información.

Figura 2.3: Huerta y casa

Nota: Del Autor

Por otro lado, cada día más gente de la ciudad y de las periferias está interesada en volver a lo básico. Los jóvenes se han dado cuenta de que las cosas están cambiando demasiado rápido, y nuestro entorno está sufriendo las consecuencias. Algunos de ellos están bien educados en prácticas agroecológicas y están muy interesados en recuperar el folclore. Estos jóvenes se están mudando de la ciudad a las montañas en busca de alcanzar el sueño de cultivar la tierra para alimento, producir su propia energía, y volverse independiente del sistema, como lo hice hace muchos años. Así que no todo está perdido. Junto con ellos, quiero seguir contribuyendo a la restauración de nuestra identidad, nuestra tierra y nuestro folklore.

Figura 2.4: Autor en su hogar de campo

Nota: De Autor

NOTAS

1 Doña: un prefijo de título español al nombre de una mujer; Don: un prefijo de título español al nombre de un hombre.
2 Fogón: una pequeña cocina fuera de la casa donde se cocina con leña.
3 Contraindicaciones: el aceite obtenido de las semillas tiene un alto contenido de ácido erúcico que se ha asociado con ciertos problemas de salud. Tenga cuidado con las dosis.
4 Infusión: el líquido que resulta de añadir agua hirviendo a una parte de la planta, sin hervir el material vegetativo. También puede hacer una infusión en frío; en este caso, la parte vegetativa se deja en agua fría durante un mínimo de 2 horas antes de su uso.
5 Decocción: el líquido que resulta de hervir o calentar un preparado elaborado a partir de una planta.
6 Cataplasma o cataplasma: una masa suave y húmeda que se puede hacer con una parte de la planta (calentada o aplastada) para aliviar el dolor en muchas partes del cuerpo y se puede aplicar directamente al área afectada.
7 Tintura: un remedio medicinal hecho con una parte vegetativa particular (hoja, tallo, flor o raíces) disuelta en una sustancia alcohólica: vodka, ron, ginebra o etanol 40–50 %.

REFERENCIAS

Blair K. (2014). *The Wild Wisdom of Weeds.* Chelsea Green Publishing.

Judd W. S., Campbell C. S., Kellogg E. A., Stevens P. F., & Donohue M. J. (2008). *Plant Systematics: A Phylogenetic Approach* (3d Ed.). Sinauer Associates, Inc.

Martin, F. W., & Ruberté, R. (1979). *Edible Leaves of The Tropics* (2nd Ed.). Antillean College Press.

Nazario, G. M. (2013). *Conceptos de la Etnobotánica: Relaciones Viejas y Nuevas del Ser Humano con las Plantas.* Publicaciones Botánikas.

Núñez, E. M. (1982). *Plantas Medicinales de Puerto Rico.* Editorial de la Universidad de Puerto Rico.

Nyerges C. (2014). *Foraging California: Finding, Identifying, and Preparing Edible Wild Foods in California.* Falcon Guides, an imprint of Rowman and Littlefield.

Perdomo-Roldán, F, Mondragón-Pichardo, J., & Vibrans, H. (2009). *Brassica juncea (L.) Coss.* http://www.conabio.gob.mx/malezasdemexico/brassicaceae/brassica-juncea/fichas/ficha.htm

CHAPTER 3

Casa Pueblo: Community Struggles for Social Development and Protection of Natural Resources

ARTURO MASSOL DEYÁ

INTRODUCTION: THE MAKING OF AN ENVIRONMENTAL ACTIVIST

Third grade started differently from my other school years. In August 1977, my mother—an English teacher—woke me early in the morning to tell me that I would not be attending my usual classes at José Julián Acosta Elementary School in Adjuntas, a coffee plantation zone in the mountains of Puerto Rico. Instead, I would be joining her and other teachers, parents, and students to protest the presence of carcinogenic asbestos in the classrooms of many elementary schools. I did not know exactly what asbestos was, or the impact it was having on me or my classmates, but I knew an invisible threat loomed over us. That day marked the first ever picket line in Adjuntas, in front of the District School Office. I walked around following others in the middle of the main street, shouting slogans about the need to confront that unwanted reality. I learned science in the process, as the group explained the health risks associated with asbestos exposure, especially in children and young adults. Demanding action through protest was new, not just to me but to the entire community. It took a few months, but the community prevailed. The classrooms with asbestos were closed and rebuilt.

After the asbestos struggle, my parents committed to confronting injustice. My father ended his civil engineering practice to open the first bookstore in town,

Librería Palenque. A few locals were regular customers, and soon enough, Librería Palenque became a center for political discussions. When the government announced an open strip-mining proposal in 1980, people in the community were already aware of natural resource exploitation conflicts in Latin America. A major confrontation was about to take place as the community organized to protect themselves. As a result of this arduous process, the community-based organization *Casa Pueblo* was born.

I was educated in the public school system, and later at the University of Puerto Rico, but my most meaningful learning space was Casa Pueblo's social community school. At Casa Pueblo, my brothers and I were included in adult conversations and long planning meetings at different locations, assigned duties during public campaigns, and taught valuable life skills, such as carpentry, sound & lighting, video and audio recording, photography, and magazine layouts. During this process, I witnessed the evolution of the message, watching my father present lectures on the threat of mining and the importance of community organization, over and over again. I learned to think in collective terms. As our collective ecological awareness increased, we became immunized from the ideologies that divide us as an Island-nation.

However, I also learned that participation in community-based struggles with ecological consciousness is a subversive act with consequences. Political persecution during the Cold War era was harsh and continues today in other forms. My family experienced harassment on many levels. Following the asbestos protest, my mother's workplace location, grade level, and teaching schedule were changed. After school, I had to spend the afternoon with my grandparents to wait for my mother to complete her new teaching shift. I learned that administrative decisions were imposed upon a few teachers for their involvement in the protest, and some collaborators even lost their jobs. I was exposed to political repression for the first time, which was new to me, but not to Puerto Rico. Later, secret police files with our intimate data—known as *Carpetas*—were compiled by police officers, confidential informants, and FBI agents, but that was only the beginning. Our home was broken into several times, our family pets were lynched at the front door and surveillance was ongoing. Some people in the community grew afraid of us. After a certain point, some parents approached my mother and father to ask them to prevent us from playing with their children. Of course, it was not their choice, and some of them are still good friends and key collaborators with Casa Pueblo.

Out of these struggles, I became a scientist committed to my community.

COMMUNITY STRUGGLES IN AN ISLAND UNDER FIRE

Since the 1898 invasion by the U.S. Navy, this Caribbean archipelago's territory has been extensively studied. Today, Puerto Rico remains one of the oldest colonies on the planet because of its enormous geographical, natural, and geological value. The idea that Puerto Rico is a small island without natural resources and operating without any form of strategic planning has been imposed upon us. We are, according to this thinking, incapable of self-determination. However, the 2020 Plan, devised in the 1970s by state and U.S. federal agencies, provides extensive evidence to the contrary.

In this calculated plan, land uses were demarcated and development activities, to be executed from 1985 to 2020, were outlined. Infrastructure investments and public debt would revolve around the Master Land Use 2020 Plan—although the initiatives were presented to the public as independent pieces of a great puzzle (Fig. 3.1). These included: 11 industrial parks delineated with road infrastructure, coal power plants, a super-water pipeline that would bypass the island, and new dams to store the water necessary to sustain the proposed economic model. Additionally, multiple regional wastewater treatment plants were recommended, and agricultural development zones were limited to southern valleys and reduced mountain areas. In turn, extensive zones with military value, including Vieques and Ceiba, were separated as untouchable under the master plan. Finally, the country's central area was designated as a vast mining zone comprising 36,000 acres of land between the municipalities of Adjuntas, Utuado, Lares, and Jayuya.

Protected natural areas would be the same as they were in the first half of the 20th century. Designations such as El Yunque, Maricao, and Toro Negro, for example, were originally justified to guarantee the minimum area necessary to maintain "water security" for the economic model based on agricultural latifundia. That is, the protected forests were ancillary areas, small unconnected patches that did not even represent four percent of the island's surface. Given the proposal's focus on heavy industrial development, military zones, and mining exploitation, it is worth noting that the protection of new areas of high ecological value was not included to aid critical watersheds. The 2020 Plan would have an enormous environmental impact on natural resources, yet mitigation measures were absent. This was undeniably an unsustainable development model born out of colonialism and environmental injustice, where the lands' inhabitants would be permanently exposed to and have to suffer the dire consequences of implementation. Under this development model, gigantic public debt was issued to build projects such as highway PR # 10, which was necessary to facilitate the exploitation of the region's seventeen copper, gold, and silver deposits or for the construction of the regional treatment plant of Mayagüez that would serve industrial parks (Fig. 3.2). Today, this wastewater treatment plant is the largest in the Caribbean, although it has never operated at more than fifty percent of its capacity.

Likewise, power generating capacity fueled by coal was installed in the southern part of the country, in the areas with the greatest energy demand for industrial parks, refineries and mineral smelting. The Maragüez and Tibes dams

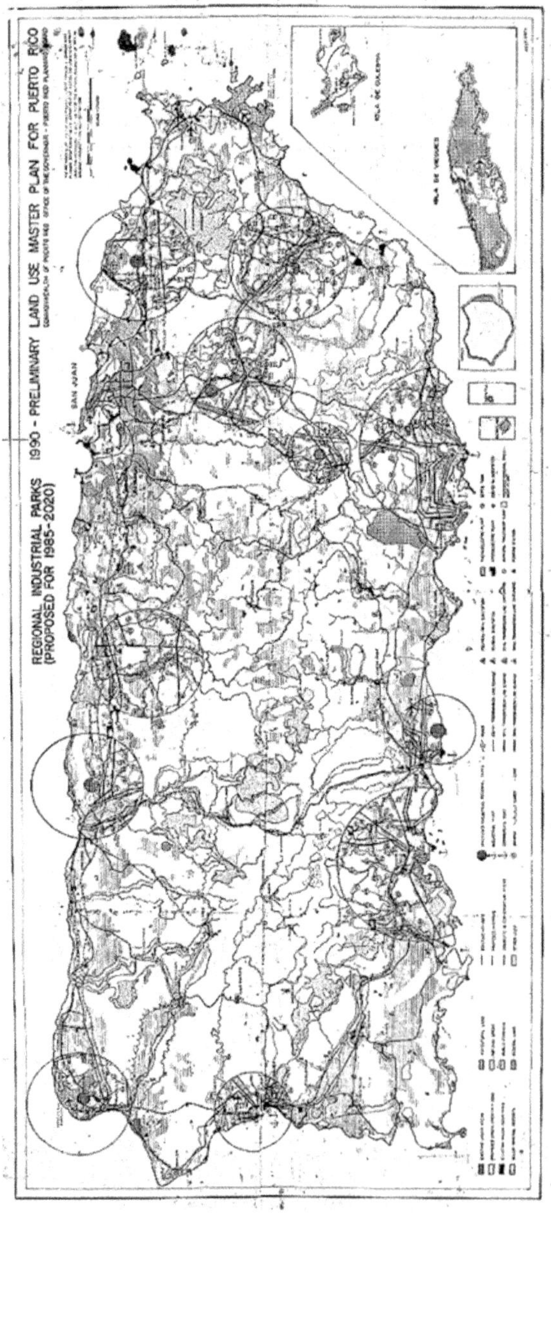

Figure 3.1: Land Use Master Plan devised in the 1970s by state and federal agencies without public participation. The 2020 Plan imposed an unsustainable development model based on the exploitation of natural resources.

were built in Ponce as water reserves, while a section of the super-water pipeline was completed between Arecibo and San Juan.

The 2020 Plan clearly lacked any intention of advancing national welfare or sustainable development, nor was there citizen participation. A total absence of transparency dominated its conceptualization. When Juan Antonio Corretjer

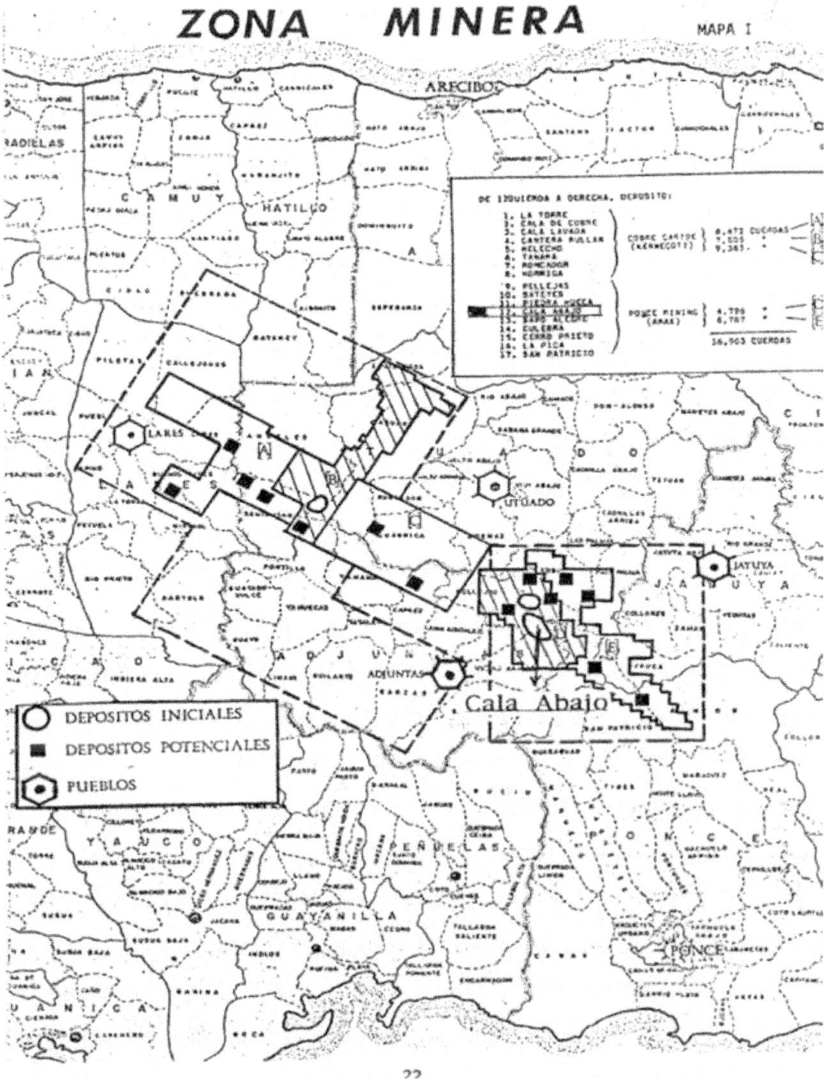

Figure 3.2: Designation of the mining area in the center of the country where 17 copper, gold and silver deposits are located. Due to the geological nature of the minerals, open pit mining is the only technology available for extraction.

found a copy of the strategic planning map stolen from a government office, he contacted Tinti Deyá and Alexis Massol, my parents, and Eduardo García to decipher the scheme. The analysis required a search for explanatory technical documents complementary to the Plan. After all, the blueprint as such is a graphic representation of written plans. It was in this context of threat, study, and analysis that the community group Taller de Arte y Cultura was initiated in Adjuntas. Over time, they evolved into what we now know as Casa Pueblo.

2020 ARRIVED AND SO DID THE COVID-19 PANDEMIC

The 2020 Plan was unmasked, denounced before the United Nations Decolonization Committee, and confronted on multiple social and political activist fronts. Over time, its contradictions collided with a changing world. Mining was defeated through a long community struggle led by Casa Pueblo. In 1995, the last of the exploitation proposals was defeated when public policy shifted to the prohibition of open strip mining due to its insurmountable environmental impacts on our island reality. Multiple community movements challenged the coal-based energy model, and the conflict over the use of our land for military activities peaked with the victorious struggle that led to the departure of the U.S. Navy from the island-municipality of Vieques. Their departure also freed the eastern peninsula of Ceiba from the Roosevelt Roads Naval Base operation. Furthermore, the protections holding together a privileged industrial model through tax havens collapsed with the elimination of section 936 of the U.S. Internal Revenue Code, leaving the country devoid of an economic model.

The 2020 Plan fell by the wayside, leaving behind an unsustainable and undemocratic economic model. Today, Puerto Rico continues to be mired in an economic recession that has lasted over fifteen years. The country's bleak reality is exacerbated by a huge public debt imposed on Puerto Rico to promote exactly that failed economic plan. Its consequences are seen in severe and strongly regressive austerity measures, school closings, destabilization of the University of Puerto Rico, increased poverty, unemployment, and mass emigration. We have been indebted to advance a development model designed to favor external interests. This fact, compounded by globalization and an intense dose of neoliberalism, has simply left the island undercapitalized. So, who is responsible for Puerto Rico's economic and political collapse? Some of the responsibility can be attributed to local politicians, but the U.S. policy is also a major if not the main cause of this crisis.

The year 2020 came and with it the pandemic of covid-19. Sixty days have passed after an imposed curfew. It is 12:09 in the morning. The earth has shaken, a 4.0 earthquake on the

Richter scale. A few hours later and still before dawn, another 3.7 shift. These are replicas of a seismic sequence that started on January 7 after a strong 6.5 earthquake hit the southern part of the Island. Before that, the signs were already there. But ever since, it has not stopped shaking. We have a twenty (20) percent rain deficit, living with drought warning while the new hurricane season is set to start in a few weeks. Already, the first Atlantic storm is forming off the coast of Florida, Arturo. The Bahamas is preparing just months after the Dorian onslaught, a devastating stationary hurricane category five (5). Here tarp awnings over thousands of residences are still symptoms of the open scar of Hurricane Maria (2017). [On May 9, 2020 when I started writing this work]

Vulnerability in the Caribbean—a hotspot for biodiversity—is intensifying as the impact of extreme natural phenomena, such as recurring hurricanes and earthquakes, converge with emerging pathogens. Faced with the consequences of widespread poverty, global warming, and the existential threat posed by climate change, we are in the midst of a political crisis. For small island developing states in the tropics, the intersection of simultaneous risks magnifies these challenges. Shorter periods of intense precipitation with longer and recurring rainfall deficits alter the water security agenda. More energy in the system, caused mainly by greenhouse gasses, means storms that are larger and more intense, while heavy rains cause floods and landslides, mainly in areas devoid of forest coverage. The effect is devastating, especially when we add the economic and moral crisis under a condition of political subordination. In this context, Puerto Rico's existence seems almost miraculous in nature. Yet, what makes Puerto Rico a viable country is our unique culture and social engagement in the protection of natural resources.

FROM A MINING PROPOSAL TO FOREST CONSERVATION AND POLICY CHANGES

As a community group, Casa Pueblo was born out of a protest against mining. Throughout this process, we developed ecological awareness for social transformation, with a sense of responsibility for the planet. After defeating the disastrous mining proposal that would have ruined important water basins in 1995, Casa Pueblo transcended the protest to create a discourse of proposing alternatives and assuming responsibilities. The mining area was dominated by secondary forests that evolved from agricultural abandonment. These forests, in the advanced secondary successional stage, were undervalued despite representing an immense proportion of the island's forest cover. Casa Pueblo organized a technical and scientific commission to assess the forest's potential and to promote the designation of the old mining area as a new forest unit. After almost one year of community struggle, the government agreed to the initiative with the designation of the Bosque del Pueblo. Parallel to this environmental achievement, Casa

Pueblo also achieved recognition of potential co-management of the land by the group. This proposal represented the first forest unit named and managed by a community-based group innovating in natural resource conservation strategies in the Caribbean. The previous forest reserve had been designated in 1951, and by the nineties, just four to six percent of the country's surface was protected, despite The Puerto Rico Forest Act 133 enactment in 1975.

From January 11, 1996, onward, community management broke new ground in forest management policy and practice. Casa Pueblo went on to support other community groups aiming to promote the designation of high ecological value areas, and in some instances also undertaking co-management responsibilities (Table 3.1). Through social engagement, important natural areas were identified and protected from expansionist development, enriching the centralized

Table 3.1: Examples of natural areas designated by community initiatives in Puerto Rico (Source: Department of Natural and Environmental Resources [DRNA])

Forest reserve	Year	Ares	Community Group
Bosque del Pueblo, Adjuntas	1996	738	Casa Pueblo
Bosque del Nuevo Milenio, San Juan	1998	408	Powered by community action
Bosque San Patricio, San Juan	1998	51	Ciudadanos Pro-Defensa del Bosque de San Patricio
Reserva Caño Tiburones, Arecibo	1998	3,329	Powered by community action
Bosque Tres Picachos, Jayuya	1999	5,147	Powered by community action
Reserva Punta Tuna, Maunabo	2000	97	Comité Pro-Desarrollo de Maunabo
Reserva Canal Luis Peña, Culebra	2001	1,173	Asociación de Pescadores de Culebra, vecinos de la Isla, la comunidad científica y academia
Bosque Monte Choca, Corozal	2003	218	Club Cívico Recreativo y Cultural de Palos Blancos
Corredor Ecológico de San Juan	2003	971	Powered by community action
Reserva Caño La Boquilla, Mayagüez	2003	117	Mayagüezanos Por la Salud y el Ambiente
Bosque La Olimpia, Adjuntas	2004	337	Casa Pueblo
Reserva Ciénega Las Cucharillas, Cataño	2004	486	CUCCO
Cuevas de Aguas Buenas	2005	1,490	Powered by community action
Reserva Corredor Ecológico del Noreste, Luquillo y Fajardo	2008	2,969	Powered by community action and Sierra Club
Reserva Punto Viento, Patillas	2008	466	Frente Ambiental Amigos de la Naturaleza de Patillas

governmental role with alternative conservation models. An innovative and effective route to promote conservation from the community base was established, contributing to the development of a new forest culture in Puerto Rico. This model, with a direct role for communities in natural resource conservation, has proven to be critical—especially at times when the agencies responsible for protecting natural resources collapse under corrupt administrators or middle management granting permits for projects in opposition to their ministerial duties.

One of the first management actions taken in Bosque del Pueblo was the rescue and relocation of an indigenous Taino stone plaza that had been removed to facilitate mining. Restoring the forest's cultural identity was a priority. Likewise, the group embarked on the construction of permanent facilities such as an office, a natural amphitheater, gazebos, composting toilets, recreation areas, and a pyramid for landscape observation. Additionally, trails and a permanent biodiversity monitoring plot were established in collaboration with the Smithsonian Institute. Over the years, community management of the forest has faced various challenges such as the total and recurring absence of government contributions to the conservation efforts, intentional wildfires, and even a proposal by the government itself to build a gas pipeline through the area. The community management model was innovative in not limiting management efforts to the physical demarcation of the forest itself. Instead, working with the people and main land use activities in the area, such as agriculture, hotels, restaurants, small local businesses, and even the Castañer Hospital, has proven to be critical. The forest unit is not approached as an isolated zone. Casa Pueblo promotes a perspective of our environment from a wider landscape scale where people's diverse needs and services, including some that are in conflict, are intertwined.

After the Bosque del Pueblo, we attained the designation and protection of Bosque La Olimpia, the head of the Río Grande de Arecibo water basin. A new ecoservice activity for society was established in this forest: the Forest School Ariel Massol Deyá. Here, students learn from nature using science and culture to drive sustainable development in their own communities. The initiative also has its own radio station, Radio Casa Pueblo 1020AM, "the voice of the waters, the forest and our people."

With community management and a solid record of ecological and social service, Casa Pueblo's political impact grew, contributing to public policy changes aimed at increasing Puerto Rico's protected areas. These included the Biological Corridors Law (1999), which aims to interconnect different forests in the country through natural routes, and the Law on the Acquisition Fund for Lands of High Ecological Value (2004). This bill was proposed by Casa Pueblo after its co-founder Alexis Massol González received the Goldman Environmental Prize in 2002 for his work on behalf of nature and its people.

FROM BOSQUE DEL PUEBLO TO THE MODEL FOREST "TIERRAS ADJUNTAS"

Despite the fact that 60 percent of Puerto Rico's surface is forest cover, only a fraction—in the single digits—is protected. This reality contrasts starkly with Costa Rica, where 50 percent of its surface is forest coverage, but more than 30 percent is safeguarded by the government, private sector, or communities. Ensuring green infrastructure for sustainable development is a major geographic challenge. Currently, we have eight (8) percent of our territory protected by law if we include the natural and highly contaminated areas of Vieques and another similar amount of land of high ecological value protected by decrees with limited enforcement capacity. Therefore, our archipelago has a deficit of important protected natural areas, well below what would be considered necessary to guarantee the ecological services that our society demands.

In the central mountainous area lie important water basins that supply drinking water, both to nearby towns, and to the north, south, and west regions of the country. Its economic importance tends to go unnoticed by some, but in times of water insecurity—such as those triggered by recent extended droughts—its ecosystem services emerge as oases in the desert. The health of a hydrographic basin depends on its forest cover, which in addition to serving as a habitat for biodiversity, produces oxygen, removes air pollution, and maintains permanent water flows due to its sponge effect. That is, when it rains, the forest cover buffers runoff and, when it stops raining, they still release water to rivers to maintain a minimum flow. Water originating in Adjuntas supplies not only its residents but also those who live downstream. This water also serves as irrigation for agriculture, recharge the Northern Aquifer, is critical for industry, and through a huge water pipeline, is transported at a rate of 80 million gallons daily from Arecibo to the San Juan metropolitan area and further afield. This volume of diverted water is the equivalent of Carraízo's lake, the metropolitan and the Caguas region's main water supply. During the last drought of 2015, this water circuit served as a palliative to avoid rationing for thousands of families, which reduced economic losses in tourist areas and maintained productive activity.

Still, the vast majority of forest land (90 percent) is under private ownership, with many protected areas isolated from each other as small patches in a large mosaic landscape. This difficult reality is further complicated by a lack of political will alongside resource deficits, and because the road to harmony between development and environmental protection is increasingly conflict-prone. Therefore, any forest management effort aiming to drive sustainable development must be participatory and in consultation with the people.

Intending to expand conservation strategies and integration of natural areas, in 2003, Casa Pueblo prepared a technical document establishing the Conservation Plan for Adjuntas and Adjacent Municipalities. This technical and scientific work was presented to the Puerto Rico Planning Board in 2004. Its enactment by the government allowed the establishment of the largest conservation district of that time by interconnecting the Bosque del Pueblo with Toro Negro, Tres Picachos, La Olimpia, and Guilarte across approximately 33,000 acres of land.

Years later, we were invited to participate in the Ibero-American Model Forest Network (RIABM) Board's Meeting. RIABM was established in 2002 as part of the United Nations Conference on Environment and Development in Rio de Janeiro, Brazil. At the event, Canada invited countries to put the Model Forest concept into practice as a new approach to landscape management through a network to facilitate knowledge and information exchange. Months after an initial meeting in Costa Rica, we participated in the RIABM Board Meeting in Santa Cruz, Bolivia. Although community groups participated in the directorate, the network was dominated by governments. During the deliberations, Casa Pueblo requested Puerto Rico's incorporation into the RIABM. The proposal was unusual, seeing as it was driven by a community group, but following a heated deliberation, Puerto Rico was admitted. This step paved the way for the integration of a new Model Forest that would consist precisely of the areas designated in the Conservation Plan for Adjuntas and Adjacent Municipalities. It was in October 2007, at the board meeting held in Atlántida, Honduras, that the Bosque Modelo "Tierras Adjuntas" was officially presented and integrated into the RIABM. Casa Pueblo moved from a local initiative to the Latin American context. Since then, Puerto Rico has had its Model Forest and represents its own identity as one of the Ibero-American countries that host Model Forests. The RIABM includes Chile, Argentina, Bolivia, Colombia, Ecuador, Peru, Brazil, Paraguay, Spain, Honduras, Guatemala, Cuba, the Dominican Republic, Costa Rica, and Puerto Rico.

A Model Forest is a forest with people. The territorial management strategy is based on identifying active and structured spaces in a region to conserve nature and propose resource management from the broad perspective of the landscape for sustainable development. This networking seeks to democratize the priorities of the new conservation and management paradigm. In doing so, it creates management synergies and provides opportunities for the resolution of conflicts between humans and wildlife. Additionally, it fosters the sharing of experiences, developing projects in the International Model Forest Network, and provides global visibility for the actions of each territory.

PUERTO RICO'S NATIONAL MODEL FOREST

For a long time, under Alexis Dragoni's expertise as a biogeographer, Casa Pueblo promoted an analysis of forest cover with the intention of expanding the Bosque Modelo "Tierras Adjuntas" and setting new public policy for territorial management approaches with the community. The outcome was the National Model Forest proposal recognizing the geographical delimitation of a critical area as part of the country's green infrastructure system. The Government took on the proposal and, in 2013, a multisectoral committee was established to work on a preliminary draft of the law. After a broad and participatory process, the project was presented to the country and then to the legislative bodies. Throughout the process, several government entities, including the Department of Agriculture, felt threatened by the community's power to legislate its own territorial development policies. Although they temporarily derailed the initiative, social pressure managed to rescue the proposal.

Puerto Rico's National Model Forest, enshrined into law in 2014, marked the validation of a new forest policy that was born from community self-management. For the first time, this approach to territorial management was elevated to a legal hierarchy, setting an international precedent despite our political condition, which has so severed our participation in crucial regional and international discussions and movements. The legislation recognizes and makes visible a geographic region that integrates 26 protected areas through biological corridors on some 380,000 acres of land as our green infrastructure. In addition, it orders the Government to assume responsibility by creating the Model Forest Office (MFO) and investing resources for its sustainable development (Fig. 3.3).

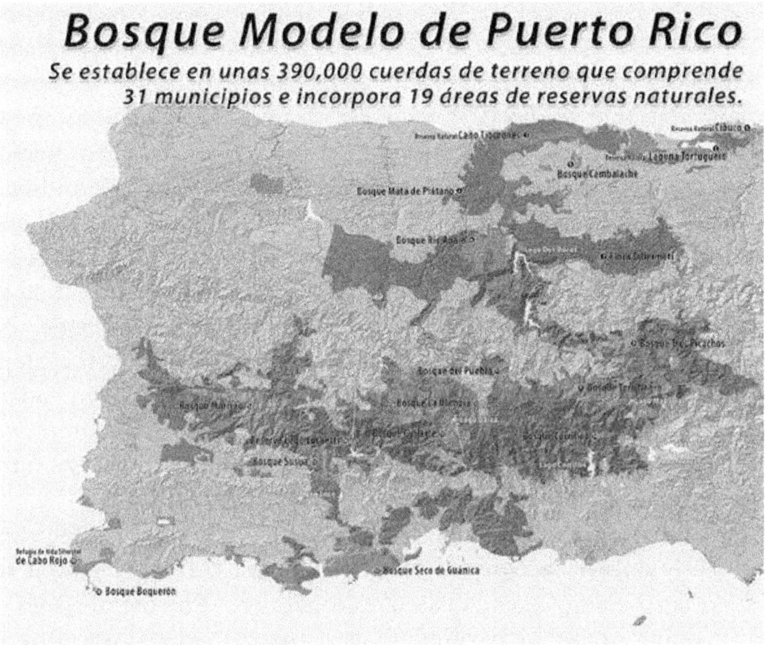

Figure 3.3: Puerto Rico's National Model Forest

The MFO was conceived as a small independent entity with a lifespan of four years and fiscal and operational autonomy within the government to coordinate a variety of supporting actions between agencies and promote public policy on territorial management. Moreover, the Model Forest Multisectoral Roundtable was recognized as the heart of the initiative. The roundtable promotes the participation of all sectors of interest, including representatives from farming, academic, business, civic, and community-based groups. Although subsequent governments and politicians torpedoed the forestry initiative, the Multisectoral Roundtable gradually developed an identity with a life of its own. After Hurricane María, for example, relief support and recovery projects have been channeled through the group for the benefit of the entire region.

CASA PUEBLO AND THE ENERGY INSURRECTION

In 2010, the Government of Puerto Rico declared a state of energy emergency, aimed at facilitating the construction of a major natural gas pipeline. The plan consisted of the construction of a pipeline starting from the EcoEléctrica terminal in the south of the island and going through the steep slopes of the mountain range, on its way crossing 234 bodies of water and forests such as the Bosque La

Olimpia and the Bosque del Pueblo and fragmenting farms. The proposed pipeline would pass through residential backyards, wetlands, and across an additional one-hundred and six (106) km to reach thermoelectric plants in the north of the country. Through that artificial "emergency" decree, they altered all the administrative processes regulating the relevant permits. The investment necessary to build this infrastructure was, at some point, estimated to be $800 million.

The project would have created a single point of entry for the fuel necessary to generate 70 percent of Puerto Rico's electric energy demand, all while building a fuel cartel along the way. Casa Pueblo activated a response based on science, culture, and community, as it had done during the mining struggle. A vigorous social movement built a major opposition coalition, killing the proposal at the permitting stage in October 2012. Although a few businessmen had wrongly benefited through millions of dollars in contracts, natural resources were not impacted. More importantly, the discussion on the country's energy future was left open to alternative proposals.

Harmonizing ideas with action is fundamental for Casa Pueblo; we speak by doing. Early on, we recognized that the greatest threat to natural resource conservation is an energy agenda based on fossil fuels. The list of issues extends from air emissions caused by burning oil, gas, and coal, global warming and climate change, to environmental damage caused by accidents in transportation and

Figure 3.4: Casa Pueblo in Adjuntas has a radio station, a solar cinema, a butterfly garden, a library, an art gallery, and a school of music, among other elements all operating in a solar microgrid configuration.

storage. That fatal agenda exposes us to hazards from gas pipelines and toxic ash and increases our vulnerability to the impacts of natural disasters such as those suffered after Hurricane María or the sequence of major earthquakes and its aftershocks in 2020.

It's been two decades since Casa Pueblo decided to cut its fossil fuel dependency with the installation of a small solar system of five modest photovoltaic panels and a battery bank. It was barely enough to supply 10 % of total demand. We were undoubtedly a rarity, as neighbors and visitors looked on with some puzzlement. We later modernized the system with the support of faculty from the University of Puerto Rico in Mayagüez, reaching enough power generation to provide for 70 % of our needs. At that time, our demand increased with the integration of Radio Casa Pueblo. By 2017, we had successfully transformed our generation system to produce 110 % of our demand through a microgrid (Fig. 3.4). That is enough power to support the radio station, the house, the Café Madre Isla factory, the hydroponic garden, a solar cinema, and the School of Music with communications, lighting, and refrigeration systems. Our self-managed infrastructure proved crucial as we faced the consequences of Hurricane María on September 20, 2017. The day after the storm, Casa Pueblo became an energy oasis for the community and served as a hub for humanitarian and relief efforts. Our involvement is intended to build change. So far, we have carried out over 200 installations in our town. The deployed solar systems range from dozens of solar refrigerators and micro-systems for medical equipment to single-building systems for hardware stores, a lechonera, the local pizzeria, an agricultural center, the transmission tower of Radio Casa Pueblo, the barber shop, one hundred homes, the Elementary School of the Barrio Vacas Saltillo, classrooms at the Forest School, the fire station, the medical emergency service unit and the nursing home. Casa Pueblo no longer represents the sole energy oasis. Our town's energy landscape is becoming the benchmark for what the Country can do. The energy landscape of the municipality is under transformation for Adjuntas Pueblo Solar (Fig. 3.5).

Figure 3.5: Composite photograph of downtown Adjuntas (Summer 2021) illustrating photovoltaic installations by Casa Pueblo and private initiatives

As we move forward, we have established a new layer of "Adjuntas Pueblo Solar" to build the first generation of storage and distribution for a solar energy grid that will enable social re-investment and community development. This is a collaborative effort with the Honnold Foundation. Two micro-grids will energize the buildings around the main plaza where most of the energy demand is concentrated and associated with small and local businesses such as a drugstore, bakery, hardware store, restaurants, and furniture stores among others. A total of eighteen small businesses will benefit from the development of the micro-grid that will have an installed capacity of 220 kW of generation and one MGW of storage, enough capacity to be independent and isolated without solar energy for ten to twelve days. The microgrid and the solar energy system will be owned and distributed by the community itself via the non-profit organization Asociación Comunitaria de Energía Solar Adjunteña (ACESA). Locally produced and resilient energy will be provided at reduced rates to the same local businesses, with profits being invested into the microgrid's maintenance and repair, and the remainder reinvested into the community, which will in turn aid in boosting Adjuntas' local economy. These funds will help low-income households reach energy security through a model of social and ecological responsibility with self-sufficiency. The installation of solar systems at those homes will be managed by ACESA's "Social Responsibility Community Impact Fund." The collaboration with the Honnold Foundation and creation of ACESA is an example of a functioning social-communitarian model for energy transformation where outside resources are managed to catalyze inside-out processes. We are advocating a short-term goal of *50conSOL* by 2027. That is, that 50 % of the country's energy generation moves to photovoltaic power by the 10th anniversary of Hurricane María in route to a 100 % renewable energy system. This is a community-driven self-reliance response to an imposed fossil fuel-dependent system that is obsolete. Even in the Island's politically polarized environment, we can agree that dependence on fossil fuels is no longer an option. There is a national consensus that both the political status and Puerto Rico's energy production policy must change. Creating public policy to promote energy self-sufficiency could become the first step towards decolonization.

When resistance to necessary change comes from top political and economic forces, then, every completed project of energy self-sufficiency is a subversive step. In Puerto Rico, we are in the middle of a confrontation between fossil fuels and an alternative future with locally abundant renewable fuels. For this reason, Casa Pueblo defines this phase as "the period of energy insurrection." Knowledge that provokes social transformation occurs when social power is built to think and act with its own voice—that is self-determination at the local level. Although Puerto Rico lives under constant threat of political, economic, and natural disasters, we have demonstrated through community self-management that our people can control their destiny, defend their territory and promote change for fair and sustainable development. Puerto Rico continues to be a viable country, undoubtedly thanks to the historical defense of its natural, cultural, and human attributes through the deployment of our most valuable asset: social strength.

CONCLUSION: REDEFINING RESILIENCE

If I have ever been privileged, it has been in fighting alongside my parents, Tinti Deyá and Alexis Massol, co-founders of Casa Pueblo (Fig. 3.6). Both have established a highly demanding community work ethic that prioritizes volunteer service, individual effort, and community voices in developing initiatives for the common good. Therefore, we do not operate with government funds nor do we work with politicians or political parties. When my parents received the Goldman International Prize in 2002, equivalent to a *Nobel Prize* for the environment, pride grew as doors opened for international work, moving from isolated community in an island geopolitically marginalized due to its colonial political status to a global recognition that internationalized our struggles. Since then, new experiences have emerged that have taken us throughout Latin America and the Caribbean.

However, not all these experiences have been positive. At some point after 2008, I was included, along with my parents, on a high-risk security list by the Federal Department of Homeland Security. I was detained when arriving from international travel and subjected to "random checks" every single time I traveled to the United States. This surveillance included being escorted off a flight upon my arrival from Colombia, having my phone confiscated for weeks after returning from the Dominican Republic, separating me from my daughter Andrea—who was one year old at the time—for questioning upon my return from Central America and having officers waiting for me at the landing bridge upon deplaning. On one occasion, when my surveillance file was already quite thick, an officer confessed to me that he was just following instructions and that he did not know exactly what they were looking for, but that "someone in Washington was not happy with you."

What's most ironic is that I've also received invitations from the same government that criminalized our scientific endeavors, who instead call for our findings. In 2018, Casa Pueblo even hosted a visit from the Speaker of the House of Representatives, Nancy Pelosi, with a congressional delegation. These instances evidenced how conflicts can evolve to unimaginable outcomes.

Throughout these years, I have learned the meaning of fighting for the well-being of future generations. I was educated in a setting that values community and the natural environment. I have seen the children of others grow up, and today, forty plus years later, future generations in Adjuntas and Puerto Rico have healthy forests, instead of mining operations. Yes, global warming poses great risks, but we can at least celebrate that our water vulnerability is less than it would have otherwise been, and that our adaptability to climate change today is a strong community attribute that will better enable us to confront the future.

The goal of local community natural resource management/conservation is to fulfill a universal responsibility by addressing global warming and social inequality. Casa Pueblo has driven such practices for the past four decades. These have grown horizontally in our community and offer new capacities of integral responses for future challenges. Therefore, resilience is our community strength. Each step toward energy self-sufficiency is also a step forward to decolonize Puerto Rico and its current model of energy dependency. Our island nation could become a climate resilience hub, embracing the renewable endogenous resources that abound in our country and building robust micro-grids, hybrid systems, and intelligent networks that can increase our capacities for self-determination and climate adaptation.

Many people today live frustrated with the apparent absence of change. That happens when we view the situation of political quatrains in a degenerative colonial territory chronologically. But when you look at the trajectory of the last four decades, we have lived and suffered the threat of unsustainable proposals, built alternatives based on self-sufficiency, and from a local initiative, we have transformed Casa Pueblo into a community institution and a hopeful benchmark of what we can do to achieve an alternative country. As our national poet Juan Antonio Corretjer said, we have lived in happiness, because "la vida es lucha toda."

Figure 3.6: Massol-Deyá's family, including Alexis Massol and Tinti Deyá, co-founders of Casa Pueblo, three of their sons Alexis, Axel, and Arturo and six grandkids

CAPÍTULO 3

Casa Pueblo: Luchas Comunitarias por el Desarrollo Social y la Protección de los Recursos Naturales

ARTURO MASSOL DEYÁ

INTRODUCCIÓN: LA FORMACIÓN DE UN ACTIVISTA AMBIENTAL

El tercer grado comenzó de manera diferente a mis otros años escolares. En agosto de 1977 mi madre, profesora de inglés, me despertó temprano en la mañana para decirme que no asistiría a mis clases habituales en la escuela primaria José Julián Acosta en Adjuntas, eje cafetalero de Puerto Rico. En cambio, me uniría a ella y a otros maestros, padres y estudiantes para protestar por la presencia de asbesto cancerígeno en los salones de las escuelas públicas. No sabía qué era el asbesto o el impacto que estaba teniendo en mí o en mis compañeros de clase, pero sabía que una amenaza invisible se cernía sobre nosotros. Ese día marcó la primera línea de piquete en la historia de Adjuntas, frente a la Superintendencia Escolar del Distrito. Caminé siguiendo a otros en medio de la calle principal, gritando consignas sobre la necesidad de enfrentar esa realidad no deseada. Aprendí ciencia en el proceso mientras el grupo explicaba los riesgos de la exposición al asbesto sobre la salud humana, especialmente en niños y adultos jóvenes. Exigir a través de la protesta era algo nuevo, no solo para mí, sino para todo el pueblo. Tomó unos meses, pero la comunidad se impuso. Las aulas con asbesto fueron cerradas y reconstruidas liberando a futuras generaciones de sus consecuencias.

Después de la lucha por el asbesto, mis padres se comprometieron a enfrentar la injusticia. Mi padre terminó su práctica de ingeniería civil para abrir la primera librería del pueblo, la *Librería Palenque*. Algunos lugareños eran clientes habituales y, muy pronto, la Librería Palenque se convirtió en un centro de discusiones políticas. Cuando el gobierno anunció una propuesta de minería 'cielo abierto' en el 1980, la gente de la comunidad ya estaba al tanto de los conflictos de explotación de recursos naturales en América Latina por lo que decidieron organizarse para combatirla. Como resultado de este proceso, nació la organización comunitaria *Casa Pueblo*.

Fui educado en el sistema de escuelas públicas y luego en la Universidad de Puerto Rico (UPR), pero mi espacio de aprendizaje más significativo fue la escuela social comunitaria de Casa Pueblo. En Casa Pueblo, mis hermanos y yo fuimos incluidos en conversaciones de adultos y largas reuniones de planificación, nos asignaron tareas durante las campañas públicas y aprendimos valiosas habilidades para la vida, como carpintería, sonido e iluminación, grabación de video y audio, fotografía y diagramación de revistas. Durante este proceso, fui testigo de la evolución del mensaje viendo a mi padre dar conferencias sobre la amenaza de la minería y la importancia de la organización comunitaria, una y otra vez. Aprendí a pensar en términos colectivos. A medida que nuestra conciencia ecológica aumentó, nos inmunizamos de las ideologías que nos dividen como isla-nación.

Sin embargo, también aprendí que la participación en luchas comunitarias con conciencia ecológica son actos subversivos con consecuencias. La persecución política durante la época de la Guerra Fría fue dura y continúa hoy con otros estilos. Mi familia sufrió acoso en muchos niveles. Después de la protesta por el asbesto, a mi mamá la trasladaron del lugar de trabajo y del grado y horario de enseñanza. Después de la escuela, tendría que pasar la tarde con mis abuelos para esperar a que mi madre completara su nuevo turno de enseñanza. Supe que se impusieron decisiones administrativas a unos pocos maestros por su participación en la protesta, mientras algunos colaboradores incluso perdieron sus puestos de trabajo. Estuve expuesto a la represión política por primera vez, lo cual era nuevo para mí, pero no para Puerto Rico. Más tarde, los archivos conocidos como *Las Carpetas* develaron cómo en un proceso favorecido por el FBI, la policía de Puerto Rico con informantes a sueldo generaban perfiles de ciudadanos con pensamiento crítico contra el gobierno. Los datos eran usados en contra de luchadores políticos, ambientales y de otras causas, pero eso fue solo el comienzo. Nuestra casa fue asaltada varias veces por la policía quienes mataban a nuestras mascotas, a los gansos que alertaban de visitas en la finca o a la cabra de la casa, para luego dejarlos colgados frente a la puerta principal. Algunas personas de la comunidad empezaron a temernos. Después de cierto punto, inclusive algunos padres se acercaron a mi madre y padre para decirles que no querían que sus hijos jugaran e interactuaran con nosotros. Por supuesto, no fue su elección, y algunos de ellos siguen siendo buenos amigos y colaboradores claves de Casa Pueblo.

De estas luchas y tras educarme en la UPR y más tarde en Michigan State University, me convertí en un científico comprometido con mi comunidad.

LUCHAS COMUNITARIAS EN UNA ISLA BAJO FUEGO

Desde la invasión militar de Estados Unidos en la Guerra Hispanoamericana de 1898, el territorio de este archipiélago caribeño ha sido ampliamente estudiado. Hoy, Puerto Rico sigue siendo una de las colonias más antiguas del planeta debido a su enorme valor geográfico, natural y geológico. Se nos ha impuesto la idea de que Puerto Rico es una pequeña isla sin recursos naturales y que opera sin ningún tipo de planificación estratégica. Somos, según este pensamiento, incapaces de ejercer el derecho a la autodeterminación. Sin embargo, el Plan 2020, elaborado en la década de 1970 por agencias estatales y federales de Estados Unidos evidencia lo contrario.

En este plan se demarcan los usos de terrenos y se delinearon las actividades de desarrollo a ser ejecutadas de 1985 hasta 2020. Las inversiones en infraestructura y parte de la deuda pública girarían en torno al Plan Maestro de Uso de Terrenos 2020, aunque las iniciativas se presentaron al público como piezas independientes de un gran rompecabezas (Fig. 3.1). Este incluía la delimitación de 11 parques industriales con infraestructura vial, plantas de energía a base de carbón, una súper tubería de agua que circunvalaría la isla y nuevas represas para almacenar el agua necesaria para sostener el modelo económico propuesto. Además, se recomendaron varias plantas regionales de tratamiento de aguas residuales mientras las zonas de desarrollo agrícola se limitaron a los valles del sur y algunas áreas montañosas. A su vez, extensas zonas con valor militar, incluidas Vieques y Ceiba, fueron separadas como intocables bajo el plan maestro. Finalmente, 36,000 acres entre los municipios de Adjuntas, Utuado, Lares y Jayuya fueron designados como zona minera.

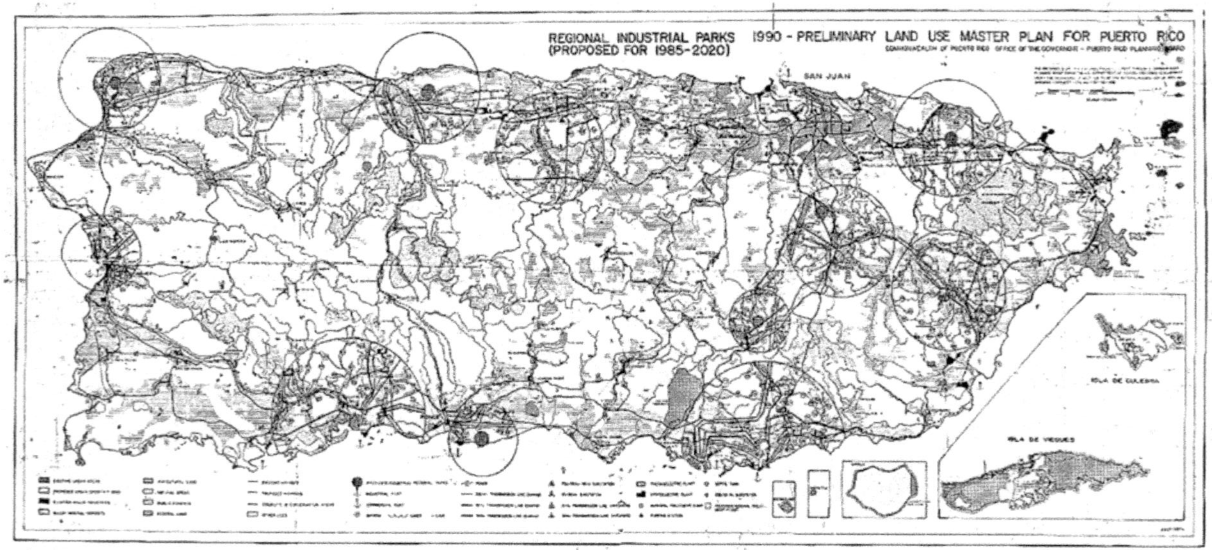

Figura 3.1: Plan Maestro de Uso de Terrenos ideado en la década de 1970 por agencias estatales y federales sin participación pública. El Plan 2020 imponía un modelo de desarrollo insostenible basado en la explotación de los recursos naturales.

En ese momento, las áreas naturales protegidas eran las mismas zonas previamente designadas en la primera mitad del Siglo XX. Los bosques de El Yunque, Maricao y Toro Negro, por ejemplo, se justificaron originalmente para garantizar el área mínima necesaria para mantener cierta “seguridad hídrica” que sostuviera el modelo económico basado en latifundios agrícolas con baja densidad poblacional. Es decir, los bosques protegidos eran áreas auxiliares o pequeños parches inconexos que ni siquiera representaban el cuatro por ciento de la superficie de la isla. A pesar del nuevo enfoque de desarrollo industrial pesado, las zonas militares y la explotación minera, vale la pena señalar que el Plan 2020 no incluyó la protección de nuevas áreas de alto valor ecológico o cuencas hidrográficas críticas. A pesar del enorme impacto ambiental esperado sobre los recursos naturales, el plan no contempló medidas de mitigación. Este, sin lugar a dudas, era un modelo de desarrollo insostenible nacido del colonialismo y la injusticia ambiental, donde los habitantes de las tierras estarían permanentemente expuestos y tendrían que sufrir las nefastas consecuencias de su implementación en ruta degenerativa. Bajo este modelo de desarrollo, se emitió una gigantesca deuda pública para construir megaproyectos como la carretera PR 10 necesaria para la explotación minera o la construcción de plantas de tratamiento de aguas residuales que servirían a los enclaves industriales (Fig. 3.2). Hoy, la planta regional de Mayagüez es la más grande del Caribe, aunque nunca ha operado a más del 50 % de su capacidad.

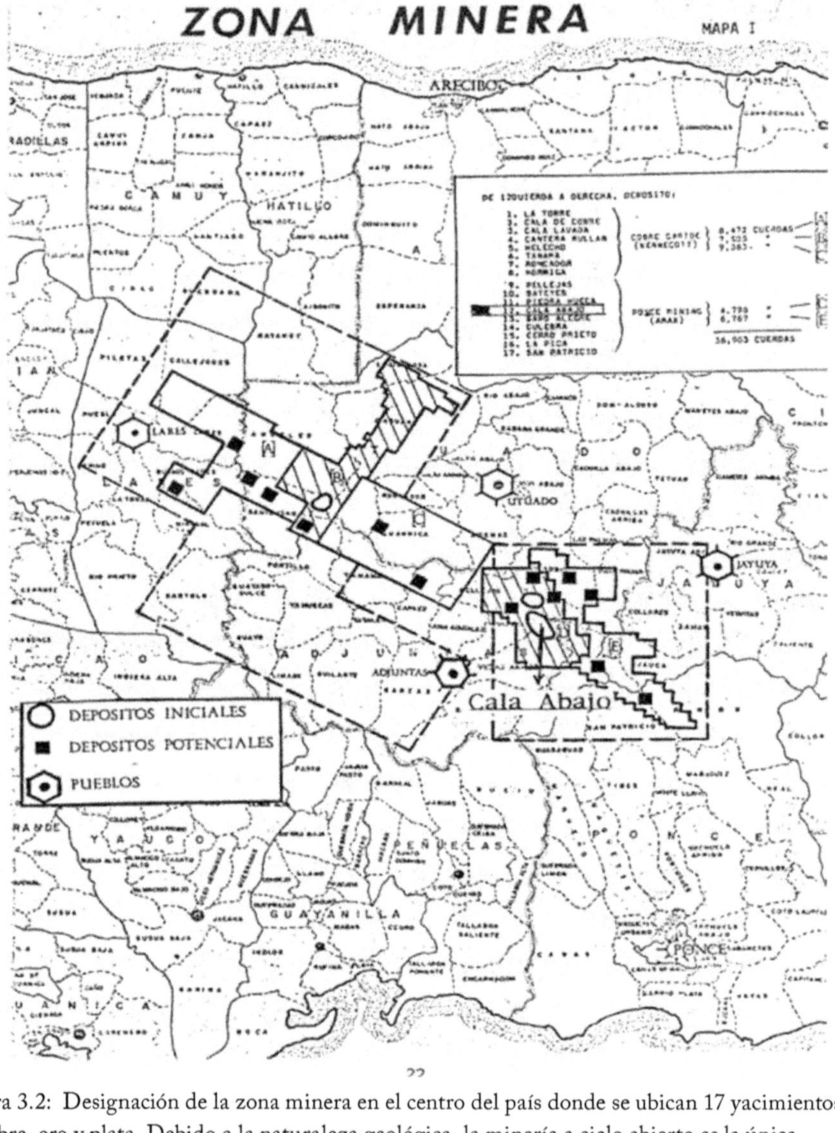

Figura 3.2: Designación de la zona minera en el centro del país donde se ubican 17 yacimientos de cobre, oro y plata. Debido a la naturaleza geológica, la minería a cielo abierto es la única tecnología "viable" para la extracción de los minerales.

Asimismo, se instaló capacidad de generación eléctrica con carbón en la zona sur donde se ubicarían parques industriales, refinerías y fundición de minerales. Las represas de Maragüez y Tibes se construyeron en Ponce como reservas de agua, mientras que una sección de la súper-tubería de agua se completó desde Arecibo hasta San Juan y la zona de Gurabo.

El Plan 2020 claramente carecía de la intención de promover bienestar nacional o el desarrollo sostenible, tampoco hubo participación ciudadana. Es decir, una ausencia total de transparencia dominó su conceptualización. Cuando el poeta nacional Juan Antonio Corretjer dio con una copia del mapa de planificación estratégica sacado a escondidas de una oficina de gobierno, éste se comunicó con Tinti Deyá y Alexis Massol, mis padres, y Eduardo García para descifrar el esquema. El análisis requirió de la búsqueda de documentos técnicos explicativos complementarios al Plan. Después de todo, el plano como tal es una representación gráfica de programas escritos. Fue en este contexto de amenaza, estudio y análisis que se inició en Adjuntas el grupo comunitario Taller de Arte y Cultura. Con el tiempo, evolucionaron hasta convertirse en lo que ahora conocemos como Casa Pueblo.

LLEGÓ EL 2020 Y TAMBIÉN LA PANDEMIA

El Plan 2020 fue descifrado, desenmascarado y denunciado ante el Comité de Descolonización de Naciones Unidas y confrontado en múltiples frentes activistas sociales y políticos. Con el tiempo, sus contradicciones chocaron con un mundo cambiante. La minería fue descartada tras una larga lucha comunitaria liderada por Casa Pueblo. En 1995, la última de las propuestas de explotación fue derrotada cuando la política pública cambió a la prohibición de la minería 'cielo abierto' debido a sus insuperables impactos ambientales en un contexto isleño. Múltiples movimientos comunitarios desafiaron el modelo energético basado en carbón y otros combustibles fósiles, y el conflicto por el uso de nuestra tierra para actividades militares culminó con la lucha victoriosa que llevó a la salida de la Marina de Guerra de Estados Unidos de la isla-municipio de Vieques. Su partida también liberó a la península oriental de Ceiba de la operación de la Base Naval Roosevelt Roads. Además, las protecciones que mantenían un modelo industrial privilegiado a través de los paraísos fiscales colapsaron con la eliminación de la sección 936 del Código de Rentas Internas Federal, dejando al país desprovisto de un modelo económico alterno.

El colapso parcial del Plan 2020 dejó atrás un modelo económico insostenible y antidemocrático. Hoy, Puerto Rico continúa sumido en una prolongada recesión económica sin una ruta propia de futuro. La triste realidad del país se ve agravada por una enorme deuda pública impuesta para promover exactamente ese plan económico fallido y otras inversiones corruptas. Las consecuencias se sufren ahora con medidas de austeridad severas y fuertemente regresivas, cierre de escuelas, desestabilización de la Universidad de Puerto Rico, aumento de la pobreza, desempleo, emigración masiva y gentrificación. Estamos endeudados -en parte- por el avance de un modelo de desarrollo diseñado para favorecer intereses externos.

Este hecho, agravado por la globalización y una intensa dosis de neoliberalismo, simplemente ha dejado a la isla descapitalizada. Entonces, ¿quién es el responsable del colapso económico y político de Puerto Rico? Parte de la responsabilidad puede atribuirse a los políticos locales, pero la política estadounidense sobre la isla es una de las razones principales de esta crisis, si no la causa principal.

> *Llegó el año 2020 y con él la pandemia del covid-19. Han pasado sesenta días desde que se impuso el toque de queda. Son las 12:09 de la mañana. La tierra ha temblado, 4.0 en la escala de Richter. Unas horas más tarde y todavía antes del amanecer, otro temblor de 3.7. Estas son réplicas de una secuencia sísmica que comenzó el 7 de enero después de que un fuerte terremoto de 6.5 sacudiera la parte sur de la isla. Antes de eso, las señales ya estaban allí. Pero desde entonces, no ha dejado de temblar. Tenemos un déficit de lluvia de 20% que provoca una advertencia de sequía mientras que la nueva temporada de huracanes comenzará en unas pocas semanas. No obstante, ya se está formando la primera tormenta del Atlántico frente a la costa de Florida, la nombraron Arturo. Las Bahamas siguen en crisis a meses del embate de Dorian, un devastador huracán estacionario de categoría cinco mientras acá en Puerto Rico, los toldos de lona sobre miles de residencias siguen siendo síntomas de una cicatriz abierta del huracán María (2017). [9 de mayo de 2020]*

La vulnerabilidad de la zona del Caribe se está intensificando a medida que el impacto de fenómenos naturales extremos, como huracanes y terremotos recurrentes convergen con patógenos emergentes. Frente a las consecuencias de la pobreza generalizada, el calentamiento global y la amenaza existencial que representa el cambio climático, nos encontramos en medio de una crisis política. Para los pequeños estados insulares caribeños, la intersección de múltiples riesgos magnifica los desafíos para un desarrollo justo. Por un lado, períodos más cortos de precipitación intensa con déficits de lluvia más prolongados y recurrentes alteran la agenda de seguridad hídrica. Más energía en forma de calor en el trópico, causada principalmente por gases de efecto invernadero, significa mayor tasa de evaporación, tormentas más grandes e intensas, mientras que las lluvias fuertes provocan inundaciones y deslizamientos de tierra, principalmente en áreas sin cobertura forestal. En el caso de Puerto Rico, el efecto es demoledor, sobre todo cuando sumamos la crisis económica y moral bajo una condición de subordinación política. En este contexto, la existencia de la puertorriqueñidad parece casi milagrosa por naturaleza. Puerto Rico resiste gracias a nuestra rica cultura caribeña y a un compromiso social activo en la defensa de los recursos naturales.

DE UNA PROPUESTA MINERA A LA CONSERVACIÓN DE LOS BOSQUES CON CAMBIOS DE POLÍTICA PÚBLICA FORESTAL

Como grupo comunitario, Casa Pueblo nació de la protesta para enfrentar una propuesta de mega minería. A lo largo de este proceso, desarrollamos una conciencia ecológica para la transformación social, con sentido de responsabilidad planetaria. Luego de derrotar la desastrosa propuesta extractivista que hubiera arruinado importantes cuencas hidrográficas en 1995, Casa Pueblo trascendió de la protesta para generar un discurso de proponer alternativas y asumir responsabilidades.

El área designada para la minería era rica en cobertura boscosa. Estos bosques, en etapa sucesional secundaria avanzada, estaban infravalorados a pesar de representar una inmensa proporción de la cubierta forestal de la isla. En ese momento, Casa Pueblo organizó una comisión técnica y científica para evaluar el potencial del bosque y promover la designación de la antigua zona minera como una nueva unidad forestal. Luego de casi un año de lucha comunitaria, el gobierno accedió a la iniciativa designando el Bosque del Pueblo donde habría ocurrido minería. Paralelamente a este logro ambiental, Casa Pueblo obtuvo el reconocimiento para ser el manejador comunitario del bosque. Este paso histórico representa la primera unidad forestal nombrada y manejada por un grupo comunitario. Hasta entonces, todos los bosques en Puerto Rico habían sido designados en la primera mitad del Siglo XX. Para la década de los noventa, sólo un 4 a 6 % de la superficie del país estaba protegida a pesar de la promulgación de la Ley Forestal 133 de Puerto Rico de 1975.

Desde el 11 de enero de 1996, la gestión comunitaria marcó otro precedente en la conservación de los recursos naturales y hoy, a más de 25 años de este hito, Casa Pueblo sigue defendiendo, educando y manejando el Bosque del Pueblo. Además de servir como referente, Casa Pueblo ha apoyado a otros grupos comunitarios a promover la designación de otras áreas de alto valor ecológico y, en algunos casos, como modelo para aquellos que asumieron también las responsabilidades de co-manejo (Tabla 3.1). A través de un compromiso social amplio en el país, se identificaron y protegieron importantes áreas naturales del desarrollo expansionista, enriqueciendo con modelos alternativos la agenda crítica de conservación forestal. Es decir, se estableció una ruta innovadora y efectiva para impulsar la conservación desde la base comunitaria, contribuyendo al desarrollo de una nueva cultura forestal en Puerto Rico. Este modelo, con la participación directa de las comunidades ha demostrado ser crítico, especialmente en momentos en que las agencias responsables de proteger los recursos naturales colapsan bajo administradores corruptos o mandos intermedios que otorgan permisos para proyectos que no cumplen con las reglamentaciones ambientales.

Tabla 3.1. Ejemplos de áreas naturales designadas por iniciativas comunitarias en Puerto Rico (Fuente: Departamento de Recursos Naturales y Ambientales)

Nombre del bosque y lugar	Año	Acres	Grupo comunitario
Bosque del Pueblo, Adjuntas	1996	738	Casa Pueblo
Bosque del Nuevo Milenio, San Juan	1998	408	Operado por la acción comunitaria
Bosque San Patricio, San Juan	1998	51	Ciudadanos Pro-Defensa del Bosque de San Patricio
Reserva Caño Tiburones, Arecibo	1998	3,329	Impulsado por acción comunitaria
Bosque Tres Picachos, Jayuya	1999	5,147	Impulsado por acción comunitaria
Reserva Punta Tuna, Maunabo	2000	97	Comité Pro-Desarrollo de Maunabo
Reserva Canal Luis Peña, Culebra	2001	1,173	Asociación de Pescadores de Culebra, vecinos de la Isla, la comunidad científica y el mundo académico
Bosque Monte Choca, Corozal	2003	218	Club Cívico Recreativo y Cultural de Palos Blancos
Corredor Ecológico, San Juan	2003	971	Desarrollado por acción de la comunidad
Reserva Caño La Boquilla, Mayagüez	2003	117	Mayagüezanos Por la Salud y el Ambiente
Bosque La Olimpia, Adjuntas	2004	337	Casa Pueblo
Reserva Ciénega Las Cucharillas, Cataño	2004	486	CUCCO
Cuevas de Aguas Buenas	2005	1490	Desarrollado por la acción comunitaria
Reserva Corredor Ecológico del Noreste, Luquillo y Fajardo	2008	2,969	Impulsado por acción comunitaria y Sierra Club
Reserva Punto Viento, Patillas	2008	466	Frente Ambiental Amigos de la Naturaleza de Patillas

Una de las primeras acciones del manejo comunitario en el Bosque del Pueblo fue el rescate y reubicación de un parque ceremonial indígena que fue removido para facilitar la minería. Rescatar la identidad cultural del bosque fue una prioridad de reparación histórica. Asimismo, el grupo se embarcó en la construcción de instalaciones permanentes como una oficina, un anfiteatro natural, miradores, baños de compostaje, áreas de recreación y una pirámide para la observación del paisaje. Además, se establecieron veredas interpretativas y una parcela de monitoreo permanente de la biodiversidad en colaboración con el Instituto Smithsonian. A lo largo de los años, el manejo comunitario del Bosque del Pueblo ha enfrentado desafíos como la ausencia recurrente del sector gubernamental en los esfuerzos de conservación, incendios forestales intencionales e incluso una propuesta del propio gobierno para construir un gasoducto a través de la zona.

El modelo de manejo comunitario fue innovador al no limitar los esfuerzos de manejo a la demarcación física del bosque en sí. En cambio, trabajar con las personas y las principales actividades de uso de la tierra en áreas colindantes, como la agricultura, hospederías, restaurantes, las pequeñas empresas locales e incluso el Hospital Castañer, ha demostrado ser fundamental. La unidad forestal no se aborda como una zona aislada del resto del país. En su lugar, Casa Pueblo promueve una perspectiva del ambiente desde una escala de paisaje más amplia donde se entrelazan las diversas necesidades y servicios de las personas, incluidos algunos que están en conflicto.

Después del Bosque del Pueblo, Casa Pueblo propuso y logró la designación y protección del Bosque La Olimpia (2004), cabecera de la cuenca del Río Grande de Arecibo. En este bosque se estableció una nueva actividad o ecoservicio para la sociedad: el Bosque Escuela Ariel Massol Deyá. Aquí, los estudiantes aprenden de la naturaleza utilizando la ciencia y la cultura para impulsar el desarrollo sostenible. La iniciativa también cuenta con una estación de radio propia, Radio Casa Pueblo 1020 AM, "voz de las aguas, los bosques y nuestra gente."

Con la autogestión comunitaria y un sólido historial de servicio ecológico y social, el impacto político de Casa Pueblo creció, contribuyendo a cambios de política pública destinados a aumentar las áreas protegidas de Puerto Rico. Estos incluyeron la Ley de Corredores Biológicos (1999), que tiene como objetivo interconectar diferentes bosques del país a través de rutas naturales, y la Ley del Fondo de Adquisición de Tierras de Alto Valor Ecológico (2004). Este proyecto de ley fue propuesto por Casa Pueblo luego de que su fundador Alexis Massol González recibiera el Premio Ambiental Goldman en 2002 por su trabajo a favor de la naturaleza y su gente.

DEL BOSQUE DEL PUEBLO AL BOSQUE MODELO 'TIERRAS ADJUNTAS'

A pesar de que el 60 % de la superficie de Puerto Rico goza de cubierta forestal, sólo una fracción menor está protegido por Ley. Esta realidad contrasta marcadamente con Costa Rica, donde el 50 % de su superficie es cobertura forestal, pero más del 30 % está salvaguardado por el gobierno, el sector privado o las comunidades.

Garantizar una infraestructura verde para el desarrollo sostenible es un gran desafío geográfico. Actualmente, tenemos en 8 % por ciento de nuestro territorio protegido por ley si incluimos las áreas naturales y altamente contaminadas de Vieques y otra cantidad similar de terrenos de alto valor ecológico protegida por decretos con limitada capacidad legal. Por tanto, nuestro archipiélago tiene un déficit de importantes áreas naturales protegidas, muy por debajo de lo que se consideraría necesario para garantizar los servicios ecológicos que demanda nuestra sociedad.

En la zona montañosa central se encuentran cuencas hidrográficas claves que abastecen de agua potable, tanto a los pueblos cercanos como a las regiones norte, sur y oeste del país. Su importancia económica tiende a pasar desapercibida para algunos, pero en épocas de inseguridad hídrica, como las provocadas por sequías prolongadas, sus servicios ecosistémicos emergen como oasis en el desierto. La salud de una cuenca hidrográfica depende de su cubierta forestal, que además de servir como hábitat para la biodiversidad, produce oxígeno, reduce la contaminación del aire y mantiene caudales de agua permanente por su efecto esponja. Es decir, cuando llueve, la cubierta forestal amortigua las escorrentías y, cuando deja de llover, liberan agua a los ríos para mantener un caudal mínimo.

El agua que se origina en Adjuntas abastece no solo a sus habitantes sino también a los que viven río abajo. Estas aguas sirven también para actividades agrícolas, recargan el acuífero del Norte, fundamental para la industria y, a través de una enorme tubería de agua, se transportan 80 millones de galones diarios desde Arecibo hasta el área metropolitana de San Juan y más allá. Este volumen de agua desviada es equivalente al que suple el lago de Carraízo, principal abasto de agua de la región metropolitana.

Durante una de las más recientes sequías (2015), este circuito sirvió como paliativo para evitar el racionamiento de agua a miles de familias, lo que redujo las pérdidas económicas en las zonas turísticas y mantuvo la actividad productiva.

Aún así, la gran mayoría de las tierras forestales (90 %) está en manos privadas donde áreas protegidas están aisladas unas de otras como pequeños parches en un gran paisaje mosaico. Esta difícil realidad se complica por la falta de voluntad política y el déficit de recursos públicos. El camino hacia la armonía entre el desarrollo y la protección del ambiente es cada vez más propenso a choques y conflictos. Por lo tanto, cualquier esfuerzo de ordenación forestal que tenga como objetivo impulsar el desarrollo sostenible debe ser participativo y en consulta con la gente.

Con la intención de ampliar las estrategias de conservación y la integración de áreas naturales, en el año 2003 Casa Pueblo elaboró un documento técnico que establece el Plan de Conservación de Adjuntas y Municipios Adyacentes. Este trabajo científico fue presentado a la Junta de Planificación de Puerto Rico en 2004. La aceptación por parte del gobierno permitió el establecimiento del distrito de conservación especial más grande de esa época al interconectar por zonas de continuidad boscosa el Bosque del Pueblo con los bosques de Toro Negro, Tres Picachos, La Olimpia y Guilarte en aproximadamente 33,000 acres de tierra.

Años después, fuimos invitados a participar en la reunión del directorio de la Red Iberoamericana de Bosques Modelo (RIABM). RIABM se estableció en 2002 como parte de la Conferencia de las Naciones Unidas sobre Medio Ambiente y Desarrollo en Río de Janeiro, Brasil. En el evento, Canadá invitó a los países a poner en práctica el concepto de Bosque Modelo como un nuevo enfoque para la gestión del paisaje a través de redes que facilitan el intercambio de conocimientos e información. Meses después de una reunión inicial en Costa Rica, participamos en la reunión de Santa Cruz, Bolivia. Aunque grupos comunitarios participan en la dirección, la red estaba dominada por representantes oficiales de los gobiernos. Durante las deliberaciones, Casa Pueblo solicitó la incorporación de Puerto Rico a la RIABM. La propuesta fue inusual, ya que fue impulsada por un grupo comunitario, pero luego de una acalorada deliberación, Puerto Rico fue admitido. Este paso allanó el camino para la integración de un nuevo Bosque Modelo que consistiría precisamente en las áreas designadas en el Plan de Conservación de Adjuntas y Municipios Adyacentes. Fue en octubre de 2007, en la reunión de directorio en Atlántida, Honduras, que el Bosque Modelo 'Tierras Adjuntas' fue presentado oficialmente e integrado por unanimidad a la RIABM. Casa Pueblo pasó de una iniciativa local isleña al contexto latinoamericano. Desde entonces, Puerto Rico ha tenido su Bosque Modelo representado con identidad propia y participa como uno de los países iberoamericanos que albergan Bosques Modelo. La RIABM incluye a Chile, Argentina, Bolivia, Colombia, Ecuador, Perú, Brasil, Paraguay, España, Honduras, Guatemala, Cuba, República Dominicana, Costa Rica y Puerto Rico.

Un Bosque Modelo es un bosque con gente. La estrategia de gestión territorial se basa en identificar espacios activos y estructurados en una región para conservar la naturaleza y proponer la gestión de recursos desde la perspectiva amplia del paisaje para el desarrollo sostenible. Esta red busca democratizar las prioridades del nuevo paradigma de conservación y manejo. Al hacerlo, crea sinergias de gestión y brinda oportunidades para la resolución de conflictos entre poblaciones, sectores de la sociedad y la vida silvestre. Además, se fomenta el intercambio de experiencias en la Red Internacional de Bosques Modelo mientras se brinda visibilidad global a las acciones de cada territorio.

BOSQUE MODELO NACIONAL DE PUERTO RICO

Durante mucho tiempo y con el liderazgo del biogeógrafo Alexis Dragoni, Casa Pueblo promovió un análisis de cobertura forestal con la intención de ampliar el Bosque Modelo "Tierras Adjuntas." La visión era establecer una nueva política pública de gestión territorial con la comunidad. El análisis desembocó en la propuesta del Bosque Modelo Nacional de Puerto Rico que reconoce la delimitación geográfica de un área crítica natural como parte del sistema de infraestructura verde del país. El gobierno acogió la idea y, en 2013, se estableció una comisión multiagencial y sectorial para trabajar un anteproyecto de ley. Luego de un proceso amplio y participativo, el proyecto fue presentado al país y luego a los cuerpos legislativos. A lo largo del proceso, varias entidades gubernamentales, incluido el Departamento de Agricultura, se sintieron amenazadas por el poder de la comunidad para legislar sus propias políticas de desarrollo territorial. Aunque descarrilaron temporalmente la iniciativa, la presión social logró rescatar la propuesta.

El Bosque Modelo Nacional de Puerto Rico, consagrado por mandato de ley en 2014, marcó la validación de una nueva política forestal que nació de la autogestión comunitaria. Por primera vez, este enfoque de gestión territorial fue elevado a jerarquía de Ley, sentando un precedente internacional a pesar de nuestra condición política que ha coartado nuestra participación en debates y movimientos regionales e internacionales. La legislación reconoce y hace visible una región geográfica que integra 26 áreas protegidas a través de corredores biológicos en unos 380,000 acres de terreno como nuestra infraestructura verde. Además, ordenó al gobierno asumir responsabilidad creando la Oficina del Bosque Modelo e invirtiendo recursos para su desarrollo (Fig. 3.3).

Figura 3.3: Bosque Modelo Nacional de Puerto Rico

La Oficina del Bosque Modelo fue concebida como una pequeña entidad independiente con una vida útil de cuatro años. La oficina gozaría de autonomía fiscal y operativa dentro del gobierno para coordinar acciones de apoyo entre agencias y promover políticas públicas de gestión territorial. Además, como corazón de la iniciativa se creó la Mesa Multisectorial del Bosque Modelo puertorriqueño. La mesa de concertación promovería la participación de amplios sectores de interés, incluidos representantes de grupos agrícolas, académicos, empresariales, cívicos y comunitarios. Aunque los gobiernos y políticos posteriores torpedearon la iniciativa, la Mesa Multisectorial desarrolló gradualmente identidad y vida propia. Después del huracán María, por ejemplo, iniciativas de apoyo comunitario y varios proyectos de recuperación se canalizaron a través del Bosque Modelo en beneficio de toda la región.

CASA PUEBLO Y LA INSURRECCIÓN ENERGÉTICA

En el año 2010, el Gobierno de Puerto Rico declaró un estado de emergencia energética con el objetivo de facilitar la construcción de infraestructura para gasificar aún más la isla. El plan consistía en la construcción de un gasoducto partiendo de la terminal de la generatriz privada de EcoEléctrica en el sur de la isla para atravesar empinadas laderas de la cordillera, cruzar 234 cuerpos de agua y los bosques La Olimpia, del Pueblo y Río Abajo además de fragmentar una multiplicidad de fincas agrícolas. El gasoducto también atravesaría patios residenciales, humedales y 106 km adicionales para llegar a plantas termoeléctricas en el norte del país a ser gasificadas. A través de ese decreto artificial de "emergencia", el gobierno alteró los procesos administrativos que regulan los permisos correspondientes. La inversión necesaria para construir esta infraestructura se estimó, en algún momento, en $800 millones.

Este proyecto habría creado un único punto de entrada para el 70 % del combustible necesario para energía eléctrica en Puerto Rico, todo mientras se favorecía un 'cartel' de gas. Casa Pueblo activó una respuesta basada en la ciencia, la cultura y la comunidad, como lo hizo durante la lucha antiminera. Un vigoroso movimiento social construyó una importante coalición de oposición derrotando la propuesta en la etapa de permisos (2012). Aunque algunos empresarios se beneficiaron impropiamente a través de millones de dólares en contratos, los recursos naturales no se vieron afectados. Más importante aún, la discusión sobre el futuro energético del país quedó abierta para propuestas alternativas.

Armonizar las ideas con las acciones es fundamental para Casa Pueblo, es decir, hablamos haciendo. Al principio del manejo comunitario del Bosque del Pueblo reconocimos que la mayor amenaza para la conservación de los recursos naturales era la agenda energética basada en combustibles fósiles. La lista de problemas e injusticias ambientales se extiende desde la localización de esta infraestructura cerca de comunidades vulnerables, las emisiones al aire causadas por la quema de petróleo, gas y carbón, gases de efecto invernadero, así como daños ambientales causados durante la extracción, accidentes en el transporte y almacenamiento. Esa agenda fatal nos expone a otros peligros como la construcción de gasoductos o la acumulación de cenizas tóxicas. Esta configuración centralizada basadas en combustibles sucios que requieren importación aumentan nuestra vulnerabilidad a desastres naturales como los sufridos después del huracán María o tras la secuencia sísmica de 2020.

Figura 3.4: Casa Pueblo en Adjuntas cuenta con una estación de radio, cine solar, mariposario, biblioteca, galería de arte y una escuela de música, entre otros elementos, todos operando en una configuración de microrred eléctrica fotovoltaica.

Han transcurrido más de dos décadas desde que Casa Pueblo decidió cortar su dependencia de los combustibles fósiles con la instalación de un pequeño sistema solar de cinco modestos paneles fotovoltaicos y un banco de baterías. Aquella primera configuración apenas alcanzaba para abastecer el 10 % de la demanda total.

Sin duda, éramos una rareza, ya que los vecinos y visitantes miraban con cierta perplejidad el sistema solar. Posteriormente modernizamos el sistema con el apoyo de profesores de la Universidad de Puerto Rico en Mayagüez, alcanzando suficiente generación de energía para cubrir el 70 % de nuestras necesidades. En ese momento, nuestra demanda aumentó con la incorporación de Radio Casa Pueblo. Pero sería en el 2017 cuando la transformación energética con 45 módulos solares alcanzó un nuevo peldaño que permitió producir más energía de la que se consume, hasta un 110 % de la demanda eléctrica, servida por medio de una microrred al complejo de edificios-sede de Casa Pueblo (Fig. 3.4). Esa capacidad energética es suficiente para cumplir con la estación de radio, la casa, la fábrica Café Madre Isla, la huerta hidropónica, un apartamento para visitantes, el cine solar, galería de arte, laboratorio de ecología y la Escuela de Música con sistemas de comunicación, iluminación y refrigeración.

La infraestructura autogestionada demostró ser crucial cuando enfrentamos las consecuencias del huracán María el 20 de septiembre de 2017. El día después de la tormenta, Casa Pueblo se convirtió en un oasis energético para la comunidad sirviendo como centro para los esfuerzos humanitarios y de ayuda. Nuestra participación está enfocada en construir cambio social, no en realambrar y regresar al mismo pasado obsoleto de combustibles fósiles. Hasta el momento, más de 200 instalaciones permanentes se han realizado en nuestro pueblo más casi dos veces instalaciones privadas. Los sistemas solares desplegados van desde decenas de refrigeradores solares y microsistemas para equipos médicos hasta sistemas de un solo edificio para ferreterías, una lechonera, la pizzería local, un centro agrícola, la torre de transmisión de Radio Casa Pueblo, la barbería, sobre cien viviendas que ahora operan como Casa Pueblo, la escuela primaria del Barrio Vacas Saltillo, las aulas del Bosque Escuela, la estación de bomberos, la unidad de servicio de emergencias médicas, el asilo de ancianos y el bosque solar. Casa Pueblo ya no representa el único oasis energético. El paisaje de autosuficiencia energética de nuestro pueblo se democratiza progresivamente con generación distribuida en el lugar del consumo convirtiendo a Adjuntas en el referente de lo que el País puede aspirar y lograr (Fig. 3.5).

Figura 3.5: Fotografía compuesta del centro urbano de Adjuntas (verano de 2021) que ilustra algunas de las instalaciones fotovoltaicas realizadas por Casa Pueblo e iniciativas privadas.

A medida que avanzamos, hemos establecido una nueva capa de impacto con "Adjuntas Pueblo Solar" donde se construyó una microrred de energía solar con un componente de organización cívica que permite la reinversión social y el desarrollo comunitario. Este esfuerzo se desarrolló en colaboración con la Fundación Honnold, del escalador profesional Alex Honnold. La micro red fotovoltaica energiza los edificios alrededor de la plaza central donde se concentra la mayor parte de la demanda de energía del pueblo y se crean más empleos en pequeños negocios locales como la farmacia, panadería, una iglesia, ferretería, restaurantes y mueblerías, entre otros. Un total de dieciocho establecimientos se benefician directamente de la microrred con una capacidad instalada de aproximadamente 220 kW de generación y un megavatio de almacenamiento, capacidad suficiente para estar independientes y aislados sin energía solar durante diez a doce días. El sistema de energía solar será propiedad de la propia comunidad a través de la Asociación Comunitaria de Energía Solar Adjunteña (ACESA). La energía producida localmente proporcionará tarifas reducidas para la activación económica y desarrollo local mientras las ganancias se invertirán en el mantenimiento y cualquier necesidad de reparación en un fondo de emergencia. El resto de los ingresos se utilizará para un fondo de reinversión social donde hogares de bajos ingresos recibirán apoyo económico para instalar sistemas fotovoltaicos y construir seguridad energética. Este modelo es uno de responsabilidad social y ecológica para construir autosuficiencia con recursos generados desde la misma comunidad. La instalación de sistemas solares en esas viviendas será gestionada por el "Fondo de Impacto Comunitario de Responsabilidad Social" de ACESA. La colaboración con la Fundación Honnold y la creación de ACESA es un ejemplo de un modelo social-comunitario funcional para la transformación energética donde los recursos externos se gestionan para catalizar procesos de cambio de adentro hacia afuera. Además, impulsamos el objetivo de *50conSOL* para el 2027. Es decir, que el 50 % de la generación de energía sea fotovoltaica a 10 años del paso del huracán María.

Estas respuestas de autosuficiencia son impulsadas por la comunidad para enfrentar un sistema impuesto y obsoleto que depende de los combustibles fósiles. Incluso en el entorno políticamente polarizado de la isla, podemos estar de acuerdo en que la dependencia de los combustibles fósiles ya no es una opción. Existe un consenso nacional de que tanto el estatus político como la política de producción de energía de Puerto Rico deben cambiar. Crear una política pública para promover el autoabastecimiento energético podría convertirse en un paso tangible hacia la descolonización de la Isla.

Cuando la resistencia al cambio necesario proviene de las principales fuerzas políticas y económicas, cada proyecto completado de autosuficiencia energética en Adjuntas es casi un acto subversivo. En Puerto Rico, estamos en medio de una confrontación entre los combustibles fósiles y un futuro alternativo con combustibles renovables localmente abundantes. Por ello, Casa Pueblo define esta fase como "el período de la insurrección energética". La transformación social ocurre cuando el poder social se construye para pensar y actuar desde lo local con voz propia en autodeterminación. Aunque Puerto Rico vive bajo la constante amenaza de desastres políticos, económicos y naturales, hemos demostrado a través de la autogestión comunitaria que nuestro pueblo puede controlar su destino, defender su territorio y promover cambios para un desarrollo justo y sostenible. Puerto Rico sigue siendo un país viable, sin duda gracias a la defensa histórica de sus atributos naturales, culturales y humanos con al despliegue de la fortaleza social.

CONCLUSIÓN: REDEFINIR LA RESILIENCIA

He tenido el privilegio de luchar junto a mis padres, Tinti Deyá y Alexis Massol, fundadores de Casa Pueblo (Fig. 3.6). Ambos establecieron una ética de trabajo comunitario altamente exigente que prioriza el servicio voluntario, el esfuerzo individual y las voces de la comunidad en el desarrollo de iniciativas para el bien común. Por lo tanto, no operamos con fondos gubernamentales ni trabajamos con políticos o partidos políticos. Cuando mis padres recibieron el Premio Internacional Goldman en 2002, equivalente a un *Premio Nobel* del ambiente, se abrieron puertas para el trabajo internacional, pasando de una comunidad aislada en una isla geopolíticamente marginada a uno de reconocimiento global que internacionalizó sus luchas. Desde entonces, han surgido nuevas experiencias que nos han llevado por toda América Latina y el Caribe.

Sin embargo, no todas estas experiencias han sido positivas. En algún momento después de 2008, el Departamento Federal de Seguridad Nacional me incluyó, junto con mis padres, en una lista de seguridad de alto riesgo. Me detuvieron cuando llegaba de cada viaje internacional para someterme a "controles aleatorios," igualmente con cada viaje doméstico a Estados Unidos. Esta vigilancia incluyó que me sacaran del avión a mi llegada de Colombia, que me confiscaran el teléfono durante semanas después de regresar de la República Dominicana, que me separaran de mi hija Andrea, que tenía un año en ese momento, para interrogarme a mi regreso de Centroamérica o tener oficiales esperándome en el puente de aterrizaje al desembarcar. En una ocasión, cuando mi expediente de vigilancia ya era bastante abultado, un oficial me confesó que solo estaba siguiendo instrucciones y que no sabía exactamente qué buscaban, pero que "alguien en Washington no estaba contento contigo."

Irónicamente, también he recibido invitaciones del mismo gobierno que se opuso a nuestros esfuerzos científicos y que, en cambio, pide nuestros hallazgos sobre la contaminación ambiental en el antiguo polígono de la Marina de Guerra en Vieques. En el 2018 incluso recibimos la visita de la presidenta de la Cámara de Representantes, Nancy Pelosi, con una delegación bipartita congresional. Estos ejemplos evidencian cómo los conflictos pueden evolucionar a interacciones inimaginables.

A lo largo de estos años he aprendido el significado de luchar por el bienestar de las generaciones futuras. Me educaron para valorar la comunidad y el entorno natural. He visto crecer a los hijos de otros, y hoy, cuatro décadas después, las generaciones futuras en Adjuntas y Puerto Rico tienen bosques saludables, en lugar de operaciones mineras. Sí, el calentamiento global plantea grandes riesgos, pero al menos podemos celebrar que nuestra vulnerabilidad hídrica es menor de lo que habría sido de otro modo, y que nuestra adaptabilidad al cambio climático es un fuerte atributo de la comunidad que nos permitirá afrontar mejor un futuro incierto.

El objetivo de la autogestión comunitaria en tareas de conservación de los recursos naturales es cumplir con una responsabilidad universal abordando conflictos críticos como calentamiento global y desigualdad social. Casa Pueblo ha impulsado tales prácticas por generaciones. Por lo tanto, la resiliencia no es individual sino la fortaleza comunitaria. Cada paso hacia la autosuficiencia energética es también un paso adelante para descolonizar a Puerto Rico y su actual modelo de dependencia energética. Nuestra isla-nación podría convertirse en un centro de resiliencia climática, aprovechando los recursos endógenos renovables que abundan en nuestro país y construyendo microrredes robustas, sistemas híbridos y redes inteligentes que pueden aumentar las capacidades de autodeterminación y adaptación climática.

Muchas personas viven hoy frustradas ante la ausencia aparente de cambio. Eso sucede cuando miramos cronológicamente la situación de los cuatrienios políticos en un territorio colonial degenerado. Pero cuando se mira la trayectoria de las últimas décadas, hemos vivido y sufrido la amenaza de propuestas insostenibles, construido alternativas basadas en la autosuficiencia, y desde una iniciativa local, hemos transformado a Casa Pueblo en una institución comunitaria y esperanzadora referente de lo que podemos hacer para lograr un país alternativo. Como decía nuestro poeta nacional Juan Antonio Corretjer, hemos vivido felices, porque "la vida es lucha toda."

Figura 3.6: Alexis Massol y Tinti Deyá fundadores de Casa Pueblo, tres de sus hijos Alexis, Axel y Arturo y seis nietos

CHAPTER 4

Otra Cosa, Somos Otra Cosa

TARA RODRÍGUEZ BESOSA

FOOD SOVEREIGNTY IN THE COLONIZED CARIBBEAN

When I started reading about the so-called history of agriculture in Puerto Rico, I learned about crops like sugarcane, tobacco, and coffee. I learned how they were connected to rum, to exportation, and the important role they formed as part of industry. I could not access much of the history of our food culture and realized that there are many facing this same lack of access. I assert that most of the history of agricultural land use in Puerto Rico is directly embedded in systems of slavery, exploitation, commodity and monocropping, unjust labor practices, and experiments with chemicals and warfare. Land has been stolen, deforested, used for Agent Orange, mining, GMO seed production, pharmaceuticals, shopping malls, and foreign investors. Not only did this cause contamination and depletion of our once rich soil, but it also brought serious attacks on Boricua identity, indigenous practices, and healthy autonomy for its people. On the other hand, the archipelago of Borikén has also become a living "case study" for holistic and self-determined food systems, valuing ancestral practices above modern-day "technology," grassroots networks, and diversity. Environmentalism as a concept began in places like Puerto Rico, particularly because the harm caused to our land has always affected our own bodies and communities. We have sayings like "*más alante vive gente*" or "*siempre hay alguien río abajo*," which reference the fact that what I do here affects others further down, or the recognition that we are all part of the same ecosystem.

The food revolution of Borikén goes beyond "organic." It demands the best quality ingredients and care, based on almost extinct ancestral knowledge for communities of color on currently colonized land. There has not been such a powerful message for decolonization since the Nacionalistas—a political party that fought for the independence of our islands—but this time it does not focus *only* on political status, but on ownership of land, freedom of bodies, and inclusion of marginalized peoples.

Figure 4.1: The flags of Otra Cosa

Note: From Author

INDIGENEITY, FOOD SOVEREIGNTY AND ENVIRONMENTAL STEWARDSHIP

Since the first invasion of Spanish colonizers and the U.S. empire later on, foreigners have brought with them the idea that land (and food) is a commodity that can not only be traded but also used to dispossess land (and people). These ideas, along with the markets they are meant to protect, replaced the identity of already marginalized communities in Borikén. The vast knowledge, passed on through generations to those in connection to this land, was devalued. This replacement of identity brought (and continues to bring) large profits to those corporations, settlers, foreign investors, and their local allies. We can look at big food companies and how they have made fortunes by promoting the "American dream," in the shape of a can of food, the convenience of fast-food meals, and the behavioral shift towards packaged, imported frozen goods. As the experience of homogenized, pasteurized, and "soil-less" foods caused the decline of consuming local raw ingredients, supermarkets replaced *plaza de mercados*, factories replaced farms, our diets changed, but—most importantly—our relationship to land changed.

Today, we barely produce any food to feed ourselves. 90 % of what Boricuas eat is imported. Our traditional ways of farming are not compatible with what the United States has decided is the

ABOUT THE PERSON SHARING

I (Tara, pronouns she/they/ellx) was born in 1983 in San Juan, raised in my great grandmother's house in Santurce, on boats and the beach. When I was three years old, our family moved to Ft. Lauderdale, Florida, for seven years, returning to Puerto Rico again in 1993. As soon as I graduated from private catholic high school in 2002, I moved to New York City to study architecture and learn about film, philosophy, photography, drawing, and the subversive. I graduated from Pratt Institute's School of Architecture in 2007. That same year, my mother moved from the city of San Juan to the mountains of Aibonito as the result of a divorce. She began a small organic farm and "CSA" model[1] and eventually involved her two daughters. In 2008–9, I began my return to Puerto Rico. In the beginning, I was most helpful to my mother's project with graphic design and would accompany her to deliver her weekly CSA boxes.

I recall when my mother first began looking for land to farm on, searching for a couple of acres in the area of Aibonito where she lived. We asked around town, searched classified ads, and rode in her car looking at different parcels that seemed good for her project. Yet, most of those time when we found out who the owner was and were able to get in touch, my mother was rejected. What was a middle-aged woman, a divorcee from San Juan, going to do with this best way for us to live. Being a colony means that the rights, wellbeing, and autonomy of its inhabitants are not a priority. In fact, our wellbeing is actually a threat to the power of the colonizers, as is ancestral knowledge and understanding of natural phenomena such as hurricanes. Puerto Rico faces generations of people without jobs, the highest rates of incarceration in the United States, ongoing colonial status, the reign of white supremacy in our everyday lives, and industrial exploitation. We understand well that simply practicing organic agriculture will not heal past traumas nor bring reparations to those of us who have inherited this mess. The work being done in Borikén is not just about a return to the past when indigenous peoples stewarded and lived in reciprocity with their food and land. It is much more than that.

After Hurricanes Irma and María passed through our archipelago—leaving thousands of people without homes, and creating opportunities for even more foreign institutions, investors, and vulture funds to come in and buy us out—I wanted to understand what our Boricua ancestors could teach us about what many were calling "natural disasters." Our indigenous ancestors, the Taíno, saw "natural disasters" as part of their culture and life as inhabitants of this archipelago, which makes sense. Why wouldn't people understand these storms, or any other natural phenomena, as something that forms part of an ecosystem they must live with and learn from. This is far from what we see or hear today, very land? Farming? Organic farming? It was very difficult to find anyone open to this idea. She finally found an elder who was kind enough to rent his land to her, despite what many others communicated was a "crazy" idea. When she began farming, she chose the CSA model because it allowed a different opportunity than selling to a supermarket. She could establish a support system through consumers; sharing her planting process with others was important, as was sharing the risks involved. She had also moved to a secluded property, naming her home and the nearby parcel of land she farmed *Siembra Tres Vidas*, representing "*Vida terrenal, vida espiritual, vida corporal*," a name that also referred to herself and her two daughters. My sister and I, as well as her surrounding circle of friends and family, were frankly ambivalent regarding her wellbeing; was this a mid-life crisis? Was Silka in her "right" mind? Would this work?

This intergenerational decision to go back to the land to support alternative growing practices against industrial, commercial, and mostly patriarchal norms within food systems, has become more common for Boricuas in recent decades. From mother to daughters, conventional to agroecological, from male to female and queer/trans, marginalized to centered, these shifts in present-day Boricuas are representative of a new agro-culture movement. Many are going "back," giving recognition to an ancestral indigenous understanding that "food is medicine is food," where plants provide spiritual, nutritional, and economic well-being. They are seeking far from the reactions of the media and people to Hurricane María. Here's a little of what I learned of hurricanes and ancestors, which I continue to reflect on and put into perspective.

Guabancex was the Goddess of the Winds and transformation, the deity of uncontrollable forces, originating from Araruaco. The Taíno routinely gifted her with food offerings from their harvest so that they, and the ecosystems they lived in, would be spared from the powerful wrath of Juracán, the spirit of strong winds and rain. The word "hurricane" comes from the Taíno word *Juracán.* To this day, many confuse the story, omitting that it was this female deity that commanded the other deities. Upon learning about Guabancex and the offerings she was given from the harvest, I wondered what offerings we had given her in recent years. Agriculture and its bounty made her happy. She was given a part of the Taíno food supply, which was only made possible because of spirits like her that brought rain, wind, and sun. Today, this cultural food legacy is barely practiced on the islands. Most of the "food" we eat is not part of a reciprocal relationship to heal past traumas in their communities, bodies, and a future through regenerative knowledge from the past.

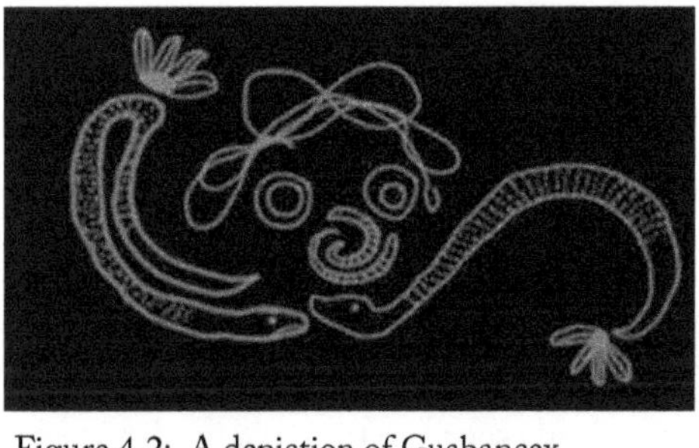

Figure 4.2: A depiction of Guabancex

Note: From Author

In architecture school, I learned about the constructed world that humans build to inhabit. From the Dogon to Barroco, and modern architecture to bamboo scaffolding, I learned about how we create our environment, often using the human body as the measurement, medium, and scale of our designs. I spent most of my education at college drawing things by hand, learning how differently the ideas I was trying to express turned out when I crafted through my body, rather than designing through digitally based computer programs. I returned to Puerto Rico with not only the experience of living in New York City, but also having learned how to operate a space, design and build, and conceptualize and incorporate what I thought was important for our bodies to inhabit and experience.

In 2008–2009, I co-founded a DIY venue with collaborators Mariana Roca and Enityaset Rodríguez called *El Local en Santurce.* After returning to Puerto Rico from New York City, going through architecture school, running a DIY gallery space with friends in Red Hook, Brooklyn, traveling the world, working at a small architecture firm as well as waiting tables, I ultimately realizing the "J-O-B" culture was not for me. At this time I was in an intellectual bubble of sorts. I was interested in Puerto Rico as a resting place from my busy city life, facing the challenge of what it meant to be a between human, land, spirit, and food-as-medicine-as-food. What have we given Guabancex? What agricultural practices, within our daily lives, do we honor her with? Had we ensured our food sovereignty, grown our food with the practice and understanding that food is medicine, and treated the soils and rivers and pollinators with the highest amount of respect, would we be in a different situation? Had we given offerings to those spirits, elements, or ecosystems that provide us with all the tools we need to grow our food, would we be in a different situation? We would.

If, as Puerto Ricans, we had been growing more of our own food in a way that did not compromise the health of the forest, rivers, birds and bees, and humans, we would have the supplies and water we need to survive any storm. Hurricane María was a reminder that our disconnected relationship to land is the disaster. Here lies the importance of reconnecting with our food ancestors, our seeds, our songs, and the practices of the indigenous people who lived *with* these islands.

graduate from a "dead profession" like architecture in the middle of an economic crisis with thousands of dollars in student debt, unable to afford decent healthcare or even free time to be in nature or exercise, and without a real understanding of what self-care meant. In New York City I had access to food in a way that prioritized wellness of markets over land and people, with no transparency or accountability regarding the ingredients and the places they came from. It was through *El Local en Santurce* that I related to local peers from the islands that would become my community: artists, musicians, and a lot of my queer community. For the first couple of years, it operated without proper permits, an ad hoc speakeasy with self-curated exhibits, bands, and a secondhand store. It was within *El Local* that I first began preparing and growing food, and connecting with land, both the land of sidewalks and urban streets as well as the mountains where my mom was living and farming. I tended to my mother's table at farmers' markets in exchange for $50 and getting to keep whatever crops did not sell. I met many of the people there at the market (on both sides of the tables) who taught me what they knew in the way of popular education methods through the sharing of food, barters, and conversations.

A couple of years later, El Departamento de la Comida was born through the meeting of two queer women who wanted to support the connection of the seemingly separate topics of food systems and ecosystem health (a major legacy of colonialism) with a food business. Olga Casellas Badillo, photographer and designer, was working at the Conservation Trust of Puerto Rico as the head of its communications department at the time. I had been chosen as one of the *integrantes* of La Práctica at Beta Local, a local non-profit dedicated to supporting the production of artistic projects. Our conversations included people from these ecosystems and became the place where I began to experiment with food as a weaver of cultural practices, as well as an economic venture. El Departamento de la Comida supported the distribution of local, ecologically sourced, grown, and distributed harvest through a gathering space that also housed knowledge and action. We faced the booming global digital era, unaccountable markets, and the heaviness of our current government structures and institutions. We saw that "agriculture" went from stewarding and farming food to crop production mainly used for feed, globalization, refrigeration, packaging, labs, tech conferences, and marketing schemes.

NATURE IS QUEER!: AGRO-ECOLOGY AND THE QUEER COMMUNITY

Like many others, I came to learn about agriculture, food, and farming mostly through experience. I continue to learn from my relationships: farmers, environmentalists, activists, my teachers, my queer community, and

ABOUT THE PLACE SHARING

One of the most important experiences I continue to have to the present day is the relationship I formed with the eight-acre plot of land I purchased in 2018. After about ten years of farming experience and working with communities of farmers, cooks, and activists—mostly through El Departamento de la most importantly, through the different plants and ecosystems that I have been in relation with throughout the years. Growing up, I did not understand what agriculture truly meant. At most, I had some basic knowledge of how to grow tomatoes and other vegetables that my mother taught me at a very young age. As an adult many years later, I began to learn by supporting my mother with her organic farm project. While working at farmers' market tables and exchanging crops with other farmers, I listened to their stories and the ones they learned from their elders. When I started to read more about "organic" agriculture, I learned how food connects the impacts of our health as humans to growing methods and the health of ecosystems. I was looking to

Figure 4.3: Harvested produce

Note: From Author

Comida[2] and other grassroots efforts—I began looking for properties outside of the city. I had never had the experience of actually living on land in this way, where I was directly in relation with my sources for food, medicine, and healing. I had observed examples of other people on land and read from different sources to find out the best way of inserting myself within a farm or a property. For me, it was very important that when I entered this experience—this relationship—I could do so with what little I had already learned. I wanted to be in a different type of relationship than that of many people who buy property. When a property is acquired, many people tend to—are taught to—go automatically into the planning stage, the designing stage:

> "I want my house here."
> "I'm going to produce this."
> "We're going to cut here."
> "We're gonna plant here."
> "We're going to take from here."

These approaches mimic capitalism and colonialism, which we all know can lead to the abuse of ecosystems. We put ourselves in the position of humans as gods. After learning how important it is to recognize and acknowledge that I am but a fraction of the inhabitants of this land, I didn't feel comfortable entering a space in that way. As a group of queer-identified people and allies, family and friends, it has been important to take a less "aggressive" approach to being on this land. We have considered the repercussions and effects of our presence.

Figure 4.4: Pouring soil

understand our Boricua "culture of food" and to uncover the connection between my identity as a person living on these colonized lands (as a descendant of settlers who escaped famine in nineteenth-century Spain) to my present role in food movements on the islands. I wanted to know how agricultural practices supported not only our survival and existence, but also our connection to land, people, plants, our collective health within the particular ecosystems of Borikén, and a yearly hurricane season. Who are our allies? What are the crops, the medicines, that I can protect from imperialism and erasure? I realized that what was actually needed was far different from what I thought I knew.

Agroecology was my introduction to a holistic way of understanding food

The community we live in, San Salvador, is the least populated yet largest in area of the *barrios*[3] of Caguas. It is the most rural, farthest away from the urban city center, and I would say of the most ecological value. There's a lot of water. It was indigenous land, just like the rest of Puerto Rico. It is one of the beginnings of the watershed of the Rio Grande de Loíza, whose delta opens into the Atlantic Ocean in the community of Loíza. I feel that comes with a lot of responsibilities. It also allows us to understand that our land project is in relation with other people and places that might not be in our immediate vicinity but whose water literally connects through various municipalities and regions. There's a whole other community downstream.

We also knew that we wanted our relation with this land to prioritize neither production nor exportation. Instead, we wanted our relation to focus on how the people that inhabit this space could be of support, prioritizing the health and nourishment of a larger ecosystem. Part of the privilege (while at the same time being a desire and responsibility) that comes with being on this land is that we can listen to it, letting us nourish not only ourselves but the land we're on. The fact of the matter is that our ecosystems in Puerto Rico have been violently attacked throughout generations, just as queer bodies have.

A lot of what I have learned about my healing and the healing of the land we are cohabitating with is based on observation, stillness, and listening.

systems; they connect human bodies to bodies of water, politics, land, healing, and community in a loop. One thing that has always stuck with me is the practice of leaving a space, place, or environment not just as it was, but better. This introduced me to the concept of healing on land and healing with land. As a queer-identified body, I already came in wanting and needing to heal generational trauma, current violence against my body, and the community that I form a part of. As a body living in a present-day U.S. colony, I also had a dire need for healing connected to the history of exploitation faced by most of the people from here. The false progress that we call the "American Dream"—the enforcement of practices and ideals contrary to what this land and the people that lived on it practiced—is violently traumatic. When I continued to learn what agroecology stood for, I identified with those practices as a person learning how to grow food and interested in food sovereignty in a US colony. I also felt very heavily identified with how these interconnected practices contributed to the fight for liberated bodies.

Queer communities practicing food sovereignty in a colony looks to be a lifelong endeavor. Food sovereignty challenges almost every single aspect of how we live today. In my experience, some practices that live within agroecological, queer, and plant communities include:

- Recognizing humans and non-humans as part of a community.

We have been spending most of our time walking into the forest, making mistakes, learning with time why we made them, sweating, and resting. When we first began, we entered into a property that had been abandoned for more than 30 years. The first step was to find the road from the entrance to the house, clear it by hand (many hands), then clear the cement structure of the house of the vines that were living in it. To this day, it feels like an archeological site.

We live off-grid. As we build, we've been thinking about how to protect ourselves, while collecting solar energy and rainwater. At the beginning, we understood that the most important thing to ensure our wellbeing was to reach a point where we could sleep protected. That meant focusing on "the heart," the center of the human ecosystem and economy, the home. From that "zone zero," that center point (one of a few center points on the land), we have continued expanding outward, growing medicinal plants and fruit trees that we know will take some years to mature.

Neighbors and mentors have gifted us seeds, cuttings, and plants. Around the house, we now have medicinal plants like *recao*, *albahaca santa*, *poleo*, *chaya*, *orégano*, and *salvia criolla* alongside pollinator plants like passion fruit, bananas, plantains, and papaya. There are also *gandules*, sugar cane, and some root vegetables. I just planted *yautía*, have a purple variety of batata, and we've had *yuca*. We've even planted coffee trees. One of the people on the farm, Vero, is a cook. She is in the beautiful practice of

Figure 4.5: Fixing up the house!
Note: From Author

What crops are we growing? How are we growing them? How are we understanding our relationship to land? How are we understanding our relationship to food, to health, and to our neighbors?

- Asking questions with respect and openness. Asking those that are in a healthy, direct, and even spiritual relationship with land. Hearing stories and experiences and recognizing that they are as valuable as anything, and obviously more so than what I would be able to read in a book.
- What are our priorities with food? Do we grow it for export? Or to feed ourselves? At what cost and to whom?
- Food sovereignty is not achieved without reparations to all. This includes people, land, animals, plants, and spirits.
- Food sovereignty requires advancing educational, political, and bodily sovereignty. Poor agricultural practices and colonization are based on the exploitation

harvesting whatever she can find alongside what we've grown, really practicing how to cook with what we have around us and what we are provided. We have recently planted a ceiba in honor of my mother and the legacy that she left for her two daughters and everyone she was in contact with. And we have been, little by little, identifying different trees in the forest as well as the different plants that many of us grow up knowing as weeds, but are (of course) of high medicinal value. The first tree I planted was ylang ylang. We've rescued trees like mango, avocado, and breadfruit from the vines that came after Hurricane Maria, have found native palms, and have trees like *jagüey blanco* that don't necessarily feed humans but feed birds and bats.

We have many birds that nest in areas not to be disturbed by us humans. Many have homes and sanctuaries on the land. There is a small creek that borders the property; there we (and birds) bathe, do rituals, and give thanks. It is where we rest, refresh, and play with our younger families and youth. We even have some animals on the farm; Vero is raising her own chickens and roosters, while I adopted a horse that supports grazing. Our neighbor also has three to four cows on the property that help keep the tall grasses at a level that allows other species to flourish. We have observed fish, turtles, and birds in the creek; we have also come to understand that we are on land where rain is abundant. This land also comes with its own generational trauma from being exploited for many years in the name of industrial agricultural production. For of black and brown bodies and the exploitation of land. There is a direct relationship between food sovereignty and the acknowledgment and celebration of marginalized bodies.

- The relationship between food sovereignty and healing is complex and non-unilateral. Healing is complex; healing bodies and communities should not be considered a linear or straightforward process. Both food sovereignty and healing require an inward and outward cycle of focus.
- Colonization would not be possible without the concepts that encouraged and validated the right to colonize. What happened not only created distance between our survival and well-being, and that of the environment in which we exist—it has also brought forth contaminating ideologies and practices that have encouraged humans to feel superior and more "civilized" than the ecosystems they exist in.
- Nature is "queer." It does not follow the order or binaries human society has established. It is in constant evolution, metamorphoses, and chaos. Embracing that chaos can be beneficial, healthy. Nature is in constant movement, composition, and decomposition. As we begin to understand what queerness is—how queerness is in itself a definition that is in constant evolution, yet always identified

many years, it had cows that greatly compacted the soil. So, as part of a process that will allow us to plant food that will in itself be successful and happy, we have been airing out the compacted soil, giving it the nourishment and care that it needs for us to plant more happy trees and crops.

This community has the honor of being in the presence of Taíno petroglyphs. Ancestors left their markings in many ways, some of them look like drawings on rocks in rivers, while others look like trees and crops. To this day, we are able to be in relation with them. We imagine there was a batey and meeting place where the church now stands, connecting the dots between the violence of Christians seeking to replace indigenous beliefs and ritual grounds with their civilized and capitalized systems. We already understand practices like permaculture, biodynamics, agroforestry, and even agroecology or regenerative agriculture as indigenous ways of living now defined as terms and even professional and academic degrees.

The community of San Salvador is one of indigenous descent and history. In the 1940s, this same community dedicated a lot of the land to the production of tobacco and cattle for the Americans. It is a place that I feel is hidden yet in connection to other places. From the highest peak in San Salvador, you can connect to El Yunque rainforest, to Carite and other places of utmost spiritual importance when it comes to Taíno culture and practices, and I feel that a lot of the as marginalized, out of the norm, freaky—then you can begin to enter into a much more connected frequency with how nature actually works. So, at the end of the day, what I'm trying to say is that nature is queer. And queerness relates directly to what we call nature.

- Different types of relationships are possible. Today, this is something that our society in Borikén, after many, many generations, has ceased to understand.
- We as humans are part of nature, and we, as humans, are queer. The more we can understand and live our own queerness, the better we will be able to understand the environment and ecosystems that we are a part of. We can then understand that we are part of, connected to, and dependent on the land, plants, and living beings that are non-human. As we face the dire consequences of that disconnection between our actual queer bodies, our queer community, and the queerness of that which surrounds us, we will grasp better practices to put in place. I dream for all of us to be practicing/living this connection.

community today reflects the negative consequences of colonialism on this ecosystem.

When manufacturing took over agriculture as the most "promising" type of labor, many farmers were left without an income and/or forced to work in factories. After a certain generation, a lot of people moved (oftentimes forced) to urban centers and even the United States. As a result, rural communities like San Salvador became virtual ghost towns that lack a center of exchange, whether that be crops, goods, or knowledge. We at Otra Cosa are left with elders and their many stories as the majority of people in this community.

In the present day, the community is very Catholic; the church has become the only center for exchange and socializing. There is a basketball court, a community garden, and an abandoned school that the community is in the process of rehabilitating. There is also a community-organized nonprofit organization that supports the connection between different parts of this community and the neighbors. Most people nowadays do not farm for a living. Many of their children and grandchildren do not live in the community. The school was shut down a few years ago due to the austerity measures of the Fiscal Control Board,[4] forcing even the youngest generation into exile.

"OTRA COSA, SOMOS OTRA COSA"[5]

As a queer person with both a blood and a queer family, the subject of land ownership alongside access to stewardship, inheritance, and calling a place "home" have been important areas of research and questioning. I have studied laws related to inheritance, marriage, and contractual agreements in Puerto Rico, knowing that it would require my queer family to be recognized by the "state" within the property deeds. When the moment comes that I pass on to another dimension, I want my queer family and queer kin to be able to continue on this land, something that otherwise would not be possible because of the current laws. We have been able to exchange information and ask for resources with different groups around the world that are also sharing and learning about alternative "queer" types of land ownership that include queer community and family.

As with most queer collectives, we are very different as individuals. Each of us comes with different interests, skills, and insights. We are from different places and actually all have different individual visions that relate to a shared communal vision. Half of us live on the land on a full-time basis, some come on weekends, while others come when they can. Some of us plant. Some of us cook. Some of us sing. Some of us play music. Some of us have expertise in off-grid solar rainwater collecting systems.

We try to have structure in the collective, although we often fail to maintain it consistently. A lot of it comes from all the time and energy that's required when you're in relation with a living, breathing ecosystem. There are a lot of surprises, which require accepting that you don't have control over most of what surrounds you. My relationship with Otra Cosa is similar to one that I would share with siblings, a partner, or my own body. It requires me to disconnect from a lot of what is happening in the rest of the world while understanding that the work that I'm doing is *in relation* with those that I am in relation with around the rest of the world. It takes a lot of trust, changing my definitions, and reconsidering what I have been taught to understand as the best use of time.

The collective of Otra Cosa is one of the few families—a queer family—that is not originally from there. We have a completely different aesthetic and different life experiences and, having not gone through the very violent and hurtful situations that other residents might have experienced related to the community and its history, we have a lot of enthusiasm and energy. It's been a very interesting process. There are those that might not understand our purpose, our looks, our tattoos, or even our language and vocabulary, and others that don't necessarily understand our farming practices or the way that we are approaching this property, so to speak. Other neighbors are really happy to have a group excited about reforestation, bees and birds, and learning the different stories that others carry. Many of our neighbors have been very receptive and welcoming of us because they also want that for their community. Everything comes with the challenge of being lost in translation between generations, between experiences, and upbringings. A lot of that comes with learning and unlearning, both ways. I think it has been mutually nutritional, a mutual experience of again learning and practicing listening, and of respecting conflict and differences. And so, I feel that this project is not just about creating a sanctuary for queer community and those that I might be more obviously identified with. This project is also about honoring the people that live within a community even if they might not be part of my queer family.

Being a queer—sometimes non-binary, sometimes identified as woman—in a rural community means I do not have a husband, who is usually seen as the decision-maker when it comes to land and construction. I do not have children, a nine-to-five job, attend church, own a tv, or have an Amazon account. My approach to our land is different than what many might have expected. We are not bringing in machines, nor have we connected to water and electricity. The approach has been slower, accomplished by hand and with friends, not employees. We have been invested in learning what is present on and within the land and in the forest before making further planning decisions. We build bonfires at night and look up at the stars and moonlight, witnessing how it shines on Monte Pirucho, the *cemí*-shaped mountain in front of us, pondering and trying to connect not just to its future with our newly arrived presence in the ecosystem, but with the past of this place.

Figure 4.6: The author at Finca Otra Cosa

Note: From Author

NOTES

1 "CSA" is short for Community Supported Agriculture. These are often adopted by new projects because they allow the farmer to harvest and share what is available in exchange for donation-based contributions from consumers.
2 Departamento de la Comida was founded in 2010, first as a multi-farmer CSA, then a produce store, vegan/vegetarian restaurant, food sovereignty venue, non-profit collective.
3 Boricua for "neighborhood," can be both in urban or rural areas.
4 Also known as "La Junta de Control Fiscal" or "La Junta."
5 From the poem by Jomy Curet, "Otra Cosa." This is also what we call our queer home ecosystem.

CHAPTER 5

Healing Paradise: A Grass Roots and Weeds Approach

MARÍA BENEDETTI

A PERSONAL HEALING JOURNEY

When I was seven years old, my entire body was covered with suppurating, red sores that itched like crazy, and burned me from the inside out. I couldn't bear the friction caused by my woolen Catholic school uniform and had to wear little cotton shifts. Our family past-time seemed to be taking me to the doctor. I was injected weekly and covered with cortisone daily, until it made me feel worse than the itching itself. Luckily, we finally stumbled upon one wise doctor who, to my surprise, looked me in the eyes and told me that I was not sick. I had allergies! He explained that in order to find out what was causing the itching, I was to stop eating everything except rice for two weeks, and then gradually add one food item every week. I may have just been seven, but I was determined! No-one could persuade me to cheat on that diet. After just a few days, I started feeling better. As we added potatoes, chicken, beans, and other staples of the Puerto Rican diet, I felt stronger and better than ever. When we added milk, the itching returned, along with other symptoms that transformed my food allergies into my greatest allies. That diet was my first, and most significant, experience listening to my body, and I received the clear message that I could *trust* my body. This experience taught me that what I ate had everything to do with how I felt.

My food adventures were enriched by visits to the country, my Hungarian-Irish Dad's natural milieu. My Dad had a deep love and respect for the natural world, and he helped me to develop an environmental awareness. We would recycle half the neighborhood's glass, tin, and paper, interpret rock formations, observe star constellations, hike around forests, swamps, and open fields, foraging for wild fruits and other edibles. When it was time to choose a college, my love of the mountains sent me packing to SUNY New Paltz. Who knew that New Paltz, just an hour and a half from New York City, was a hotbed of Puerto Rican culture!? There I found more than *pasteles*, chicken, rice, and beans! It was in New Paltz that I learned to dance salsa with a partner and sing *Qué Bonita Bandera*. I also began reading Puerto Rican history and committed to becoming fully bilingual. I spent my junior year in Sevilla, Spain, where I learned to dance Sevillanas, sang, and traveled with the college choir, and lived an amazing immersion in linguistic, literary, and anthropological studies that ignited my passion for oral history.

Soon after graduating from SUNY New Paltz with a BA in Spanish and secondary education, I began herbal studies with Susun S. Weed. Susun's herbs were exciting connections to my natural environment and to my family's own traditions of foraging. Through her teachings, I began to see how my experiences with illness and nature were interwoven with my life's path.

In 1981, I got a job at the Tibetan Buddhist Samaya Foundation in Manhattan, where I did copy-editing and committed to working on a book of interviews with representatives of diverse world healing traditions. I had no idea how important that experience, complemented by Puerto Rican Studies at Hunter College, CUNY, would be as preparation for my first visit to my Nuyorican mother's homeland. I would go as a student of natural medicine and Puerto Rican culture to learn about and document the Boricua herbal healing tradition of green medicine. It was 1987, and I made my first trip to Puerto Rico. My five-week, one-on-one oral history experience with the botanical medicine practitioners I met, changed my life forever.

Speaking with these humble elders (and transcribing nearly one hundred hours of dialogue), unveiled a pre-capitalist, holistic, community-based, empowering tradition that codified valuable scientific knowledge accrued over thousands of years throughout tropical America, Africa, and Europe, not to mention important skills like plant identification, formulation, categorization (using a system of descriptors, "hot, warm or cool" to indicate the presence or absence of poisonous alkaloids), as well as methods for making plant properties more accessible by breaking open their cell walls using heat, oil, and other techniques.

At the same time, during my first-visit odyssey, I observed that many of the people I interviewed—and their knowledge—were often ridiculed and associated with ignorance, illiteracy, superstition, and other derisive (classist and racist) labels. My appreciation and respect for these traditions in the face of such local scorn was a culture shock, which made me angry, and inspired me to create a document that would document, validate, and honor them so as to help future generations integrate this knowledge into their lives. That work became my first book: *Earth and Spirit: Medicinal Plants and Healing Lore from Puerto Rico* (available in Spanish as *¡Hasta los Baños Curan!*), first published by Waterfront Press in 1990, and now in its ninth edition. By that time, I had moved to Puerto Rico, where I have lived and practiced ever since.

PUERTO RICO IN CRISIS: RISING TO THE CHALLENGE

Since hurricane María (September 2017), we have witnessed the widespread destruction of our local wild medicinc plants (my passion) by municipal governments and individuals who see weeds as a safety problem for local drivers. Herbicides, such as those based on glyphosate *(see glyphosate box)*, are considered a quick, safe, and CHEAP solution. Part of the problem is that our environmental humidity is such that what goes into the ground stays in the atmosphere and rains down on areas much larger than the roadsides that are sprayed. Soil fertility has been greatly compromised in nearly every region of our archipelago. Several important, once- ubiquitous, wild medicines have disappeared, become endangered or simply been weakened to the point of offering less and less of their medicinal gifts. These plants are primary health allies! Our agronomists recommend glyphosate for domestic use. So the corporate agenda has succeeded in getting Puerto Ricans to poison their own soil, water, medicine, and food. In my darkest moments, I have wondered if the plan is, literally, to create a Roundup-ready island, a Roundup-ready world.

Figure 5.1: Spraying, military style. Is there anything left here to kill?

Figure 5.2: Poisoned coconut palm

As a practitioner and educator focused on Puerto Rico's rich tradition of herbal medicine, it became impossible for me to go on teaching herbalism as if "all is well." In 2018, several months after the hurricane, I began writing letters to our mayor about the problem and suggested possible solutions. My first letter was educational and motivational, and included a proposal called *Borinquen Bella a Trímer y Tijera* ("Borinquen beautified by trimmers and pruning shears" is a rough translation). My proposal included a small budget request to hire one facilitator who would identify community leaders in each *barrio*, gather them together, educate them about the dangers of herbicides and motivate them to get each barrio to create its own solutions, according to individual talents and resources (i.e., builders, farmers, even animals to cut the grass). I received no answer, so I started publishing OPEN letters to our mayor, as well as other mayors of our south-central mountain region. Then I went on to publish articles about the value of our local weeds in free newspapers distributed in all our mountain towns. I also created a bumper sticker, with the support of my friends and graphic designer Carmen Lebrón Anaya of BotaniCultura (the author's ethnobotanical education project: www.botanicultura.com).

No mayor replied to my letters or publications, but the newspapers were pleased with the interest expressed by their readers. As a result of these publications, I was invited to speak in nearby Aibonito, to a group called Aibonito Sin Yerbicida (Aibonito free of herbicide), about the medicinal and nutritional value of the plants being sprayed. I immediately joined and started attending weekly meetings, and the group helped me to move those bumper stickers. Within a month or two, people from other towns started attending our meetings, and we changed our name to MI PUEBLO SIN YERBICIDA to include all towns of Puerto Rico.

I participated in this group for nearly two years, during which time we were extremely active at the local and national (Puerto Rico) level and raised consciousness among doctors and other medical personnel, municipal governments, etc. We shared information, went to public hearings, and reviewed international literature and documentaries that shared approaches and solutions to the issue of herbicide poisoning. With the added input of designer Lebrón Anaya and the financial backing of the Medical Foundation of the College of Doctors and Surgeons of Puerto Rico, we created and published five thousand beautiful (but costly) full-color brochures. Though the brochure was extremely well received by our academic and activist communities, our down-to-earth neighbors thought it had "too many words." Not exactly what a writer wants to hear. After the initial shock, I spoke with other members of our group, especially our education committee, and got the go-ahead to create a "comic book." It was to have been acted out as a play at a primary school in Aibonito, but after a newly arrived biotech corporation donated horticultural equipment, t-shirts, sunhats and seeds, the school decided NOT to present our play. That was a major defeat for us. However, we took those brochures door to door in seven towns, and the bumper stickers were seen far and wide. We also made signs for our streets, spoke at local farmers' markets and other community venues, and our beloved nutritionist, Vilma Calderón, complemented our community work with 2-hour, presentations about glyphosate and other herbicides at colleges and community centers around the island. She deepened our knowledge with historical data and scientific studies. The general public got a seminar. We got an herbicide-educator training! Vilma was also instrumental in taking the herbicide debate to our government. We participated in public hearings geared toward legislating a moratorium on glyphosate use in the entire (capitol) city of San Juan! And the moratorium was passed!!! During the first months of the COVID-19 lockdown, it was repealed. However, no one can take away the community work we did, the connections we made and all that we learned and shared.

Meanwhile, during the lockdown, the right illustrator for our comic book finally appeared. It was Vilmarie Cartagena Ortiz, the perfect collaborator, in my own neighborhood! Vilmarie is co-founder of our eco-agricultural brigades known as the Brigadas Cimarronas and promotes a collaborative economy (economía solidaria) as co-founder of the beautiful Proyecto Gaia in the town of Cayey. She was excited to participate, as she recognized that the comic-book format is a very effective and economically feasible way to inform and create an educational platform for our population, which for the most part, does not do much reading. I can see other topics like renewable energy sources, community organization, medicinal plants and much more for our future.

Figure 5.3: Comic Book Pg. 1

Figure 5.4: Comic Book Pg. 2

Figure 5.5: Comic Book Pg. 3

Figure 5.6: Comic Book Pg. 4

In the name of MI PUEBLO SIN YERBICIDA, I submit our comic as a radical, yet practical, approach to local ethnobotany. This little coloring book is designed to fit on one sheet of paper (11"x17") on both sides and is available in both English and Spanish versions. Communities everywhere are free to make any culturally relevant changes in text or art to suit their intended audience.

A PASSION SPARKED IN PUERTO RICO

My passion for environmental justice in Puerto Rico was initially ignited in 1987 during my first visit to the archipelago. It was then I learned about the healing herbal traditions of my ancestors and recognized their value for all our community members. I knew then I could make a difference in stewarding, maintaining, and passing on this knowledge for the benefit of those around me. My first call to action came in the early 1990s, as part of Mayagüezanos por la Salud y el Ambiente, a successful movement to avoid the introduction of a coal-based energy generation plant in our coastal college town. This organization was led by committed professors and even clergy! But it was effectively the musicians, writers and artisans that stole the show, creating enormous sculptures out of refrigerator boxes and writing songs like:

Mayagüez no necesita
una planta de carbón,
que trae contaminación,
más de la que ya tenemos.
Por eso no la queremos,
y hay que decirle que NO!!!

Roughly translated it means, "Mayagüez doesn't need a coal plant, which will just bring more pollution than we already have. That's why we don't want it, and we've got to say NOOOO." We achieved our objective, and, in the process, preserved our waterfront and ousted our mayor! However, we soon saw how in Guayama, a southern town without a university and with a very high unemployment rate, AES Energy installed a coal-based energy-generation plant with very little opposition. "We were promised jobs, and we got poisoned ashes!" read the headline for a newspaper article dedicated to this issue. Indeed, today the radioactive coal ash from our Guayama plant represents serious water pollution, "cancer neighborhoods," and has sparked an entire wave of civil disobedience.

In Cayey (my home for 20 years), a beautiful 1,000-acre farm in one of our country's principal aquifers, was slated to be converted to a 4,000-parking-spot "outlet" shopping mall. In the process, dozens of fresh-water springs and creeks were to be covered by asphalt in a zone known for flooding.

Figure 5.7: Abrazo a La Tierra event, Cayey, PR 9/2013

Cayey para el Mundo was an amazing project, also fueled by brilliant songs and even a community activity that incorporated music, participatory dances, and a massive embrace of the farm, in which we all pledged to defend our land and waters. Till now, we have been successful at stopping the development and saving our neighborhood—and our region—from grave environmental destruction.

There is so much to be done. Just as our green medicine grew from a living relationship between people and their local plants—with no government sponsorship or corporate support—I envision community-based resistance through Puerto Rico's invincible musicality and connection to spirit, from drumming and dancing to a growing sense of the need to practice reciprocity with our natural world. From the roots. Grass roots! From the weeds! And from the local people who know and collaborate with them.

In Puerto Rico, COVID-19 coincides with our national backdrop of bankruptcy, the impacts of a fiscal control board effective at promoting the destruction of our local education system and economy (World Bank and International Monetary Fund-style) and the rise and strengthening of neo-liberal policies such as the privatization of our utilities, education and health care system. Meanwhile, our printed press, radio and other mass media are bought, censored and even designed to manipulate public opinion. My own efforts to educate about traditional antiviral preventive and curative remedies in the COVID-19 context have been ignored or sabotaged by our media and even by Facebook. However, this makes me mad, and that usually means something powerful is bubbling up.

As we face global climate change, these times of corporate ultra-power (I call it corporate colonialism) call for us to go beyond our past patterns and move into our future together, united by a healing vision for the country—and the planet we would love to inhabit. In this context, it seems to me that one of the first steps in recovering our healing power is to STOP the POISON.

When our local food and traditional medicines are able once again to offer us wholesome nourishment without mining poisons from our earth, we will thrive. I envision community-based projects springing up everywhere in the face of real need as our electrical utilities company (now LUMA ENERGY) tries to push an ever-growing dependence on fossil fuels in a solar paradise. I envision community-based projects courageously creating all that is needed for us to reclaim our botanical medicine tradition and cultivate our own food and medicine. In these ways I see us flourishing as a tropical island nation under whatever political system may dominate at any given moment. So this is part of my own vision for the healing of paradise.

ABOUT GLYPHOSATE

Glyphosate is the name of the "active" ingredient of Roundup and other similar products. It was first patented in 1964, as a pipe cleaner, for its ability to eliminate mineral deposits in metal pipes. In the human body, glyphosate eliminates minerals that may be vital to our health.

In 1971, this same product was patented by Monsanto as an herbicide, since it interrupts the metabolic pathway known as the shikimate pathway of plants and many microorganisms. Although human cells do not have this metabolic pathway, shikimate is essential to the health of the beneficial bacteria of our intestines, the seat and center of what is known today as the human biome. Our intestinal biome connects our digestive system with our brain and cerebral faculties. When these beneficial bacteria are affected by glyphosate, they can no longer support our health, and begin to produce gasses in our bodies associated with cancer, autism, and Alzheimer's.

In 2010, glyphosate was patented once again as an antibiotic. Which means we are taking lots of antibiotics without our consent. This contributes to the syndrome of antimicrobial resistance to antibiotics and contributes even more to the destruction of our intestinal flora, which is the basis of our immune system and our mental and physical health.

Finally, glyphosate is now used broadly in industrialized agriculture, not only as an herbicide (especially for those genetically modified "Roundup-ready" crops like wheat, soy, corn, etc.) but perhaps most insidiously, as a pre-harvest desiccant of grains, from wheat to beans. This practice corresponds with an increase of up to 500 % of glyphosate levels in human urine.

Glyphosate is considered innocuous. It is anything but. In addition to the lymphoma cases that are clearly linked to its use (as the comic book says) it is mixed with poisonous heavy metals in order to make it ever more "effective." For example, some formulas have concentrations of arsenic that are 50 times more than what is permitted by law. This is possible because according to the EPA, the "non active" compounds are part of a corporation's "commercial secret." Corporations have the right NOT to declare or list these ingredients in its packaging.

It is important to remember that many of the decision makers of the EPA, FDA, and the U.S. Department of Agriculture have been executives and spokespeople of Monsanto and other biotech corporations. This goes scandalously beyond a simple "conflict of interest."

CAPÍTULO 5

Sanando el Paraíso: Desde los Matojos, Desde las Raíces

MARÍA BENEDETTI

UN VIAJE DE SANACIÓN PERSONAL

Cuando tenía unos siete años, mi cuerpo entero estaba cubierto de ronchas rojas que supuraban y picaban. El picor intenso me quemaba por fuera y por dentro. No soportaba la lana del uniforme escolar así que me vestía unas batitas raras de algodón. Mi familia gastó mucho tiempo llevándome a los médicos. Semana tras semana me inyectaban, y todos los días, mami me embadurnaba de cortisona; pero estos tratamientos terminaron empeorando la situación. Por gracia divina, un día nos tocó un médico sabio. Para mi sorpresa, ¡él se dirigió a mí, directamente! Me miró los ojos y me informó que yo no estaba enferma. Simplemente tenía alérgias, me dijo. Con mucha sensibilidad me explicó que la manera de auscultar la causa del terrible picor era hacer una dieta de eliminación. Es decir, dejar de comer todo excepto arroz por dos semanas, y gradualmente agregar un alimento por semana. Tenía sólo siete años, pero me comprometí con el plan. Nadie podría persuadirme que hiciera trampa. Comencé a sentir una mejora luego de pocos días. Al agregar papas, pollo, habichuelas y otros alimentos claves de la dieta puertorriqueña, me sentía fortalecida y mejor que nunca. Entonces, agregamos leche de vaca, y el picor volvió con creces. Mi sistema en recuperación se volvió loco. Esa fue mi primera experiencia consciente de escuchar con profundidad al cuerpo, y recibí con claridad el mensaje de que yo podría confiar en él. A través de esta prueba, aprendí que lo que comía tenía todo que ver con cómo me sentía.

Mi aventura alimentaria fue enriquecida con visitas al campo, el lugar natural de mi padre húngaro-irlandés. Mi padre sentía much amor y respeto por el mundo natural y me ayudó a desarollar una conciencia ambiental. Reciclábamos los vidrios, periódicos y latas del barrio entero. Interpretábamos formaciones rocosas, observábamos las constelaciones y caminábamos por bosques, pantanos y campos abiertos, para cosechar frutas y otros alimentos silvestres. Cuando me tocó escoger una universidad, mi amor a las montañas me mandó a la universidad estatal de Nueva York en New Paltz. Sin saberlo, esta universidad, a sólo hora y media de la gran ciudad, fue un oasis de la cultura puertorriqueña. Alli, ¡encontré más que pasteles, arroz y habichuelas! Fue en New Paltz que aprendí a bailar salsa con pareja y a cantar "Qué bonita bandera." Y al comenzar a estudiar sobre la historia de Puerto Rico, me comprometí con ser completamente bilingüe. Pasé mi tercer año en Sevilla, España, donde aprendí a bailar sevillanas, canté y viajé con el coro de la universidad, y viví una inmersión lingüistica, literaria y antropológica que encendió mi pasión por la historia oral.

Luego de graduarme de SUNY New Paltz con un bachillerato en el español y la educación secundaria, comencé estudios etnobotánicos con Susun S. Weed. Los recorridos de Susun me abrieron a entender cómo mis experiencias infantiles con las alergias se entrelazaban con mis vivencias en la naturaleza. Y se aclaró mi camino.

En el 1981 comencé a trababjar en Manhattan con la Fundación Samaya, una organización que educaba sobre el budhismo tibetano. Allí trabajé como coautora de un libro de entrevistas con diversos representantes de las tradiciones de sanación a nivel mundial. No me imaginaba cómo se uniría aquella experiencia profesional con mis Estudios Puertorriqueños en Hunter College (CUNY) para prepararme … pero pronto me vi en un avión. Era el 1987: mi primera visita a Puerto Rico, la tierra natal de mi familia materna. Fui como estudiosa de la medicina natural y la cultura puertorriqueña para conocer y documentar la tradición de medicina botánica de Borinquen. Aquel viaje de cinco semanas, y mi experiencia de grabar historia oral con los practicantes de la medicina botánica que conocí, cambiaron mi vida para siempre.

Al hablar con docenas de humildes abuel@s (y al transcribir casi cien horas de diálogo) descubrí una tradición pre-capitalista, holística, comunitaria y empoderadora que codificaba conocimientos empíricos de sabiduría práctica acumulados durante miles de años a través de América tropical, África y Europa. También descubrí destrezas como la identificación de plantas, formulación, categorización (usando palabras como "caliente," "cálida" o "fresca" para indicar la presencia o ausencia de alcaloides venenosos) más métodos para hacer los compuestos de las plantas aun más accesibles al "amartiguarlas" (romper las paredes de las células) usando calor, aceite y otros medios.

Durante aquella odisea inicial, vi que muchas de las personas entrevistadas -y sus conocimientos- eran el objeto de burlas, asociados a la ignorancia, el analfabetismo, las supersticiones y otras etiquetas (clasistas y racistas) insultantes. Mi aprecio y mi respeto por estas tradiciones frente al desprecio local fue un choque cultural que me dio coraje, y me inspiró a crear un libro que documentara y honrara esas tradiciones para que las generaciones futuras podrían integrar el conocimiento en sus vidas. Ese trabajo llegó a ser mi primer libro *¡Hasta los baños te curan!*, ahora en su novena edición. Ya a finales del 1989, sometí el libro a la imprenta y me mudé a Puerto Rico, donde he vivido hasta el día de hoy.

PUERTO RICO EN CRISIS: NOS LEVANTAMOS FRENTE AL RETO

Desde huracán María (septiembre 2017) somos testigos de una amplia destrucción de nuestra medicina verde local (mi pasión) por los gobiernos municipales y individuos que creen que las plantas silvestres que crecen al margen de las carreteras (y que dificultan la vista del chofer) son un problema que debe ser resuelto por herbicidas, como los basados en glifosato *(ver caja* **glifosato***)*, que se presentan como rápido, seguros y baratos. Parte del problema es que la humedad ambiental es tal que lo asperjado se queda en el aire. Con las lluvias frecuentes, los herbicidas entonces impactan áreas mucho más grandes que los caminos asperjados. La fertilidad de nuestros suelos ha sido afectado alrededor del archipiélago. Varias plantas medicinales silvestres, antes ubicuas, han desparecido, o simplemente están tan debilitadas que ofrecen cada vez menos de su fuerza medicinal. Estas son las plantas que nos ofrecen una verdadera seguridad de salud. Nuestros agrónomos recomiendan el glifosato para uso doméstico. Así que la agenda corporatia logra que los mismos puertorriqueños envenenen su propia tierra, agua, medicina y alimentos. He llegado a preguntarme si el plan es, literalmente, crear una isla, un mundo "Roundup-ready."

Figura 5.1: Fumigando, Estilo Militar

Figura 5.2: Palma de coco envenenada

Como practicante y educadora enfocada en la rica tradición puertorriqueña de medicina botánica, ya se me hizo imposible seguir enseñando la etnobotánica como si todo estuviera bien. En el 2018, varios meses luego del huracán, comencé a escribir cartas al alcalde sobre el problema de los herbicidas, y sugerí soluciones. Mi primera carta fue educativa y motivadora; incluyó una propuesta **(Borinquen bella a trímer y tijera).** Esta propuesta sugirió un presupuesto menudo para contratar a un(a) facilitador(a) que podría identificar líderes comunitarios en cada barrio, reunirlos, educarlos sobre los peligros de los herbicidas y motivarlos a organizar cada barrio para crear sus propias soluciones, según los talentos y recursos (carpinteros, agricultores, animales que podrían consumir los pastos altos). No recibí contestación alguna, así que comencé a publicar cartas ABIERTAS a mi alcalde y a otros alcaldes de nuestra región en los montañas del sur central. Publiqué varios artículos en periódicos gratuitos distribuidos en los negocios de los pueblos de la montaña. También diseñé una calcomanía con el apoyo de mis amigos y la diseñadora gráfica de BotaniCultura (www.botanicultura.com), Carmita Lebrón.

Ningún alcalde respondió a mis cartas y publicaciones, pero los editores de los periódicos expresaron su satisfacción con la cantidad de personas que respondieron a mis escritos. Como resultado de estas publicaciones, fui invitada a ofrecer una charla durante una reunión de Aibonito Sin Yerbicida. Hablé con los compañeros sobre el valor nutritivo y medicinal de las plantas asperjadas, y me integré al grupo. Juntos movimos las calcomanías, y dentro de poco, personas de varios pueblos comenzaron a asistir las reuniones. Llegaron tantos, que cambiamos nuestro nombre para que incluyera a todos los pueblos de Puerto Rico: MI PUEBLO SIN YERBICIDA.

Durante dos años, los integrantes de este grupo maravilloso compartimos información, vimos documentales, concientizamos a médicos y otros profesionales de la salud, nos entrevistamos con los alcaldes y participamos de vistas públicas. Con el apoyo de la diseñadora gráfica Carmita Lebrón y un auspicio de la Fundación Médica del Colegio de Médicos y Cirujanos de Puerto Rico, creamos y publicamos 5,000 hermosos panfletos con fotos a todo color. Este panfleto fue muy bien recibido por activistas y académicos, pero en nuestras comunidades, los vecinos se quejaron de que "¡tenía demasiadas palabras!" Justo lo que un escritor(a) NO quiere escuchar.

Luego del choque inicial, nuestro comité de educación me alentó a escribir el guión para una tirilla educativa que serviría como obra dramática en una escuela primaria en Aibonito. Para nuestra sorpresa, una corporación de biotecnología recién llegada a este pueblo donó a la escuela un vivero, semillas, camisetas, gorritas y herramientas agrícolas. Como resultado de tanta generosidad, la escuela decidió NO presentar nuestra obra. Eso fue una gran desilusión para nosotros. Sin embargo, logramos llevar los panfletos y las tirillas de puerta a puerta en siete municipios, y la calcomanía todavía se ve en la calle. Rotulamos nuestras calles "ZONA LIBRE DE YERBICIDA," ofrecimos charlas en los mercados orgánicos y otras actividades comunitarias, e invitamos a la respetada nutricionista Vilma Calderón a ofrecer su presentación de 2 horas sobre la historia del glifosato, los intereses detrás de su uso, y sus efectos a corto y a largo plazo. Vilma hizo presentaciones en universidades y centros comunales. El público recibió un seminario, pero nosotros recibimos un adiestramiento como educadores comunitarios sobre el herbicida.

Vilma también llevó el tema a un debate gubernamental. Nos invitó a participar de vistas públicas con la meta de legislar un moratorio del uso del glifosato en toda la ciudad capital de San Juan. ¡Y se implantó el moratorio! No sobrevivió frente a tanto cabildeo ya que durante los primeros meses de la cuarentena de covid19, el moratorio fue descartado. Pero nadie nos puede quitar el trabajo que hicimos en nuestras comunidades, las conexiones que hicimos, y todo lo que compartimos y aprendimos.

Durante esa misma cuarentena, la artista perfecta llegó para ilustrar nuestra tirilla. Vilmarie Cartagena Ortiz, la colaboradora perfecta, en mi propio barrio.

Vilmarie es co-fundadora de nuestras brigadas agroecológicas, las Brigadas Cimarronas, y promueve conceptos de la economía solidaria como co-fundadora del Proyecto Gaia en Cayey. Ella reconoció que el formato de tirilla sería atractivo para la mayoría de nuestra población no-académica. Vemos para nuestro futuro otros temas como la energía renovable, economía colaborativa, plantas medicinales y más, mucho más.

A nombre de MI PUEBLO SIN YERBICIDA, someto nuestro librito de colorear como acercamiento práctico y radical a la etnobotánica local. Está diseñada para caber en una sola hoja de papel (11"x17") por los dos lados, y lo hicimos en español y en inglés. Las comunidades en todas partes están invitadas a hacer cualquier cambio en el texto o en el arte para que sea culturalmente apropiado.

Figura 5.3: Comic Book Pg. 1

Figura 5.4: Comic Book Pg. 2

Figura 5.5: Comic Book Pg. 3

Figura 5.6: Comic Book Pg. 4

UNA PASIÓN ENCENDIDA EN PUERTO

Mi trabajo por la justicia ambiental en las comunidades de Puerto Rico fue encendido en el 1987, durante mi primera viaje a la isla grande, visita que culminó en la publicación de mi primer libro. Durante aquella visita, me sumergí en las tradiciones botánicas de sanación de nuestros ancestros, y reconocí su valor para todos los puertorrqueñ@s. Como autora, me propuse que podría hacer un impacto como guardiana y difusora de estos conocimientos para el beneficio de nuestra sociedad.

Dentro de pocos años, ya como residente de Borinquen, recibí un llamado a participar de Mayagüuezanos por la Salud y el Ambiente. Esta agrupación fue transformada en todo un movimiento exitoso dirigido a evitar la construcción de una planta de carbón para generar energía en nuestra ciudad colegial costera. Los líderes del movimiento fueron profesores comprometidos y hasta figuras religiosas. Pero fueron los músicos, escritores y artesanos que crearon un perfil visual, creando esculturas enormes de cajas de cartón y componiendo canciones con versos como éste:

Mayagüez no necesita
una planta de carbón,
que trae contaminación,
más de la que ya tenemos.
Por eso no la queremos,
¡y hay que decirle que NO!

Logramos nuestro objetivo y, como parte del proceso, conservamos nuestro litoral y sacamos al alcalde del poder.

Lamentablemente, dentro de muy poco en Guayama, un pueblo del sur, sin universidad y con altas tasas de desempleo, AES Energy instaló una planta de carbón con poca oposición. "Nos prometieron trabajos, y recibimos cenizas tóxicas." Así se leyó un titular de un artículo dedicado al tema. Hasta el día de hoy, las cenizas radioactivas de la planta de carbón en Guayama representan la contaminación letal de nuestras aguas potables, y han creado vecindarios enteros con altas incidencias del cáncer. La respuesta ha sido una resistencia amplia y una ola de desobediencia civil. Sin embargo, las condiciones que vivimos hoy no son alentadoras.

En Cayey (donde vivía durante 20 anos), desarrolladores sin escrúpulos decidieron convertir una finca hermosa de 1,000 cuerdas en un acuífero principal del país en un enormous centro comercial tipo "outlets" con unos 4,000 estacionamientos, y un hotel-casino. Esto representaba la pavimentación de docenas de manantiales y quebradas en una zona inundable. **Cayey para el Mundo** fue un proyecto maravilloso, también impulsado por canciones brillantes y boletines educativos entregados personalmente por nosotros en los barrios aledaños a la finca. Además de reuniones con los medios y una gran investigación legal realizado por nuestro integrante Antonio Arriaga, en el 2013, montamos el histórico Abrazo a la Tierra, actividad multitudinaria que incorporó música, una gran danza participativa de amor a la Tierra, y un enorme abrazo a la finca. Como parte del Abrazo, todos juramos defender nuestras tierras y aguas. Hasta ahora, hemos logrado detener la nefasta construcción, salvando así nuestras comunidades y nuestra región de una destrucción irreparable.

Figura 5.7: Abrazo a La Tierra event, Cayey, PR 9/ 2013

Hay mucho por hacer. Nuestra tradición de medicina botánica nació de una relación viva entre el pueblo y sus plantas locales, sin auspicios corporativos ni gubernamentales. Asimismo, visualizo una resistencia desde dos cualidades del pueblo boricua: su insuperable musicalidad y su conexión constante al Espíritu, desde el tamboreo y el baile hasta un sentido siempre creciente de la necesidad de practicar reciprocidad con nuestro mundo natural. Desde las raíces. Desde los matojos. Y desde las personas que conocen y colaboran con ellos.

En Puerto Rico, covid19 coincide con un trasfondo de quiebra económica, los efectos de una junta de control fiscal que aporta a la destrucción de nuestra nacionalidad desde los sistemas educativo y económico (al estilo del Banco Mundial y del Fondo Monetario Internacional) y la imposición de políticas neoliberales tales como la privatización de nuestras utilidades y sistema de educación. Mientras tanto, nuestra prensa y otros medios de comunicación son comprados, censurados y hasta diseñados para manipular la opinión pública. Mis propios esfuerzos para educar sobre remedios tradicionales antivirales -preventivos y curativos- en el contexto del covid19 han sido pasados por alto o saboteados por nuestros medios, Instagram y FB. Esto me da coraje, lo que a menudo significa que viene algo poderoso.

Frente al cambio climático, estos tiempos de lo que llamo el "colonialismo corporativo" nos piden ir más allá de los patrones conocidos y movernos hacia el futuro unidos por nuestras visiones sanadoras para el país ... y el planeta que soñamos habitar. En este contexto, me parece que uno de los primeros pasos para recuperar nuestro poder para sanar es de PARAR los VENENOS.

Cuando nuestros alimentos y medicinas tradicionales puedan una vez más ofrecernos salud sin seguir usando venenos, floreceremos tod@s. Visualizo proyectos comunitarios naciendo en todas partes frente a necesidades genuinas, ya que en nuestro paraíso solar, LUMA ENERGY nos empuja hacia una dependencia siempre creciente de los combustibles fósiles. Visualizo proyectos comunitarios que van creando valientemente todo lo que haga falta para que tod@s reclamemos nuestras tradiciones de medicina botánica y la siembra de nuestros propios alimentos y medicinas. Así prosperaremos como nación isleño tropical bajo el sistema político que predomine en cualquier momento del futuro. Esto, en fin, es parte de mi propia visión para la sanación del paraíso.

MEDICINA BOTÁNICA MENCIONADA EN NUESTRA TIRILLA CÓMICA (LIBRO DE COLOREAR)

La verdolaga (Portulaca oleracea) es una verdadero súper alimento, alto en los ácidos grasos Omega-3. Los Omega-3 nos protegen el corazón, y combaten el cáncer y la depresión. La verdolaga se consume alrededor del mundo para proteger el hígado y para apoyar las funciones del páncreas. Es buena fuente de vitamina C, y ayuda a regular los niveles de azúcar en la sangre. Sus semillas se han utilizado alrededor del Caribe para prevenir infestaciones de parásitos en los niños. Cocinada levemente, es un gran remedio para el estreñimiento. Este humilde vegetal es parte del tradicional guiso de bacalao a través del Caribe entero. Finalmente, hervida por hasta 20 minutos con sal marina local, dejamos que se enfríe por par de minutos, agregamos ajo machacado y un chin de aceite de oliva para disfrutar de un súper nutritivo caldo gourmet!

La escoba (Sida spp.) se considera una "maleza mala" por su habilidad de agarrar el suelo. (Está difícil sacarla del huerto.) Sin embargo, esta misma cualidad hace que sea muy importante para combatir la erosión; además, produce una fibra tremenda para trenzar y tejer. Es alto en saponinas, y tradicionalmente se utilizaba para hacer escobas muy efectivas. Nuestras abuelas usaban mazos de escoba para fregar platos y hasta bañar a los animales. Hoy, las propiedades de esta planta se han estudiado y está comprobado: es efectivo para combatir infecciones causadas por *Estafilococus spp.*, especialmente útil en casos de impétigo. Tomada internamente, nuestras escobas *(Sida spp.)* se usan ampliamente en la medicina ayurvédica como tónico estimulante y rejuvenecedor con actividad anti-cáncer y también contra los parásitos intestinales.

El berro (Nasturtium officinale) fue muy común décadas atrás en nuestras quebradas y caminos rurales, dondequiera que corría agua en suelos arenosos. Sin embargo, en Puerto Rico, el amplio uso de herbicidas ha eliminado este súper alimento en su estado silvestre. El berro es más famoso en Puerto Rico por su historia como medicina preventiva y curativa contra la tuberculosis. Con estos fines, su zumo fresco se bebía varias veces al día, solo o mezclado con el de otras plantas. Hoy el berro se reconoce por su contenido de minerales (calcio, manganeso, azufre, magnesio, fósforo y cobre) y las vitaminas C, A y K. Como integrante de la familia del repollo, sus altos niveles de glucosinolatos nos protegen de varios tipos de cáncer y enfermedades cardíacas. Y el berro es simplemente sabroso en sopas y ensaladas.

La salvia (Pluchea symphytifolia), con su suave textura y olor reconfortante, es un tesoro de compuestos analgésicos, contra el dolor. Todo boricua rural nacid@ antes de los 1960s recuerda haber visto a sus parientes mayores con cataplasmas de hojas de salvia sobre la frente y las sienes para combatir dolor de cabeza. Los aceites y pomadas preparados con estas hojas son aliados poderosos para combatir dolor de cintura, coyunturas artríticas y músculos resentidos. Las hojas humedecidas con aceite se pegaban a la planta del pie para bajar fiebre. Los cogollos u hojas nuevas se mastican (o se preparan en teses o gárgaras con sal) para dolor de garganta y faringitis. También las preparamos en teses para dolor de menstruación. Los baños de asiento pos-parto y los vapores vaginales de nuestra salvia son prácticas estelares de partos caseros a través de la región centroamericana.

SOBRE EL GLIFOSATO

GLIFOSATO es el nombre del ingrediente "activo" de Roundup y otros productos similares. Fue patentado por primerra vez en el 1964 como limpiador de tuberías ya que elimina depósitos de minerales en tubos de metal. En el cuerpo humano, el glifosato también elimina minerales; algunos, vitales para nuestra salud.

En el 1971, este producto fue patentado por Monsanto como herbicida, ya que interfiere con el camino metabólico *shikimate* de las plantas y de muchos microorganismos. Aunque las células humanas no tienen este camino metabólico, *shikimate* es esencial para la salud de las bacterias beneficiosas de los intestinos, sede y centro de lo que hoy conocemos como el bioma humano. Este bioma conecta nuestro sistema digestivo—desde nuestros intestinos—con el cerebro. Cuando estas bacterias beneficiosas son afectadas por el glifosato, ya no pueden apoyar nuestra salud, y comienzan a producir gases asociados con el cáncer, el autismo y el Alzheimer's.

En el 2010, el glifosato fue patentado de nuevo como antibiótico. Esto significa que estamos consumiendo muchos antibióticos sin el consentimiento nuestros. Este consumo indebido contribuye a que las bacterias y otros microorganismos resistan al uso de los antibióticos, y promueve aun más la destrucción de nuestra flora intestinal, cimiento de nuestro sistema inmunitario y de nuestra salud mental y física.

Final (y quizás más teriblemente), el glifosato ahora se utiliza ampliamente en la agricultura industrializada no sólo como herbicida (especialmente para los cultivos transgénicos "Roundup-ready" como el trigo, la soya, el maíz, etc.) pero también como un deshidratador pre-cosecha de granos, desde el trigo hasta las habichuelas. Esta práctica corresponde a un aumento de hasta 500 % de niveles de glifosato en la orina humana en los últimos 10 años.

El glifosato se proclama "herbicida inocuo." No lo es. Además de los casos de linfoma que se han asociado claramente a su uso, (como dice nuestro librito de colorear), se mezcla con metales pesados de gran toxicidad para que sea siempre más "efectivo." Por ejemplo, algunas fórmulas tienen concentraciones de arsénico que son 50 veces más de lo que la ley permite. Esto es posible porque según el EPA, los compuestos "no activos" de una formula son parte del "secreto comercial" de la corporación. Las corporaciones tienen el derecho de NO declarar o rotular estos ingredientes en su empaque.

Es importante recordar que muchos de los que toman las decisiones en la EPA, el FDA y el Departamento de Agricultura de los EE.UU fueron ejecutivos y portavoces de Monsanto y otras corporaciones de biotecnología. Este escándalo nos sugiere algo más allá de un sencillo conflicto de intereses.

CHAPTER 6

Sacred Plants, Stones, and the Art of Dreaming

JORGE BARACUTEI ESTEVEZ

For many Indigenous peoples in the Americas, dreaming is not the simple act of falling asleep and experiencing a rapid succession of images, ideas, cravings, emotions, or sensations. Dreams and visions are as tangible as anything in life, except they reveal past, present, and future events. Images may arrive naturally or through the ceremonial use of plant spirits, scientifically categorized as "entheogens," and which we call "medicine." In any event, power plants, dreams, and visions have played an essential role in the lives and customs of many Indigenous peoples of the western hemisphere for generations. Spanish accounts and those of other Europeans most often depicted Indigenous peoples' uses of medicinal plants negatively. For example, Fray Bartolome de las Casas writes:

> In this house, they have a finely wrought table, round like a wooden dish, in which is some powder that they place on the heads of these cemí in performing a certain ceremony; then with a cane that has two branches, which is placed in their nostrils, they snuff up this dust. The words that they say, none of our people understand. With this powder, they lose consciousness and become like drunken men.[1]

The powder described by the Fray is called *Cohoba (Anandenanthera Peregrina)*, used for healing, divining, and communicating with ancestors, was not intended for recreational purposes, nor was it "evil." Yet, the good Friar and others indicted my ancestors when relaying this description to European audiences. Essentially most Europeans believed that Indians, although "innocent," were cavorting and communicating with the devil and his minions when they participated in such ceremonies.[2]

No doubt, fear was the driving force behind the Church's motivations to ban the use of traditional medicines and ceremonies among the Taíno and other Indigenous peoples. While the explorers lusted for gold, the clergy lusted for souls and lands to spread their faith. The Papal Bulls Doctrine of Discovery, signed into law in 1493, gave the Europeans the right to take Indian lands, resources, lives, and souls.[3] Thus, they "saved" Indian souls by showing them the righteous path of love and light, while simultaneously blessing the conquistadors as they pillaged, plundered, raped, and robbed their way across the islands. A new world full of souls to be saved indeed. Ceremonies used for millennia slowly began to disappear.[4]

The first arrivals from Europe to the new world, explorers, conquerors, and colonists, were extremely curious about Indian women, indigenous foods, other scarce and valuable resources, and, most importantly, gold. However, few or no records exist of their adoption and usage of sacred plant medicine other than tobacco, which they used recreationally and not spiritually as intended.

SACRED SPIRIT MEDICINE

Ethno-botanists tell us the powder the Taíno called *Cohoba* was prepared from the seeds of the Anandenthera Peregrina tree. The closely related Anandenthera Colubrina also produces similar effects. Also known as *Yopo* and *Cebil* in South America, it is one of the most widespread ceremonial medicines. Locals have various names in the Caribbean for the plant, such as *Cojobana* in Puerto Rico and *candelon de teta* and *Abbei* in the Dominican Republic. The Peregrina and Colubrina varieties look remarkably similar from leaves to seeds. However, the bark on the Peregrina tree is spiny, whereas the Colubrina is smooth.

Figure 6.1: Anandenthera Peregrina seeds

The Taíno peoples mixed the seeds from the Anandenthera tree with other substances to produce probably the most potent vision-inducing entheogen known to man. This practice is thousands of years old, and its use is widespread across the amazon rainforest and the Caribbean islands. Once prepared, the powder is insufflated through a long hollow tube into the noses of the participants.

When the medicine enters the bloodstream, the participant begins a journey to a world of light, color, and intense geometric patterns where entities, ancestors from other worlds and dimensions dwell. The actual ceremony and structure cannot be revealed or shared, only partially described. However, what can be shared is the essence of these and other ceremonies. They are all based on the healing powers of visions and dreams. Entheogens such as datura, peyote, San Pedro cactus, psilocybin mushrooms, ayahuasca, tobacco, and cohoba are all considered medicines by native peoples.

The Anandenthera Peregrina tree's bark, leaves, and seeds contain high amounts of natural hallucinogenic chemicals, including 5-methoxydimethyltryptamine and N-dimethyltryptamine, N-monomethyltryphmine (together known as DMT), and Bufotenine. The only entheogen with more extended human use is the closely related *psilocin* found in Psilocybin Mushrooms. Scientifically, Psilocin and DMT are separated by just one hydrogen molecule. Petroglyphs in Africa and Europe indicate that these hallucinogenic mushrooms were used there as well in ancient times.

For many indigenous peoples across the Americas, medicine plants contain spirit guides/helpers. Plants such as San Pedro cactus, ayahuasca, peyote, and tobacco, among others, all contain spirit guides. These guides may be male, as in the case of peyote, or female as it is with ayahuasca. The "gender" of the medicine is determined by which part of the plant is used to prepare it. For example, roots, bark, and branches contain the male spirits. In contrast, seeds and leaves contain female spirits. San Pedro and peyote are male, for example, while ayahuasca and cohoba are female.

Mushrooms such as psilocybin, on the other hand, are more like an endless library. They do not necessarily teach but show all possibilities. Taíno people and other American Indians unlocked the sacred mysteries of these plants thousands of years ago. Medicine, art, spirituality, customs, planting cycles, and even social interactions are guided by sacred spirit medicine. Most importantly, all these medicines revolve around one central theme, dreams. Yogis, Tibetan monks, and others use meditation to explore the unconscious mind, while most people rely on dreams which give us a view of worlds within. However, why are dreams necessary? How and why did evolution devise such a scheme? They are uncontrolled and involuntary. We all have them, and yet, no one knows their exact purpose to this day. Psychologists and psychiatrists can tell a lot about an individual mental state by what their dreams reveal. Dreams seem to mimic life events, hopes, secrets, and past traumas. For native people, the dreamscape goes further than this, and it is a doorway. Medicinal plants are one of several tools used to uncover well-hidden problems that may affect the individual. Spiritual attacks, disease, or other illnesses launched at the individual can be identified, contained, or removed with the aid of medicine plants. Plant use was intended for the purposes of mental, physical, or spiritual health in Indigenous villages and communities for millennia.

These entheogens have been incorrectly classified as drugs in modern times, particularly in the United States. They are listed as Schedule I drugs under Federal Law. While thousands of people die each year from alcohol abuse, not a single person has ever died from ingesting these medicines. Only the Native American Church (NAC), Santo Daime, and Unia do Vegetal have protections against prosecution. Anyone else can and will be prosecuted under the current restrictions.

However, people from all walks of life and from all over the world seek them out. Some travel to distant countries, hoping to find an indigenous shaman or another trained individual to introduce them to these sacraments. These medicines are used to fight alcoholism, addiction to cocaine, heroin, and other substances (actual drugs). Modern people who venture into the world of plant medicine seek answers to deeply rooted traumas, post-traumatic stress disorders, and phobias.

Native people unlocked the secrets and value of plants and their relations to dreams thousands of years ago. It has taken the western world centuries to catch up. Entheogen use is a long-forgotten tradition for the majority of Europeans. Indisputably, with the advent of Judeo-Christian ethics, reliance on power plants fell into disfavor; after all, priests tell us the answers to all of life's questions are in the Bible. Judeo-Christian traditions are not an exploration of self, like indigenous plant medicine, but instead rely on set rules and dogmas, with little room for self-discovery and perception—they are "one size fits all" remedies.

Plant medicines work because they allow us to tap into the consciousness that exists within all things. Anthropologists call this animism, and modern philosophers call it panpsychism; we call it medicine. Everything is vibrating, and everything is composed of highly complex geometric patterns. In turn, these patterns emerge from much deeper spaces. All are connected. The geometric patterns themselves are used to treat *ariedawa* and *kalata* (physical and emotional pain). The Taíno objects called *cemí*, for example, are physical representations of visions, depicting the geometric, zoomorphic, and or anthropomorphic patterns that appear during the *Cohoba* journey. What is known as the Classic Taíno style of pottery, stone, wood, and shellwork is called Chican or Chicoide Ostinoid. These objects are all made in Janus mode, meaning they always have more than one face. One object can have up to seven different faces on it, along with specific geometric patterns. Each pattern has a meaning. In a ceremony, participants use the image of a *cemí* to find their way through dreams or visions. This viewpoint is modern, non-academic. In some cultures, such as the Shipibo people of Peru, the medicine man ingests plant medicine. While in this state, he observes the sacred patterns that form all over the patient's body. Any disturbance in the pattern tells the healer where the illness is located, how to treat it, and possibly cure it.

The scientific community slowly yet steadily has begun changing its perspectives on these plants. Modern research, sans past biases, has revealed that plant medicines have great value, and they are now starting to be marketed! While marketing for health reasons will undoubtedly be profitable, we must not forget that many people were incarcerated for using these medicines. Patents are being granted to some, while people of color sit in jail after being prosecuted, tried, and convicted under draconian laws for using cultural sacraments.

TODAY'S HEALERS: ETHNOGRAPHIC ACCOUNTS

San Juan de la Maguana, Dominican Republic: The *Campesinos* (rural peoples) of Maguana believe that Indian spirits are ubiquitous everywhere. Indian spirits live in the oceans, rivers, lakes, mountains, forests, and deserts, especially deep inside the multitude of caves that abound on the island. For a people who supposedly went extinct within 30 years of contact with the Spaniards, the Taíno appear to have left deep, inexhaustible footprints all over the islands of the Greater Antilles. Of course, today, we know that the extinction paradigm is a myth. In this particular area, just as in most of the Caribbean, there is a strong blend of Taíno, African, and European spiritual traditions.

In some cases, the Native traditions are clear-cut, particularly when compared to similar traditions from South America. In others, it is not as clear. It is correct to assume that the African Spiritual traditions are most robust and readily visible. The main difference between Native and African beliefs is the concept of spiritual possession.

Campesinos live in a world quite different from that of their urban counterparts. Imagine living in a place where the most secretive spiritual traditions contain Indian spirits, in sharp contrast to the "official" academic and political narratives that have reinforced the extinction paradigm. This dichotomy does not go unnoticed by rural peoples; however, most simply ignore it. They live in a world where Indians/spirits exist in a separate realm, one where no person or thing can touch them. Both Indians and Africans on the islands created survival strategies for the initiated and marginalized. They learned that ignoring outsiders, who were not part of their world, was best. Only in recent times has the academic-intellectual segment of the population begun to "discover" the richness and complexities of rural Dominican/Haitian, Puerto Rican, Jamaican, and Cuban traditions.

The use of *Cohoba* purportedly fell out of practice in the Caribbean soon after Spaniards outlawed it during the Colonial Period. Naturally, one would assume that the dream healing method did not continue; however, most *curanderos* (healers) today work with the power of dreams and visions in some capacity.

Don Daniel Arias. Don Daniel Arias, a modern-day *curandero* who lives in the Maguana Valley of the Southwestern section of the Dominican Republic, explains:

> Some illnesses require that I enter into the dreams of the patient. I do this with water or power stones, and both are medicines just as plants are. They work together or can work separately. An illness may attach itself to the body or the spirit. Once there, it causes great harm to the afflicted. I use my stones to help extract the malady. If this disorder is embedded deep inside an individual's dream, I may need to travel through seven different dreams to find the cause of the illness. The yellow quartz stone grants me five dreams. The white stone found near the river gives two dreams. With both stones, I have enough dream power to enter the sick person's dream. Once I am in, I extract the malady and leave something in its place to protect them, and this is not easy to do.

Figure 6.2: Don Daniel Arias

I had known Mr. Arias for several years before he ever revealed his knowledge of stones and medicinal plants. Thus, when he told me of his dream medicine practice, I was surprised. Daniel's story is analogous to ayahuasca therapeutic practice. Participants sit through a guided ceremony with a trained *curandero*. All involved in the healing ceremony enter a dream state induced by the plant medicine. The DMT in the ayahuasca brew embraces the participants. For the next six to eight hours, everyone in the ceremony travels to their very own dream world. Occasionally they enter each other's dreams, and quite often, travel together through the same dream. Mr. Arias continued: "Everything I know I learned from the Indios (spirits)," which refers to spirits or ancestors in the Dominican Republic. "They visit us in our dreams and visions."

Sonny Rivas awakened from his very first *Cohoba* journey. He was anxious to share his experience with the rest of the group who sat with him in the ceremony, "The medicine took me to a beautiful beach. I could see the bright sun in the distance. Suddenly this beautiful woman arose from the water. She looked at me and smiled," he began to explain, but was interrupted by a young woman who added in turn, "Oh my god, yes!! I saw her, too! On her right side there was a big rock. She leaned on it as she came out of the water." Another chimed in, with tears in her eyes, "What about the waterfall? Did you see the waterfall? The same water spirit! This must have been Atabeira!" (Atabeira is the sacred water spirit-mother of the Taíno people.)

None of the three people who experienced the above knew each other, and they were all stunned. For those already initiated, this occurs relatively often. The voyage, however, is usually personal. Native peoples in South America refer to the medicines as little deaths and rebirths, and they certainly feel like it.

Doña Dorita's healing stones. A Dominican *curandera* (female healer) known as Doña Dorita held up two stones and proudly declared, "these stones were given to me by Indios in a dream I once had."

My friend and colleague Dr. Pedro Ferbel-Azcárate recorded Doña Dorita's story in the 1990s in the Cibao region. Dorita dreamed she was by the Quinigua river when suddenly two Indians appeared. They rose out of the water and spoke to her. She said they gave her a task to complete along with two small stones. Upon awakening, she had forgotten what the instructions were, but to her surprise she found the two stones under her pillow! She has protected these stones for more than 50 years and has used them for healing ever since she received them from the spirits in her dream.[5] Stories such as this abound in the Caribbean and particularly the Dominican Republic.

Figure 6.3: Doña Dorita

Traditions concerning Indians (spirits), dreaming, water, and stones can be found everywhere in the Dominican Republic, although the epicenter is the region of Maguana. Not surprisingly, our Taíno ancestors used bone, wood, shell, clay, cotton, and especially stones to make ceremonial objects called *cemí*. The *cemí* represents spirits, or ancient *cacique* (chiefs). Different types of stones have different properties associated with them. Stones may be gifted, passed down, or found in unique locations. The very best stones are found in or around ancient

Taíno sites. When clay pot shards or stones are found with geometrical patterns carved by ancient Taíno artists, they are said to speak and give advice and are called *Caritas* (faces). This author wondered if the geometric patterns still have meanings associated with them or if perhaps this bit of knowledge was lost like so many others.

Doña Yoya's geometric patterns. In 2015, this question was answered while on a research trip to the island. A *curandera* named Doña Yoya performed a healing ceremony on this author's back using geometric patterns.[6] Chronic pain is a constant companion for this author due to a lifetime of Boxing and Martial Arts training and sparring. I awoke in agony one morning while on a research trip. A traveling companion, Milton Sanchez, suggested we visit Doña Yoya, a well-known healer from the town of Bani. The ride was long due to a severe *baguada* (rain storm), which worsened the pain. After nearly three hours, we reached our destination.

We knocked on the door, which opened slowly. A beautiful elder with the most magnificent eyes and smile greeted us, "welcome to my home; all that I have is yours," she beamed!

Figure 6.4: Doña Yoya

After exchanging pleasantries, she asked what the matter was. I explained, and she replied that she could indeed treat me. She then instructed me to take off my shirt so she could perform a *sobo* (rub). Rubbing ointment all over my back, she began her massage. Healers say that pain or discomfort is the work of evil spirits, which they call *vientos* (winds). After thoroughly massaging my back, Doña Yoya began a silent prayer song. Suddenly, using both her thumbnails, which were quite long, she began drawing intricate patterns from left to right over the upper portion of my back. She continued down the side, then back up again, slowly swaying her body back and forth as if in a trance.

Throughout the process, she kept her eyes closed while humming an unfamiliar tune in prayer. She looked as if she were in a dream state. Her hands never left the area she worked on as she connected the patterns. I could feel her etching circles, wavy lines, swirls, and spirals. Her method was reminiscent of Shipibo Indian ayahuasca healing practices, guided by sacred geometric patterns.[7]

Once done, Doña Yoya cleaned her hands, lit some tobacco, and blew the smoke on my back. She then cupped her hands over the spot where the pain was severest and forcefully sucked out the ailment. As soon as she finished, I asked her: "Doña Yoya, where did you learn to heal in this way?"

She began telling a story about an Indian healer she met as a young girl in the mountains near her home. The old Indian man noticed her curiosity about plants and asked her if she wanted to learn more about them. She said yes and became his apprentice that day. She further stated that he taught her everything she knew. Eventually, she became the town healer.

Doña Peralta the turtle dream of Dahabon. Casilda Peralta stared at us shyly and inquisitively. She could not understand why we would travel so far to interview her. We were part of a research team from the Smithsonian National Museum of the American Indian to interview *Agua Dulce* (sweet water) practitioners.

After introducing ourselves, we thanked her for granting us this interview and welcoming us to her home. "Thank you for visiting my humble home," she replied. We informed her of our surprise that she was the youngest healer we had met thus far, and asked, "did the community choose you, and why?" She said, "this responsibility fell on me when the last healer crossed over suddenly many years ago. I am a *hicotea* [the Taíno name for freshwater turtle] dreamer."

We were surprised to hear of this and extremely curious. This author commented that turtles have always been in his dreams since childhood. "Do you speak to them?" Casilda Peralta asked. She responded, "they must be engaged in conversation. They will respond in their way. Practice this; it is essential."

We asked her, "some people dream with Indians (spirits), is this similar?" She peered at us intently and replied, "when a person knows who they are, they will not dream with Indios. You may be visited by *hikotea*, *jaiba* (crabs), *cotica* (parrots), dogs, caiman, iguanas, *jutias*, *culebras* (snakes)." She said she knew who she was and turtles told her all she needed to know.

Could this be similar to the spirit animal/helper concept that many tribes have? Perhaps it is another strong indicator of Taíno Indigeneity. Casilda Peralta explained that a turtle taught her to read its shell markings during a dream. It taught her that although some markings are similar, they are also different—these differences reveal her past, present, and future. She is so devoted to her turtles that she keeps nearly 200 of them in a pond. She offered us some!

The Peralta family consists of three sisters and their children. Their houses are connected, so it appears as one big longhouse. As the children played in their secluded yard, Casilda's two sisters attended to the many people who visited her home for readings or ceremonies. Casilda Peralta is well known in Dajabón, a border town between Haiti and the Dominican Republic.

INDIGENOUS AND AFRICAN SYNCRETISM IN HISPANIOLA

In these modern times, our people still know the value and intricacies of endemic plants and still plant and harvest according to lunar phases for medicinal purposes. The four directions are still recognized during planting season. Some continue to place stones in small dirt caves to help crops grow just as our ancestors did. The Spaniards observed all these customs when they arrived in the Caribbean. In addition, our African ancestors also brought similar beliefs, thus reinforcing many of the island's ancient traditions.

African traditions have been well documented, whereas Taíno traditions have not. The long-standing belief that the Taíno were exterminated has led to superficial studies on Hispaniola and its sister Caribbean islands. Reverence in power stones, water, and Indian spirits are entrenched in the psyche of today's Dominican *Campesinos* and are connected to the art of dreaming. In the region of San Juan de la Maguana, these age-old traditions are particularly robust and widespread.

Native American and African traditions are often intertwined in this region. The Taíno taught the Africans how to survive in these new lands. Taíno men suffered more than their women, as they were forced to work the gold mines or cut sugarcane until they succumbed. As a result, African men often intermarried with Native women. Intermarriage between Africans, Indians, and Europeans was relatively high. The children born from these unions would learn the aspects of Native customs, language, stories, flora, fauna, hills, mountains, and rivers.

Devotion to Indigenous spirits in the Dominican Republic, Puerto Rico, and Cuba is ancestor worship. The Indian plays a considerable part in the dreamscape, medicinal knowledge, planting cycles, divination, and identity. There are four spiritual traditions in which the Indian plays minor to significant roles. In Haiti, we have the voodoo religion, with a branch named *Petwo* dedicated to the island's Indigenous heritage. A similar variant is found in the Dominican Republic called 21 Division. This religion is divided into African, Catholic, and Taíno belief systems. The Indian portion is evident primarily because devotion to the islands' old Chiefs is unyielding.

Then we have the Liboristas founded by Papa Liborio Mateo (1876–June 1922), a Messianic figure who lived in Maguana and combined Catholic/Taino/ and some African traditions. All three religions call their Indian components *Agua Dulce* (Sweet Water). However, Agua Dulce exists independently and does not combine with any other spiritual traditions. It is sometimes called "Taimani." Variants of this tradition are found in Puerto Rico and Eastern Cuba.

Figure 6.5: Agua Dulce Altar

Agua Dulce altars do not allow African or Christian iconographic material at all. Only endemic, earth-based materials can be used in their construction. Metal and blood are shunned, and plastic is strictly forbidden. Stones for dreaming, water for receiving ancestors, and flowers in shades of red and blue are used to honor the ancestors. Tobacco, fruits, tubers, and *casabe*, all of which thrived on the island before European arrival, are used as offerings and are central to this tradition. Agua Dulce altars are always on the ground and usually inside caves. Throughout the Dominican Republic, there are rumors of "Indians" living in caves; the evidence is that if one leaves garbage in or around the mouth of a cave, it will be cleaned and swept by the next day!

It is not easy for outsiders to understand what is going on in this or other regions of the Dominican Republic. Many Dominicans themselves often misinterpret or are simply ignorant of the cultural richness that exists and persists on the island and in the Caribbean in general. Only occasionally are outsiders and city folk allowed to witness the magic and beauty of the Dominican spiritual traditions—not only the Taíno Indian spiritual traditions but also the African. Jan Lundius made a similar observation:

> I wish to indicate that many inhabitants of the island of Hispaniola (Republic of Haiti/ Dominican Republic) find themselves within an entirely different universe than the one I am used to, and it is often through their way of telling stories that they are able to slightly open the door to that amazing world. Myths, legends, and rituals animate their world, and if you are fortunate enough, you may catch a glimpse of how that "other" world might appear.[8]

JORGE ESTÉVEZ'S DREAMS: A PERSONAL ACCOUNT

My mother, Doña Luz Patria Estévez (97) learned many healing techniques as a young girl. However, she was particularly drawn to magic spells and divination. She also knows a lot about plant medicines. Deciphering dreams is her specialty, however.

Doña Patria, as her friends call her, has always had the gift of gab. Extremely friendly and gregarious, she is loved by everyone who knows her. When asked how she uses dreams, she says, "Dreams are like a deck of cards; if you have a good dream, you need to keep it to yourself. The more you share your dream, the less power it has; bad dreams and nightmares are the opposite and should be shared and retold as much as possible to take away their power." All her children were raised with this awareness.

One day we asked her if this was magic. Her response was excellent! "Magic is the connection of thoughts," she said. "If you light a candle, direct it at an individual every night at the same time while uttering the same prayer, in a month, that person will sense you, no matter where they are." Nevertheless, we asked, how is that possible? "Because all beings are connected in dreams," she replied.

One of the most profound things Doña Patria says is her belief in the power of plant knowledge. "Being Indian is knowing all the properties of the plants. An Indian can kill you with one plant or cure you with two." Her identity has always been tied to the knowledge she learned in her *campo.*

Healers in the Dominican Republic's Maguana, Cibao, and Higüey regions are all devoted to Indigenous ancestral spirits. These entities are real and are connected and accessible through dreams. Western science largely dismisses dreams and entheogen visions as nothing more than the firing of neurons within the mind. Science, however, cannot explain why we are conscious at all. What is consciousness? Where do we go when we dream? Is it imagination? Or do we travel to another realm? Indeed, power plants seem to launch consciousness into an entirely different dimension of time and space.

These questions were answered long ago for the Native *curandero,* shaman, healer, and medicine person. Just as the Tibetan and Shaolin monks travel to other worlds and dimensions via meditation, Native Americans have finely honed these same skills over thousands of years. Belief in dreams and visions are deeply ingrained in the cultures of Caribbean people as well.

Dreams and visions, after all, are not linear; they are convoluted and mixed up. Dreams and visions often make no sense to us because of this. In a dream, a person may find himself/herself in an elevator one instant, falling out of the sky the next, or swimming in an ocean in some distant, unknown place. Thus, there is a thin veil among these spiritual dimensions, among these worlds. Thoth, god of the moon, magic, and writing, and wisest of all the Egyptian gods, said, "List ye O man, and hear a mystery stranger than all that lies beneath the sun. Know ye, O man, that all space is filled by worlds within worlds; aye, one within the other yet separate by law."[9]

Cultures worldwide have understood that dimensions and parallel worlds are separated by very thin veils that exist side by side. During sleep, we occasionally cross from one world to the next. Healers have mastered these skills through meditation or by ingesting power plants. As many may surmise, these are skills, an art, not fantasies. After thousands of years of observation and practice, they have understood that reality, as it appears in the waking world, only shows us a small fraction of what there is. We are hard-wired to experience this world in a certain way, but there is a lot more to this world—there are indeed worlds within worlds.

Humans have five senses, seeing, hearing, tasting, feeling, and smelling. On the other hand, worms have one; it feels its way through the universe. How would we describe how a sunset looks if we could communicate with a worm? Or the smell in a garden of roses? Both worms and humans exist in the same world, yet we are in two entirely different realms. Western cultures believe that the five senses we possess are the ultimate and that our human bodies reveal the complete universe! Christians believe that they are made in God's image; thus, we see the ultimate truth. Scientists dismiss this notion but still think there is no more truth than that which they can replicate in a laboratory. Again, finalities. Imagine a world where humans have echolocation capabilities! How different the world would look to us! There is much, much more to this universe.

Entheogens and dreams are both essential components of the healing arts of *curanderos* and medicine people. Wherever the medicine was outlawed, the dream traditions have continued, albeit often in a different, more secret way—but these healing arts have survived throughout the ages. Ultimately, the Native people's use of and the importance of such substances and the visions they produce would be proven to be a very effective way of healing. Most who experience plant medicines are moved or impacted positively. These experiences can be genuinely life-changing. Even the natural fear of death is considerably diminished. Let us all create beautiful dreams and memories so that our descendants can remember us one day, as they discover the Art of Dreaming.

NOTES

1 Fray Ramon Pane, "An account of the Antiquities of the Indians," page 62, Appendix C.
2 Cohoba was and continues to be central to Indigenous beliefs throughout South America. Other names include Yopo, Cebil Vilka, Curupay and others.
3 Original copy of the Papal Bulls, Doctrine of Discovery https://media.voltron.voanews.com/Drupal/01live-166/2019-04/A4ECAC5F-310C-4BF8-A56C-55C05DE097AD.jpg.
4 Original copy of the Papal Bulls, Doctrine of Discovery https://media.voltron.voanews.com/Drupal/01live-166/2019-04/A4ECAC5F-310C-4BF8-A56C-55C05DE097AD.jpg.
5 Pedro Ferbel, "The Politics of Taino Indian Heritage in the Post-Quincentennial Dominican Republic," Dissertation 1997, p. 119.
6 See Smithsonian National Museum of the American Indian Magazine (Fall 2018) Volume 19 #3.
7 https://www.ayahuascafoundation.org/shipibo-tradition/.
8 Jan Lundius, *The Great Power of God in the San Juan Valley: Syncretism Messianism in the Dominican Republic*, Lund Studies in History and Religions, Volume 4.
9 Tablet 10—The Key of Time in the Emerald Tablet of Thoth https://www.youtube.com/watch?v=rlPOt2lVF8I.

CAPÍTULO 6

Plantas Sagradas, Piedras y el Arte de Soñar

JORGE BARACUTEI ESTEVEZ

Para muchos pueblos indígenas en las Américas, soñar no es el simple acto de dormirse y experimentar una rápida sucesión de imágenes, ideas, antojos, emociones o sensaciones. Los sueños y las visiones son tan tangibles como cualquier cosa en la vida, excepto que revelan eventos pasados, presentes y futuros. Las imágenes pueden llegar naturalmente o a través del uso ceremonial de espíritus vegetales, categorizados científicamente como "enteógenos," que llamamos "medicina." En cualquier caso, las plantas de energía, los sueños y las visiones han desempeñado un papel esencial en la vida y las costumbres de muchos pueblos indígenas del hemisferio occidental durante generaciones. Los relatos españoles y los de otros europeos mostraron con mayor frecuencia los usos negativos de las plantas medicinales por parte de los pueblos indígenas. Por ejemplo, Fray Bartolomé de las Casas escribe:

> En esta casa, tienen una mesa finamente forjada, redonda como un plato de madera, en la cual hay un poco de polvo que ponen en las cabezas de estos cemí al realizar una cierta ceremonia; luego con un bastón que tiene dos ramas, que se coloca en sus fosas nasales, se desprenden de este polvo. Las palabras que dicen, ninguna de nuestra gente entiende. Con este polvo, pierden la conciencia y se convierten en cómo hombres borrachos.[1]

El polvo descrito por la Fray se llama Cohoba (Anandenanthera Peregrina), utilizado para curar, adivinar y comunicarse con los antepasados, no estaba destinado a fines recreativos, ni era "malvado." Sin embargo, el buen fraile y otros acusaron a mis antepasados cuando transmitieron esta descripción a las audiencias europeas. Esencialmente, la mayoría de los europeos creían que los "indios," aunque "inocentes," se retorcían y se comunicaban con el diablo y sus secuaces cuando participaban en esas ceremonias.[2]

Sin duda, el miedo fue la fuerza impulsora detrás de las motivaciones de la Iglesia para prohibir el uso de medicinas y ceremonias tradicionales entre los Taíno y otros pueblos indígenas. Mientras los exploradores anhelaban el oro, el clero anhelaba almas y tierras para difundir su fe. La Doctrina de los Toros Papales del Descubrimiento, promulgada en 1493, dio a los europeos el derecho de tomar tierras, recursos, vidas y almas indias.[3] Así, "salvaron" a las almas indias mostrándoles el camino justo del amor y la luz, mientras simultáneamente bendecían a los conquistadores mientras saqueaban, saqueaban, violaban y robaban su camino a través de las islas. Un nuevo mundo lleno de almas para ser salvado de hecho. Las ceremonias utilizadas durante milenios comenzaron a desaparecer lentamente.[4]

Los primeros que llegaron de Europa al nuevo mundo, exploradores, conquistadores y colonos, tenían una enorme curiosidad por las mujeres indias, los alimentos indígenas, otros recursos escasos y valiosos y, lo que es más importante, el oro. Sin embargo, existen pocos o ningún registro de su adopción y uso de la medicina vegetal sagrada, aparte del tabaco, que usaron recreativamente y no espiritualmente como se pretendía.

MEDICINA ESPIRITUAL SAGRADA

Los etnobotánicos nos dicen que el polvo que Taíno llamó Cohoba fue preparado a partir de las semillas del árbol Anandenthera Peregrina. La Colubrina Anandenthera, estrechamente relacionada, produce también efectos similares. También conocida como Yopo y Cebil en Sudamérica, es una de las medicinas ceremoniales más extendidas. Los lugareños tienen varios nombres en el Caribe para la planta, como Cojobana en Puerto Rico y candelón de teta y Abbei en la República Dominicana. Las variedades Peregrina y Colubrina son notablemente similares desde las hojas hasta las semillas. Sin embargo, la corteza del árbol Peregrina es espinosa, mientras que la Colubrina es suave.

Figura 6.1: Semillas de Anandenthera Peregrina

Los Taíno mezclaron las semillas del árbol Anandenthera con otras sustancias para producir probablemente el más potente endógeno que induce la visión y que el hombre conoce. Esta práctica tiene miles de años, y su uso se ha extendido por la selva amazónica y las islas caribeñas. Una vez preparado, el polvo se insufla a través de un tubo hueco largo en las narices de los participantes. Cuando la medicina entra en el torrente sanguíneo, el participante comienza un viaje a un mundo de luz, color e intensos patrones geométricos donde habitan entidades, antepasados de otros mundos y dimensiones. La ceremonia y la estructura reales no pueden ser reveladas o compartidas, sólo parcialmente descritas. Sin embargo, lo que se puede compartir es la esencia de estas y otras ceremonias. Todas están basadas en los poderes curativos de las visiones y los sueños. Entheogens como datura, peyote, cactus de San Pedro, setas psilocybin, ayahuasca, tabaco y cohoba son considerados medicinas por los pueblos nativos.

La corteza del árbol Anandenthera Peregrina, las hojas y las semillas contienen altas cantidades de productos químicos alucinógenos naturales, incluyendo 5-metoxidimetiltriptamina y N-dimetiltriptamina, N-monometiltrifmina (juntos conocida como DMT) y bufotenina. El único endógeno con mayor uso humano es la psiloicina estrechamente relacionada que se encuentra en los hongos de Psilocybin. Científicamente, Psilocin y DMT están separados por una sola molécula de hidrógeno. Los petroglifos en África y Europa indican que estos hongos alucinógenos también se usaron allí en tiempos antiguos.

Para muchos pueblos indígenas de las Américas, las plantas medicinales contienen guías de espíritus/ayudantes. Plantas como el cactus de San Pedro, el ayahuasca, el peyote y el tabaco, entre otras, contienen guías espirituales. Estas guías pueden ser hombres, como en el caso del peyote, o mujeres como lo es con el ayahuasca.

El "género" del medicamento se determina por qué parte de la planta se utiliza para prepararlo. Por ejemplo, las raíces, la corteza y la rama contienen los espíritus masculinos. En cambio, las semillas y las hojas contienen espíritus femeninos. San Pedro y el peyote son hombres, por ejemplo, mientras que el ayahuasca y el cohoba son mujeres.

Por otro lado, los champiñones como el psilocybin se parecen más a una biblioteca interminable. No necesariamente enseñan, pero muestran todas las posibilidades. El pueblo Taíno y otros indios americanos desbloquearon los misterios sagrados de estas plantas hace miles de años. La medicina, el arte, la espiritualidad, las costumbres, los ciclos de siembra e incluso las interacciones sociales están guiados por la medicina sagrada espiritual. Lo más importante es que todas estas medicinas giran alrededor de un tema central, los sueños. Los yogis, los monjes tibetanos y otros usan la meditación para explorar la mente inconsciente, mientras que la mayoría de la gente se apoya en sueños que nos dan una visión del mundo interior. Sin embargo, ¿por qué los sueños son necesarios? ¿Cómo y por qué la evolución diseñó un esquema así? Son incontrolados e involuntarios. Todos los tenemos, y sin embargo, nadie sabe cuál es su propósito exacto hasta el día de hoy.

Los psicólogos y psiquiatras pueden contar mucho sobre un estado mental individual por lo que revelan sus sueños. Los sueños parecen imitar acontecimientos de la vida, esperanzas, secretos y traumas pasados. Para los nativos, el paisaje va más allá, y es una puerta. Las plantas medicinales son una de las herramientas utilizadas para descubrir problemas bien ocultos que pueden afectar al individuo. Los ataques espirituales, enfermedades u otras enfermedades lanzadas contra el individuo pueden ser identificados, contenidos o eliminados con la ayuda de plantas medicinales. El uso de la planta fue destinado para propósitos de salud mental, física o espiritual en aldeas y comunidades indígenas durante milenios.

Estos endógenos han sido clasificados incorrectamente como drogas en los tiempos modernos, particularmente en los Estados Unidos. Se enumeran como drogas de la Lista I según la Ley Federal. Mientras que miles de personas mueren cada año por abuso de alcohol, ni una sola persona ha muerto por ingerir estos medicamentos. Sólo la Iglesia Nativa Americana (NAC), Santo Daime y Unia do Vegetal tienen protección contra el procesamiento. Cualquier otra persona puede ser procesada y será procesada bajo las restricciones actuales.

Sin embargo, la gente de todos los ámbitos de la vida y de todo el mundo los busca. Algunos viajan a países lejanos, con la esperanza de encontrar un chamán indígena u otro individuo entrenado para presentarles estos sacramentos. Estos medicamentos se utilizan para combatir el alcoholismo, la adicción a la cocaína, la heroína y otras sustancias (drogas reales). Las personas modernas que se aventuran en el mundo de la medicina vegetal buscan respuestas a traumas profundamente arraigados, trastornos del estrés postraumático y fobias.

Los indígenas desbloquearon los secretos y el valor de las plantas y sus relaciones con los sueños hace miles de años. El mundo occidental ha tardado siglos en ponerse al día. El uso del endógeno es una tradición olvidada desde hace mucho para la mayoría de los europeos. Indiscutiblemente, con la llegada de la ética judeocristiana, la dependencia de las plantas de energía cayó en desaprobación; después de todo, los sacerdotes nos dicen que las respuestas a todas las preguntas de la vida están en la Biblia. Las tradiciones judeo-cristianas no son una exploración de sí mismas, como la medicina de plantas indígenas, sino que se basan en reglas y dogmas establecidos, con poco espacio para el autodescubrimiento y la percepción: son remedios "de una talla para todos."

Las medicinas vegetales funcionan porque nos permiten aprovechar la conciencia que existe dentro de todas las cosas. Los antropólogos llaman a este animismo, y los filósofos modernos lo llaman panpsismo; lo llamamos medicina. Todo está vibrando y todo está compuesto por motivos geométricos muy complejos. A su vez, estos patrones surgen de espacios mucho más profundos. Todos están conectados. Los objetos Taíno llamados cemí, por ejemplo, son representaciones físicas de visiones, que representan los patrones geométricos, zoomórficos y antropomorfos que aparecen durante el viaje de Cohoba. Lo que se conoce como el clásico estilo Taíno de cerámica, piedra, madera y conchas se llama Chican o Chicoide Ostinoid. Todos estos objetos están hechos en el modo Janus, lo que significa que siempre tienen más de una cara. Un objeto puede tener hasta siete caras diferentes, junto con patrones geométricos específicos. Cada patrón tiene un significado. En una ceremonia, los participantes utilizan la imagen de un Cemí para encontrar su camino a través de sueños o visiones. Los patrones geométricos mismos se utilizan para tratar ariedawa y kalata (dolor físico y emocional). En algunas culturas, como el pueblo shipibo del Perú, el médico ingiere la medicina vegetal. En este estado, observa los patrones sagrados que se forman en todo el cuerpo del paciente. Cualquier alteración en el patrón le dice al sanador dónde se encuentra la enfermedad, cómo tratarla y posiblemente curarla.

La comunidad científica ha comenzado a cambiar de forma lenta y constante sus perspectivas sobre estas plantas. La investigación moderna, sin prejuicios pasados, ha revelado que los medicamentos vegetales tienen un gran valor, ¡y ahora están empezando a comercializarse! Si bien la comercialización por razones de salud será sin duda rentable, no debemos olvidar que muchas personas fueron encarceladas por usar estos medicamentos. Se están otorgando patentes a algunos, mientras que las personas de color se sientan en la cárcel después de ser procesadas, juzgadas y condenadas bajo leyes draconianas por usar sacramentos culturales.

CURANDEROS DE HOY: CUENTAS ETNOGRÁFICAS

San Juan de la Maguana, República Dominicana: Los campesinos (pueblos rurales) de Maguana creen que los espíritus indios están por todas partes. Los espíritus indios viven en los océanos, ríos, lagos, montañas, bosques y desiertos, sobre todo en lo profundo de la multitud de cuevas que abundan en la isla. Para un pueblo que supuestamente se extinguió en 30 años de contacto con los españoles, los Taíno parecen haber dejado huellas profundas e inagotables por todas las islas de las Antillas Mayores. Por supuesto, hoy sabemos que el paradigma de extinción es un mito. En esta área en particular, al igual que en la mayor parte del Caribe, hay una fuerte mezcla de tradiciones espirituales taína, africana y europea.

En algunos casos, las tradiciones nativas son claras, particularmente cuando se comparan con tradiciones similares de Sudamérica. En otros, no está tan claro. Es correcto asumir que las tradiciones espirituales africanas son más robustas y fácilmente visibles. La principal diferencia entre las creencias nativas y africanas es el concepto de posesión espiritual.

Los campesinos viven en un mundo muy diferente al de sus homólogos urbanos. Imaginemos vivir en un lugar donde las tradiciones espirituales más secretas contengan espíritus indios, en marcado contraste con las narrativas académicas y políticas "oficiales" que han reforzado el paradigma de extinción. Esta dicotomía no pasa desapercibida para los pueblos rurales; sin embargo, la mayoría simplemente lo ignora. Viven en un mundo donde los indios/espíritus existen en un reino separado, donde la persona o algo puede tocarlos. Tanto los indios como los africanos de las islas crearon estrategias de supervivencia para los iniciados y los marginados. Aprendieron que ignorar a los foráneos, que no eran parte de su mundo, era lo mejor. Sólo en los últimos tiempos el segmento académico-intelectual de la población ha comenzado a "descubrir" la riqueza y complejidad de las tradiciones rurales dominicanas/haitianas, puertorriqueñas, jamaiquinas y cubanas.

Supuestamente, el uso de Cohoba quedó fuera de la práctica en el Caribe poco después de que los españoles la proscribieron durante el periodo colonial. Naturalmente, se podría suponer que el método de curación del sueño no continuó; sin embargo, la mayoría de los curanderos hoy trabajan con el poder de los sueños y visiones en cierta capacidad.

Don Daniel Arias. Don Arias, un curandero moderno que vive en el Valle de Maguana en la parte sudoeste de la República Dominicana, explica:

Algunas enfermedades requieren que entre en los sueños del paciente. Hago esto con agua o piedras eléctricas, y ambas son medicinas como las plantas. Trabajan juntos o pueden trabajar por separado. Una enfermedad puede asociarse al cuerpo o al espíritu. Una vez allí, causa un gran daño a los afligidos. Utilizo mis piedras para ayudar a extraer la enfermedad. Si este trastorno está arraigado en el sueño de un individuo, tal vez tenga que viajar a través de siete sueños diferentes para encontrar la causa de la enfermedad. La piedra de cuarzo amarilla me concede cinco sueños. La piedra blanca encontrada cerca del río da dos sueños. Con ambas piedras, tengo el poder de sueño suficiente para entrar en el sueño del enfermo. Una vez que entro, extraigo la enfermedad y dejo algo en su lugar para protegerlos, y esto no es fácil de hacer.

Figura 6.2: Don Daniel Arias

Conocí al Sr. Arias durante varios años antes de que revelara su conocimiento de las piedras y plantas medicinales. Así, cuando me contó de su práctica de medicina soñada, me sorprendió. La historia de Daniel es análoga a la práctica terapéutica del ayahuasca. Los participantes se sientan en una ceremonia guiada con un curandero entrenado. Todos los involucrados en la ceremonia de curación entran en un estado de sueño inducido por la medicina de planta. El DMT en la fábrica de ayahuasca acoge a los participantes. Durante las siguientes seis a ocho horas, todos en la ceremonia viajan a su propio mundo de ensueño. Ocasionalmente entran en los sueños del otro, y muy a menudo viajan juntos a través del mismo sueño. Arias continuó: "Todo lo que sé que aprendí de los Indios (espíritus)," que se refiere a los espíritus o antepasados en la República Dominicana, "Nos visitan en nuestros sueños y visiones."

Sonny Rivas despertó de su primer viaje de Cohoba. Estaba ansioso por compartir su experiencia con el resto del grupo que se sentó con él en la ceremonia. "La medicina me llevó a una hermosa playa. Podía ver el sol brillante a lo lejos. De repente, esta hermosa mujer surgió del agua. Me miró y sonrió," empezó a explicar, pero fue interrumpido por una joven que agregó a su vez: "¡Oh Dios mío, sí!! ¡Yo también la vi! A su derecha había una gran roca. Se apoyó en él cuando salió del agua." Otro se metió, con lágrimas en los ojos, "¿Qué hay de la cascada? ¿Viste la cascada? ¡El mismo espíritu de agua! ¡Esto debe haber sido Atabeira!" (Atabeira es el espíritu sagrado del agua, madre del pueblo Taíno.)

Ninguna de las tres personas que experimentaron lo anterior se conocían, y todas estaban asombradas. Para aquellos ya iniciados, esto ocurre con relativa frecuencia. El viaje, sin embargo, suele ser personal. Los pueblos nativos en Sudamérica se refieren a las medicinas como pequeñas muertes y renacimientos, y ciertamente se sienten como si fueran.

Piedras curativas de Doña Dorita. Una curandera dominicana (sanadora) conocida como Doña Dorita levantó dos piedras y declaró orgullosamente: "Estas piedras me fueron dadas por Indios en un sueño que tuve una vez."

Mi amigo y colega el Dr. Pedro Ferbel-Azcárate grabó la historia de Doña Dorita en la década de 1990 en la región de Cibao. Dorita soñó que estaba junto al río Quinigua cuando de repente dos indios aparecieron. Se levantaron del agua y hablaron con ella. Dijo que le dieron la tarea de completar con dos pequeñas piedras. Al despertar, ella se había olvidado de las instrucciones, pero para su sorpresa encontró las dos piedras bajo su almohada! Ha protegido estas piedras por más de 50 años y las ha utilizado para curarlas desde que las recibió de los espíritus en su sueño.[5] Historias como esta abundan en el Caribe y particularmente en la República Dominicana.

Figura 6.3: Doña Dorita

Tradiciones relativas a los indios (espíritus), el sueño, el agua y las piedras se pueden encontrar en todas partes en la República Dominicana, aunque el epicentro es la región de Maguana. No es de sorprender que nuestros ancestros Taíno usaran hueso, madera, concha, arcilla, algodón, y sobre todo piedras para hacer objetos ceremoniales llamados cemí. El cemí representa a los espíritus, o cacique antiguo (jefes). Diferentes tipos de piedras tienen diferentes propiedades asociadas a ellas. Las piedras pueden ser regaladas, pasadas o encontradas en lugares únicos. Las mejores piedras se encuentran en o alrededor de los antiguos yacimientos de Taíno. Cuando se encuentran arcillas o piedras de arcilla con patrones geométricos tallados por antiguos artistas taínos, se dice que hablan y dan consejos y se llaman Caritas (caras). Este autor se preguntó si los patrones geométricos todavía tenían significados asociados con ellos o si tal vez este pedacito de conocimiento se perdió como tantos otros.

Patrones geométricos de Doña Yoya. En 2015, esta pregunta fue respondida mientras realizaba un viaje de investigación a la isla. Una curandera llamada Doña Yoya realizó una ceremonia de curación en la espalda de este autor usando patrones geométricos.[6] El dolor crónico es un compañero constante para este autor debido a una vida de entrenamiento y sparring de Boxing and Martial Arts. Me desperté agonía una mañana mientras estaba en un viaje de investigación. Un compañero de viaje, Milton Sánchez, nos sugirió que visitáramos a Doña Yoya, un conocido sanador de la ciudad de Bani. El viaje fue largo debido a una severa baguada (tormenta de lluvia), que empeoró el dolor. Después de casi tres horas, llegamos a nuestro destino.

Llamamos a la puerta, que se abrió lentamente. Un bello anciano con los ojos más magníficos y sonrisa nos saludó, "bienvenido a mi casa; todo lo que tengo es suyo," dijo.

Figura 6.4: Doña Yoya

Después de intercambiar placeres, pregunta cuál es el asunto. Le expliqué, y ella respondió que de hecho podría tratarme. Luego me ordenó que me quitara la camisa para poder hacer un sobo (frotis). Pomada de goma por toda mi espalda, comenzó un masaje. Los sanadores dicen que el dolor o la incomodidad es el trabajo de los malos espíritus, que llaman vientos. Después de masajear a fondo mi espalda, Doña Yoya empezó una canción silenciosa de oración. De repente, usando ambas miniaturas, que eran bastante largas, empezó a dibujar complejos patrones de izquierda a derecha sobre la parte superior de mi espalda. Continuó por el lado, y luego volvió a subir, balanceando lentamente su cuerpo de un lado a otro como en trance.

A lo largo del proceso, mantuvo los ojos cerrados mientras zumbaba una melodía desconocida en la oración. Parecía como si estuviera en un estado de sueño. Sus manos nunca dejaron la zona en la que trabajaba mientras conectaba los patrones. Podía sentir sus círculos grabados, líneas onduladas, remolinos y espirales. Su método recordaba las prácticas de curación shipibo-indias ayahuasca, guiadas por patrones geométricos sagrados.[7]

Una vez terminada, Doña Yoya limpió sus manos, encendió un poco de tabaco y sopló el humo en mi espalda. Luego se cortó las manos sobre el lugar donde el dolor era más severo y a la fuerza chupó la enfermedad. Tan pronto como terminó, le pregunté: "Doña Yoya, ¿dónde aprendió a sanar de esta manera?"

Comenzó a contar una historia sobre un sanador indio que conoció cuando era una niña en las montañas cerca de su casa. El anciano indio se dio cuenta de su curiosidad por las plantas y le preguntó si quería aprender más sobre ellas. Ella dijo que sí, y se convirtió en su aprendiz ese día. Luego afirmó que le enseñó todo lo que sabía. Al final, se convirtió en la sanadora de la ciudad.

Doña Peralta el sueño de la tortuga de Dahabon. Casilda Peralta nos miró tímida e inquisitivamente. Ella no podía entender por qué viajábamos tan lejos para entrevistarla. Fuimos parte de un equipo de investigación del Museo Nacional Smithsonian del Indio Americano para entrevistar a los practicantes de Agua Dulce.

Después de presentarnos, le agradecemos por habernos concedido esta entrevista y habernos dado la bienvenida a su casa. "Gracias por visitar mi humilde casa," respondió. Le informamos de nuestra sorpresa de que ella era la sanadora más joven que hemos conocido hasta ahora, y le preguntamos, "¿la comunidad la eligió y por qué?" dijo, "esta responsabilidad recayó sobre mí cuando el último sanador se cruzó de repente hace muchos años. Soy una hiqueta (nombre taíno de tortuga de agua dulce) soñadora."

Nos sorprendió escuchar esto y extremadamente curioso. Este autor comentó que las tortugas siempre han estado en sus sueños desde la infancia. "¿Les habla?" preguntó Casilda Peralta. Ella respondió, "deben estar involucrados en una conversación. Ellos responderán en su camino. Practicar esto; es esencial."

Le preguntamos, "algunas personas sueñan con indios (espíritus), ¿es esto similar?" Nos miró atentamente y respondió: "cuando una persona sabe quién es, no soñará con Indios. Usted puede ser visitado por hikotea, jaiba (cangrejos), cotica (loros), perros, caimán, iguanas, jutias, culebras." Dijo que sabía quién es y que las tortugas le dijeron todo lo que necesitaba saber.

¿Podría ser esto similar al concepto animal/ayudante espiritual que tienen muchas tribus? Casilda Peralta explicó que una tortuga le enseñó a leer sus marcas de conchas durante un sueño. Le enseñó que aunque algunas marcas son similares, también son diferentes—estas diferencias revelan su pasado, presente y futuro. Ella está tan dedicada a sus tortugas que guarda a casi 200 de ellas en un estanque. ¡Nos ofreció un poco!

La familia Peralta está formada por tres hermanas y sus hijos. Sus casas están conectadas, así que aparece como una gran casa solitaria. Mientras los niños jugaban en su patio apartado, las dos hermanas de Casilda asistieron a las muchas personas que visitaron su casa para lecturas o ceremonias. Casilda Peralta es muy conocida en Dajabón, una ciudad fronteriza entre Haití y la República Dominicana.

SINCRETISMO INDÍGENA Y AFRICANO EN LA ESPAÑOLA

En estos tiempos modernos, nuestro pueblo todavía conoce el valor y las complejidades de las plantas endémicas y sigue plantando y cosechando según las fases lunares para propósitos medicinales. Las cuatro direcciones se siguen reconociendo durante la temporada de siembra. Algunos siguen colocando piedras en pequeñas cuevas de tierra para ayudar a que los cultivos crezcan tal como lo hicieron nuestros antepasados. Los españoles observaban todas estas costumbres cuando llegaron al Caribe. Además, nuestros ancestros africanos también trajeron creencias similares, reforzando así muchas de las antiguas tradiciones de la isla.

Las tradiciones africanas han sido bien documentadas, mientras que las tradiciones taíno lo han sido. La creencia de larga data de que los Taíno fueron exterminados ha llevado a estudios superficiales sobre La Española y sus hermanas islas caribeñas. La reverencia en las piedras de poder, el agua y los espíritus indios están arraigados en la psique de los campesinos dominicanos de hoy, están conectados con el arte del sueño. En la región de San Juan de la Maguana, estas tradiciones ancestrales son particularmente robustas y extendidas.

Las tradiciones nativas americanas y africanas están a menudo entrelazadas en esta región. Los taínos enseñaron a los africanos cómo sobrevivir en estas nuevas tierras. Los hombres taínos sufrieron más que sus mujeres, pues se vieron obligados a trabajar en las minas de oro o a cortar la caña de azúcar hasta que sucumbieron. Como resultado, los hombres africanos a menudo se casan con mujeres nativas. El matrimonio entre africanos, indios y europeos era relativamente alto. Los niños nacidos de estas uniones aprenderían los aspectos de costumbres nativas, idioma, historias, flora, fauna, colinas, montañas y ríos.

La devoción a los espíritus indígenas en la República Dominicana, Puerto Rico y Cuba es adoración ancestral. La India desempeña un papel importante en el paisaje de ensueño, el conocimiento medicinal, los ciclos de siembra, la adivinación y la identidad. Hay cuatro tradiciones espirituales en las que la India desempeña papeles de menor a menor importancia. En Haití, tenemos la religión vudú, con una rama llamada Petwo dedicada a la herencia indígena de la isla. Una variante similar se encuentra en la República Dominicana llamada División 21. Esta religión está dividida en sistemas de creencias africanos, católicos y taínos. La parte india es evidente principalmente porque la devoción a los viejos jefes de las islas es inflexible.

Luego tenemos a los liboristas fundados por Papa Liborio Mateo (1876–junio 1922), una figura mesiánica que vivió en Maguana y combinó tradiciones católicas/taínas/y africanas. Las tres religiones llaman a sus componentes indios Agua Dulce (Agua dulce). Sin embargo, Agua Dulce existe independientemente y no se combina con ninguna otra tradición espiritual. A veces se le llama "Taimani." Variantes de esta tradición se encuentran en Puerto Rico y en el este de Cuba.

Figura 6.5:

Los altares de Agua Dulce no permiten material iconográfico africano o cristiano en absoluto. Sólo se pueden utilizar materiales endémicos basados en la tierra en su construcción. El metal y la sangre son evitados, y el plástico está estrictamente prohibido. Las piedras para soñar, el agua para recibir a los antepasados y las flores en tonos rojos y azules se utilizan para honrar a los antepasados. El tabaco, las frutas, los tubérculos y la caña, todos los cuales prosperaron en la isla antes de la llegada europea, se utilizan como ofrendas y son fundamentales para esta tradición. Los altares de Agua Dulce están siempre en el suelo y generalmente dentro de cuevas. En toda la República Dominicana, hay rumores de "indios" viviendo en cuevas; la evidencia es que si uno deja basura dentro o alrededor de la desembocadura de una cueva, ¡será limpiada y barrida al día siguiente!

No es fácil para los forasteros entender lo que está pasando en esta u otras regiones de la República Dominicana. Muchos dominicanos a menudo malinterpretan o simplemente ignoran la riqueza cultural que existe y persiste en la isla y en el Caribe en general. Sólo de vez en cuando se permite a los foráneos y a los ciudadanos presenciar la magia y belleza de las tradiciones espirituales dominicanas, no sólo las tradiciones espirituales Taíno indias, sino también las africanas. Jan Lundius hizo una observación similar:

> Deseo indicar que muchos habitantes de la isla de La Española (República de Haití/ República Dominicana) se encuentran dentro de un universo completamente diferente al que estoy acostumbrado, y a menudo es a través de su manera de contar historias que pueden abrir ligeramente la puerta a ese asombroso mundo. Mitos, leyendas y rituales animan su mundo, y si usted es suficientemente afortunado, puede echar un vistazo a cómo podría aparecer ese "otro" mundo.[8]

JORGE ESTÉVEZ'S DREAMS

Mi madre, Doña Luz Patria Estévez (97) aprendió muchas técnicas de curación cuando era niña. Sin embargo, se sintió especialmente atraída por los hechizos de magia y la divinidad. También sabe mucho de medicamentos para plantas. Sin embargo, descifrar los sueños es su especialidad.

Doña Patria, como sus amigos la llaman, siempre ha tenido el don de la gab. Extremadamente amigable y gregaria, es amada por todos los que la conocen. Cuando se le pregunta cómo usa los sueños, dice: "Los sueños son como un mazo de cartas; si usted tiene un buen sueño, usted necesita guardarlo para usted mismo. Cuanto más comparta su sueño, menos poder tendrá; los malos sueños y pesadillas son lo contrario y deben ser compartidos y recontados tanto como sea posible para quitarles el poder." Todos sus hijos fueron criados con esta conciencia.

Un día le preguntamos si esto era mágico. ¡Su respuesta fue excelente! "La magia es la conexión de pensamientos," dijo. "Si encendemos una vela, la dirigimos a un individuo cada noche al mismo tiempo mientras pronunciamos la misma oración, en un mes, esa persona la sentirá, sin importar donde estén." Sin embargo, preguntamos, "¿cómo es posible?" "Porque todos los seres están conectados en sueños," respondió.

Una de las cosas más profundas que Doña Patria dice es su fe en el poder del conocimiento de las plantas. "Ser indio es conocer todas las propiedades de las plantas. Un indio puede matarlo con una planta o curarlo con dos." Su identidad siempre ha estado ligada al conocimiento que aprendió en su campo.

Los sanadores de las regiones de Maguana, Cibao e Higüey de la República Dominicana están dedicados a los espíritus ancestrales indígenas. Estas entidades son reales y están conectadas a través de los sueños. La ciencia occidental descarta en gran medida los sueños y las visiones de los entéogos como nada más que el lanzamiento de neuronas en la mente. Sin embargo, la ciencia no puede explicar por qué somos conscientes en absoluto. ¿Qué es la conciencia? ¿A dónde vamos cuando soñamos? ¿Es imaginación? ¿O viajamos a otro reino? De hecho, las plantas de energía parecen lanzar la conciencia a una dimensión completamente diferente del tiempo y el espacio.

Estas preguntas fueron respondidas hace mucho para el nativo curandero, chamán, curador y médico. Así como los monjes tibetanos y shaolin viajan a otros mundos y dimensiones a través de la meditación, los nativos estadounidenses han perfeccionado estas mismas habilidades durante miles de años. La creencia en los sueños y las visiones están profundamente arraigadas en las culturas de los caribeños también.

Después de todo, los sueños y las visiones no son lineales; son enrevesados y mezclados. Sueños y visiones a menudo no tienen sentido para nosotros debido a esto. En un sueño, una persona puede encontrarse en un ascensor en un instante, cayendo del cielo al siguiente, nadando en un océano en algún lugar lejano y desconocido. Así, hay un velo delgado entre estas dimensiones espirituales, entre estos mundos. Delgado, dios de la luna, de la magia y de la escritura, y sabio de todos los dioses egipcios, dijo: "Elígate, hombre, y escucha un misterio extraño que todo lo que yace debajo del sol. Sabed, oh hombre, que todo el espacio está lleno de mundos dentro de mundos; sí, uno dentro del otro, pero separado por la ley."[9]

Las culturas en todo el mundo han entendido que las dimensiones y los mundos paralelos están separados por velos muy delgados que existen uno al lado del otro. Durante el sueño, ocasionalmente cruzamos de un mundo a otro. Los sanadores han dominado estas habilidades por meditación o por ingestión de plantas de energía. Como muchos pueden conjeturar, estas son habilidades, un arte, no fantasías. Después de miles de años de observación y práctica, han comprendido que la realidad, tal como aparece en el mundo que despierta, sólo nos muestra una pequeña fracción de lo que hay allí. Estamos muy dispuestos a experimentar este mundo de cierta manera, pero hay mucho más en este mundo—ciertamente hay mundos dentro de los mundos.

Los seres humanos tienen cinco sentidos: ver, escuchar, probar, sentir y oler. Por otro lado, los gusanos tienen uno; se abre camino a través del universo. ¿Cómo describíamos cómo se ve una puesta de sol si pudiéramos comunicarnos con un gusano? ¿O el olor en un jardín de rosas? Los gusanos y los humanos existen en el mismo mundo, pero estamos en dos reinos completamente diferentes. Las culturas occidentales creen que los cinco sentidos que poseemos son lo último y que nuestros cuerpos humanos revelan el universo completo! Los cristianos creen que están hechos a imagen y semejanza de Dios; así, vemos la verdad última. Los científicos desestiman esta noción, pero todavía piensan que no hay más verdad que la que pueden replicar en un laboratorio. Una vez más, las finalidades. Imagínese un mundo donde los humanos tengan capacidades de eco-ubicación. ¡Qué diferente sería el mundo para nosotros! Hay mucho, mucho más en este universo.

Entheogens y sueños son componentes esenciales de las artes curativas de los curanderos y de la medicina. Dondequiera que la medicina fuera prohibida, las tradiciones de sueños han continuado, aunque a menudo de una manera diferente, más clandestina—pero estas artes curativas han sobrevivido a lo largo de los años. En última instancia, el uso por parte de los nativos de esas sustancias y la importancia de las visiones que producen serían una forma muy eficaz de curar. La mayoría de los que experimentan los medicamentos vegetales se mueven o se ven afectados positivamente. Estas experiencias pueden cambiar realmente la vida. Incluso el miedo natural a la muerte se reduce considerablemente. Todos creemos sueños y recuerdos hermosos para que nuestros descendientes puedan recordarnos algún día, mientras descubren el Arte del Sueño.

NOTAS

1 Fray Ramon Pane, "An account of the Antiquities of the Indians," page 62 Appendix C.
2 Cohoba was and continues to be central to Indigenous beliefs throughout South America. Other names include Yopo, Cebil Vilka, Curupay and others.
3 Original copy of the Papal Bulls, Doctrine of Discovery https://media.voltron.voanews.com/Drupal/01live-166/2019-04/A4ECAC5F-310C-4BF8-A56C-55C05DE097AD.jpg.
4 Original copy of the Papal Bulls, Doctrine of Discovery https://media.voltron.voanews.com/Drupal/01live-166/2019-04/A4ECAC5F-310C-4BF8-A56C-55C05DE097AD.jpg.
5 Pedro Ferbel, "The Politics of Taino Indian Heritage in the Post-Quincentennial Dominican Republic," Dissertation 1997, p. 119.
6 See Smithsonian National Museum of the American Indian Magazine (Fall 2018) Volume 19 #3.
7 https://www.ayahuascafoundation.org/shipibo-tradition/.
8 Jan Lundius, *The Great Power of God in the San Juan Valley: Syncretism Messianism in the Dominican Republic*, Lund Studies in History and Religions, Volume 4.
9 Tablet 10—The Key of Time in the Emerald Tablet of Thoth https://www.youtube.com/watch?v=rlPOt2lVF8I.

CHAPTER 7

Traveling Traditions: Dominican Ethnobotany in Service of Caring for the Community

INA VANDEBROEK

TRADITIONAL MEDICINE AND ETHNOBOTANY

The World Health Organization (WHO) defines traditional medicine (TM) as the "knowledge, skill and practices based on the theories, beliefs and experiences indigenous to different cultures, whether explicable or not, used in the maintenance of health as well as in the prevention, diagnosis, improvement or treatment of physical and mental illness."[1] Medicinal plants, interchangeably referred to as "herbal medicines" or "herbal remedies," are one of the keystone elements of TM. Today, the use of TM and medicinal plants remains important around the world,[2, 3] including in the Caribbean islands,[4, 5, 6, 7, 8, 9, 10, 11] and in Caribbean diaspora communities.[12, 13, 14, 15, 16, 17, 18, 19, 20]

Three A's aptly summarize TM as a healthcare option that is available, accessible, and affordable (but see also elsewhere[21] for a description of the obstacles that TM faces). As a versatile health resource, TM is important for isolated rural communities and underserved inner-city neighborhoods, as well as for diaspora communities living in large urban centers in the Global North. Ethnobotany, the study of people, plants, and culture, is the scientific discipline that devotes part of its research efforts to the botanical identification of plants, including those that are used in TM. Botanical authentication, in turn, facilitates comparison of multiple local names and cultural uses for plant species that are growing in different geographies. The study of medicinal plant use in metropolitan areas is known as urban ethnobotany. Despite quickly gaining popularity in the United States at the beginning of the 21st century, urban ethnobotany research into the use of medicinal plants for self-care and community health in immigrant communities remains underexplored to date, which is especially poignant given the country's high ethnic diversity.

Although the WHO prioritizes the safe, effective, and regulated use of TM and medicinal plants, much less attention is being paid to TM's relevance as a community health resource that is centered around agency, self-management of care, and social justice. The latter aspects can be summarized as the three C's: Care that is culturally appropriate and community-focused. In addition, the spiritual dimensions of health and TM remain neglected and undervalued by policy makers, the WHO, clinicians, and researchers who document and study the efficacy and safety of medicinal plants. A myopic view of TM and medicinal plants that is lacking in cultural context will underestimate the value of TM as a community health resource, and significantly hamper its recognition as an important symbol of biocultural heritage. Cultural traditions, beliefs, and worldviews are at the core of what keeps traditional knowledge alive. These heritage components represent an intangible dimension that unites members of a community around a shared understanding of different illnesses, and the acceptance of culturally prescribed therapeutic itineraries, thereby providing an essential social and emotional support system.

In 2005, my journey into Caribbean ethnobotany as a scientist coincided with my own migration to New York City (NYC), when I started working at The New York Botanical Garden. When I arrived, I had no clue that so many Caribbean medicinal plants were easily available in the NYC, transported and traded internationally and sold in *botánicas* that quietly function as a parallel healthcare system and source of community support in neighborhoods where their customers live. Even though I was trained as a biologist, I quickly gained a deep appreciation for the cultural dimensions of plant use that were so palpable in people's stories about life, migration, health, and happiness in which these plants played important roles. Being an immigrant myself, I certainly understood the need to belong and the desire to cherish and sustain connections with "home," that are expressed through cultural traditions of plant use as medicines and foods.

In this chapter, I share insights from a long-term collaboration with the Dominican community in NYC and their peers living in the Dominican Republic (DR) that has spanned more than fifteen years. Using ethnobotany research as a lens, the results show that Dominicans use plants as medicines for a wide variety of health conditions in both geographies, including chronic, infectious, and self-limiting diseases that are epidemiologically prevalent, as well as culturally defined folk illnesses. I then take a closer look at five plant species that are hallmarks of Caribbean TM and illustrate how their popular medicinal uses are either continued or modified after migration from the DR to NYC. Next, I highlight several conditions that are known as folk illnesses or culture-bound illnesses (CBIs), which often remain invisible to healthcare providers and "outsiders" to the community. These folk illnesses are recognized and diagnosed by Dominican community members based on (a set of) particular symptoms with shared cultural meanings, which ultimately drives people's choice of treatment. The results summarized here offer support for medical anthropology's plea for understanding health and illness from an emic (insider's) perspective. The rich body of knowledge that represents Caribbean TM merits continued attention, respect, recognition, and unbiased documentation from a cross-cultural perspective.

ETHNOBOTANY RESEARCH

In 2005 and 2006, I worked in an NIH-funded study that set out to compare plant knowledge of Dominicans living in New York City and the Dominican Republic. The methodology is described in detail elsewhere.[19] Briefly, the study involved two surveys and individual face-to-face interviews with Dominicans who: (1) were at least 18 years old; (2) were born in the Dominican Republic and currently living either in New York City or the Dominican Republic; (3) reported having some knowledge of medicinal plants; and (4) indicated a willingness to be interviewed following Free Prior and Informed Consent (FPIC). No identifying information was recorded during interviews and participants received a coded number. Institutional Review Board approval was granted by the City University of New York (CUNY). Participants were recruited through personal networks by means of convenience sampling, including the snowball method.[22] In total, individual interviews took place with 175 Dominicans in NYC and 145 Dominicans in the DR. This chapter is based on an analysis of the knowledge of lay people in this study sample, excluding people who self-identify as plant specialists or traditional healers (*curiosas/curiosos* or *curanderas/curanderos*) and those who are recognized as such by others. Lay people use medicinal plants for self-care or to treat their extended network of family and friends, usually in a domestic setting. The number of lay people in this study sample was 166 (NYC) and 128 (DR); together they mentioned 3,717 (NYC) and 2,610 (DR) use-reports of plants. An example of a use-report is participant G-2005-031 mentioning they apply the leaves of a plant called *árnica* to treat arthritis. The number of individual use-reports varied between 2 and 70 in NYC and between 2 and 46 in the DR. The average number of use-reports (± STDEV) was 22.4 (± 10.8) in NYC and 20.4 (± 9.2) in the DR. After completion of interviews in each geography, plant common names were tallied and ranked in declining order of mention. Subsequently, plant material was collected in the field under the guidance of knowledgeable community members (in the DR) or purchased in commerce in *botanicas*, groceries, markets, Greencarts, and supermarkets (in NYC), and identified to botanical species at The New York Botanical Garden (NYBG), using botanical reference works, the William and Lynda Steere Herbarium, the C.V. Starr Virtual Herbarium, and through consultation with taxonomists.

DOMINICAN TRADITIONAL MEDICINE ACROSS TRANSNATIONAL GEOGRAPHIES

In the following paragraphs, I highlight several key findings from the ethnobotanical study that sought to answer questions such as: Which health conditions are treated with medicinal plants, and which plant species are culturally important in Dominican TM? I also briefly summarize literature information on the safety of use of five popular Caribbean medicinal plants. Next, I focus on seven Dominican folk illnesses (CBIs) and show that these illnesses remain important after migration to NYC.

WHICH ILLNESSES ARE COMMONLY TREATED WITH PLANTS, AND WHICH PLANTS ARE CULTURALLY IMPORTANT?

Tallying of plant use-reports from a series of individual ethnobotanical interviews is an indirect way to gain insight into the type of illnesses or symptoms that are prevalently treated with TM. In addition, these metrics allow for a transnational comparison between NYC and the DR. Table 7.1 lists the top 15 health conditions treated with medicinal plants in NYC along with their comparative cumulative plant use-reports in the DR. These 15 conditions represent more than half of all plant use-reports (62 % and 59 % in NYC and the DR, respectively). Table 7.1 contains health conditions that are self-limiting (such as the flu, common cold, cough, and diarrhea) and conditions that are non-communicable and chronic (such as diabetes, asthma, high cholesterol, hypertension, and arthritis). Chi-square analysis of these 15 conditions demonstrates a significant transnational difference ($P<0.001$). Notably, the proportions of plant use-reports to treat asthma and high cholesterol in NYC were more than twice those in the DR.

Table 7.1: A transnational comparison of illnesses treated with medicinal plants by lay persons (N=166 and 128 persons in NYC and the DR, respectively). Data represent the number of plant use-reports for NYC and the DR, as well as their respective percentages (%NYC and %DR) based on the total number of all plant-use reports.

Illness or symptom (*Spanish name*)	NYC	DR	%NYC	%DR
Flu (*gripe*)	285	198	7.7	7.6
Diabetes	208	154	5.6	5.9
Kidney problems (*riñones*)	188	155	5.1	5.9
Asthma (*asma*)	183	54	4.9	2.1
Diarrhea (*diarrea*)	158	157	4.3	6.0
Cold (*resfriado*)	144	104	3.9	4.0
Burns (*quemaduras*)	141	84	3.8	3.2
Cholesterol (*colesterol*)	135	44	3.6	1.7
Cough (*tos*)	135	85	3.6	3.3
Hypertension (*presión alta*)	132	82	3.6	3.1
Bronchitis (*bronquitis*)	128	71	3.4	2.7
Sinusitis	128	83	3.4	3.2
Skin boils (*nacíos*)	115	119	3.1	4.6
Arthritis (*artritis*)	103	62	2.8	2.4
Wounds (*heridas*)	101	96	2.7	3.7
SUM (% of the total for all illnesses*)	2284	1548	62 %	59 %

Note. Chi-square= 85.4 with 14 degrees of freedom (P<0.001). The proportions of observations in the columns "NYC" and "DR" of the contingency table varied from row to row. The two characteristics that define the contingency table (illness/symptom and country) were significantly related. *All illnesses reported during interviews also include those that are not listed here.

Another way to process the data from interviews is to sum use-reports for individual plant species instead of for illnesses, which allows us to distinguish those plants that are most culturally important. Table 7.2 shows that the majority (10 plants) of the top 15 medicinal species in NYC are foods that are also used as medicines. These 15 species make up more than one-third of all use-reports (43 % and 38 % in NYC and the DR, respectively). There exists a transnational difference in the cultural importance of these 15 species (P<0.001). Two species in particular, *Ricinus communis* L. (*higuereta*, castor bean) and *Nasturtium officinale* R.Br. (*berro*, watercress), stand out in NYC, where they are reported twice as often compared to the DR.

Table 7.2: Popular medicinal plants used by lay persons in New York City (NYC) and the Dominican Republic (DR)

Common Spanish name(s) (English name)	Scientific name	Type	Origin	NYC	DR	%NYC	%DR
Sábila (aloe)	*Aloe vera* (L.) Burm.f.	NF	EX	331	189	5.6	4.2
Limón (lime, lemon)	*Citrus aurantiifolia* (Christm.) Swingle, *Citrus limon* (L.) Osbeck	F	EX	330	273	5.6	6.1
Naranja agria (bitter orange)	*Citrus* x *aurantium* L.	F	EX	210	181	3.6	4.0
Canela (cinnamon)	*Cinnamomum* spp.	F	EX	184	171	3.1	3.8
Higuereta, higuera (castor bean)	*Ricinus communis* L.	NF	EX	180	73	3.1	1.6
Ajo (garlic)	*Allium sativum* L.	F	EX	155	91	2.6	2.0
Coco, coco indio (coconut)	*Cocos nucifera* L.	F	EX	152	116	2.6	2.6
Cebolla, cebollín (onion, shallot)	*Allium cepa* L.	F	EX	263	147	4.5	3.3
Limoncillo (lemongrass)	*Cymbopogon citratus* (DC.) Stapf	NF	EX	128	69	2.2	1.5
Berro (watercress)	*Nasturtium officinale* R.Br.	F	EX	118	37	2.0	0.8
Anamú (guinea henweed)	*Petiveria alliacea* L.	NF	NA	115	109	2.0	2.4
Jengibre (ginger)	*Zingiber officinale* Roscoe	F	EX	107	58	1.8	1.3
Rábano (radish)	*Raphanus raphanistrum* subsp. *sativus* (L.) Domin	F	EX	102	49	1.7	1.1
Guanábana (soursop)	*Annona muricata* L.	F	NA/EX	100	61	1.7	1.4
Manzanilla (chamomile)	*Matricaria chamomilla* L.	NF	EX	80	54	1.4	1.2
Sum (% of total of all plants)				2555	1678	43	38

Note. Type of medicinal plant is either F (food) or NF (non-food), a division that was informed based on plant use traditions within the Dominican community. F are plants that are primarily consumed as foods but also used medicinally, whereas NF are those that only have a medicinal role. Chi-square= 78.5 with 14 degrees of freedom (P<0.001). The proportions of observations in the columns "NYC" and "DR" of the contingency table varied from row to row. The two characteristics that define the contingency table (plant species and country) were significantly related. Origin refers to each plant species' native or exotic status in the DR.

MEDICINAL USES OF FIVE CULTURALLY IMPORTANT PLANT SPECIES FOR THE DOMINICAN COMMUNITY IN NYC

Five species chosen from Table 7.2 are discussed more in detail in the following paragraphs, beginning with the most popular plant in Dominican TM, *Aloe vera*.

Aloe vera (L.) Burm.f.

Aloe vera is a hardy plant with succulent leaves that are lancet-shaped, spiny and form dense rosettes. The inflorescence of yellow flowers is carried on a main stalk. The species grows well in poor, dry soils and spreads with creeping rhizomes.[23] It is known by several common names: Aloe (Barbados, Tobago), lalwa (Haiti), sábila (Cuba, Dominican Republic, Puerto Rico), and sinkle bible (Jamaica).[24] The presumed origin of the species is Arabia, Somalia, or Sudan, although its native distribution range remains disputed.[23]

Aloe vera is available in commerce worldwide as a common houseplant. In NYC, the fresh leaves are sold in Latino greengrocers, *botánica* shops, and supermarkets in Caribbean neighborhoods. In the DR, it is often found in gardens and patios. It is a favorite plant to attract good luck; for this purpose, many Dominicans either keep a living plant inside their house or hang it upside down above the main entrance of their home.

Sábila is undisputedly the most popular plant in Dominican TM, often referred to as a "cure all." During interviews, a recurrent answer was that people have "a lot of faith in the power of *sábila*." The part used medicinally is the succulent leaf, in particular the transparent gelatinous part of the inner leaf, and occasionally also the bitter greenish-yellow latex that drips from the leaf when it is cut.

The highest number of use-reports for *sábila* in the Dominican community in NYC was associated with treating respiratory conditions, such as asthma, flu, the common cold, bronchitis and cough, whereby the transparent gel of the leaf was either blended and ingested alone or together with bitter coffee. For these conditions several people also reported preparing a raw plant mixture of *sábila* and other plants, such as onion, shallot, lemon, watercress, radish, garlic, celery, honey, and/or an oil, such as castor oil, sesame oil, snake oil, or shark oil. A second major use of the gel in NYC was its direct application on the skin to treat wounds, burns, skin boils, fungal skin infections, and shingles.

Following these two leading medicinal uses, ingestion of the transparent gel for diabetes ranked third in terms of number of use-reports, whereby *sábila* was either taken alone or together with bitter coffee.

Finally, several minor uses of *sábila* were reported by at least three Dominican New Yorkers, which included consuming the transparent gel for weight loss (blended together with pineapple, cucumber, or celery), cancer (blended together with honey or whiskey), high cholesterol (combined with grapefruit juice), arthritis (together with honey and lemon), stomach ulcers, constipation, and intestinal cleansing. For menstrual pain, *sábila* was either applied externally or drunk as a tea. To treat hair loss, *sábila* was rubbed directly into the hair. For vaginal infections, an ovule of the transparent gel was prepared by freezing and inserting as a suppository, and *sábila* was also consumed as a tea.

Some interview participants warned that *sábila* may be toxic if all the green-looking parts of the leaf are not properly removed from the transparent gel, and others said that it is important to wash the gel to remove the bitter latex before consumption. Although *Aloe vera* is used across the world as a medicinal plant, there exist relatively few reports of adverse reactions. Negative effects seem to mainly involve long-term use of the green-yellow colored latex that is released when the leaf is cut.[25] Natural Medicines (formerly Natural Standard)[26] cautions against applying *Aloe vera* to open and surgical wounds and bed sores and against oral administration for surgery (to prevent bleeding), intestinal obstruction and other intestinal disease, (bloody) diarrhea, hepatitis, heart arrhythmia, electrolyte imbalances, diabetes, and kidney disease. Pregnant women or those breastfeeding should also avoid ingesting *Aloe vera*.[25]

Ricinus communis L.

Ricinus communis is a shrub or small tree that spreads easily in dense thickets. The stems and branches have conspicuous nodes and ring-like scars, and the leaves are palmately lobed, green or red in color, and spirally arranged. The unisexual flowers grow in a panicle, with male flowers situated at the base and female flowers at the top.[27] The plant carries many spiny fruits with brown-beige speckled seeds that are toxic. When the seeds are properly processed, they represent an important source of castor oil. Common names include *higuera*, *higuereta*, *ricino* (Cuba, Dominican Republic, Puerto Rico), *palme cristi*, *ricin*, *huile montecristi*, or *huile ricin* (Haiti), and castor oil plant (Bahamas, Jamaica, Lesser Antilles).[24]

The oil derived from the seeds (*aceite de higuereta*) is popular as a medicine in the Dominican community in NYC. Although few people mentioned ingesting the seeds directly, this should always be avoided since they are very toxic, especially when chewed, and can result in hospitalization and even death. The chemical compound in the seeds that is responsible for poisoning is ricin. If the oil is properly prepared, the seeds are processed in such a way that ricin is left behind in the waste material and not present in the oil. People who are not familiar with the traditional process of making the oil should never attempt to do this on their own. Those looking to buy the oil should always source the product from a trusted, experienced traditional producer, or purchase the oil in a licensed pharmacy or reputable health store. Oil produced for industrial applications is highly toxic and should never be used.

The Dominican community in NYC commonly uses *higuereta* to treat respiratory conditions. Top-ranking medicinal uses (according to the number of use-reports) were for flu, common cold, asthma, sinusitis, bronchitis, and cough. For these conditions, the oil is ingested together with bitter coffee, honey, or a variety of other oils such as coconut oil, shark oil, cod liver oil, or snake oil. Alternatively, *higuera* oil can be mixed with honey and several plants, such as shallot (*cebollín*), *sábila*, onion, lemon, or sesame seeds. To treat sinusitis, the oil is applied to the forehead, either alone or mixed together with Vicks VapoRub™, bitter orange fruit, banana peel, *sebo flande(s)* (mutton tallow), salt, ginger, menthol, cajeput oil, camphor, or *clavel de muerto*.

Minor uses (reported by at least three Dominican participants in NYC) consisted of the application of the oil or leaf to the skin to treat *nacíos* and arthritis. *Nacíos* (probably a contraction of the word *nacidos*) are a type of skin abscesses or boils, which are treated with the leaf of *Ricinus communis*, applied alone or together with the leaf of *Capsicum* species (*ají*, pepper), or bitter orange.

Any discussion about the safety of use of this species should distinguish between the toxicity of the seeds and the processed product, the oil. When the seeds are properly processed and the oil is sourced from a trusted producer, ingestion appears to be safe for most people over a short period of time, at a dose of up to 0.7 mg/kg body weight.[28] However, ingestion of the seeds should be avoided at all times. In one study of 424 patients treated for poisoning after ingesting the seeds, 14 persons died, of which 0.4 % were treated for poisoning versus 8.1 % of untreated patients. While the cause of death in these fatal cases was hypovolemic shock due to severe loss of blood plasma and organ failure, a symptom common to *Ricinus communis* poisoning is acute gut irritation and liver toxicity. Treatment of asymptomatic patients who had chewed at least one raw seed but did not yet show symptoms may include induction of vomiting, stomach pumping, administration of activated charcoal, and evacuation and irrigation of the bowels. Symptomatic patients are treated by gastric decontamination and administration of intravenous fluids. Out of safety concerns, pregnant women, those breastfeeding, and women who want to become pregnant should never use *Ricinus communis* in any form.[25]

Cocos nucifera L.

Coconut is the fruit of a tall, slender palm that reaches up to 30 meters in height and has a crown of large pinnate leaves. The inflorescence carries 30–35 flower-bearing stalks that develop within a tough double sheath (called a spathe). These flower stalks each consist of hundreds of male flowers and few female flowers at their base. The fruit encloses a single seed with a smooth epidermis that is yellow, orange, green, brown, or reddish-brown in color, which holds a fibrous mesocarp or husk and a woody, hard dark brown endocarp. The seed consists of a brown coat which encloses a layer of white meat and a large central cavity that contains coconut water. Common names include *Coco, cocotero, palma de coco(s)* (Cuba, Dominican Republic, Puerto Rico), *coco indio* (Cuba, Dominican Republic), *cocotier* (Guadeloupe, Haiti, Martinique), *coco lait* (Haiti), coconut (Bahamas, L. Antilles, Jamaica), *cocoyé* (Dominican Republic), *cocoyeur* (Haiti), *mata de coco* (Dominican Republic), and *noix de coco(s)* (Haiti, Guadeloupe).[24] The coconut tree grows in tropical and subtropical areas around the world and is one of the most versatile and useful plant species from an ethnobotanical point of view. In NYC, coconut fruits are available in markets and supermarkets. In the DR, coconut palms commonly grow on the coast and in the mountains, and there are sellers of fresh coconut water all around the island.

The roots and fruit, including the endocarp, the oil, coconut water, and coconut milk, are all used in Dominican TM. Based on the number of use-reports, the most popular medicinal use is to drink coconut water for treatment of kidney stones, sometimes in combination with onion, sugar, or milk. Alternatively, a tea is made of the coconut shell (endocarp), sometimes together with corn silk or cinnamon, or a *botella* (a bottled plant mixture) is prepared with coconut root, *tuna, maguey, guaucí,* and/or *cola de caballo.* Another major use is for asthma, ingesting the oil or milk, either alone or together with the oil of herring (*arrenque*), shark (*tiburón*), or *higuera*. The same remedy also serves to treat bronchitis, cough, the common cold, and flu. Or, a syrup (*jarabe*) is made with honey, coconut, and other plants, such as lemon, shallot, or onion, and garlic. Finally, burns are treated with coconut oil and annatto seeds.

There were several minor medicinal uses mentioned by at least three Dominican participants in NYC. Infertility and venereal diseases were treated with a bottled plant mixture (*botella*) consisting of coconut roots and other plants, such as *guaucí*, cinnamon, star anise, chamomile, and lavender. Labor pain was treated with an herbal mixture that contains the fruit ("placenta") of *higüero*, coconut, and *guaucí*. For *empacho* (gastrointestinal blockade) and diarrhea, coconut oil, or milk are ingested. A tea of coconut, *sen* leaves, or *apasote* serves to treat intestinal parasites. For *nacíos* (skin boils), coconut milk or oil is applied with sulfathiazole.

For most people, it appears to be safe to apply coconut oil as a cosmetic ingredient or consume the oil in amounts found in food. Although the oil has a high saturated fat content, concerns that it may increase body weight or raise cholesterol levels when used in large quantities have not been substantiated or were even contradicted by other scientific studies. In medicinal quantities, the safety of coconut oil is unknown, and therefore it should be avoided during pregnancy or breastfeeding. Patients with high levels of cholesterol should discuss their intake of coconut oil with a qualified healthcare professional.[25]

Petiveria alliacea L.

Petiveria alliacea is a perennial herb with deep roots that grows up to one meter in height and has a strong smell of garlic. The leaves are alternate, simple and entire, shaped elliptical, and pointed. The small white flowers are born on a flowering stalk. Its common names include *Anamú* (Cuba, Dominican Republic, Puerto Rico), *avé, huevo de gato, mal pourri, vérocine puante* (Dominican Republic), *feuilles avé, avette, chasse(r) vermine, herbe aux poules, pétivere à odeur d'ail, verveine puante* (Haiti), *conga root, dandail, douvant-nègre, fey douvan, garlic root, marie pourie, mawi pouwi* (Lesser Antilles), *garlic weed, Obeah-bush* (Bahamas), and *Guinea hen weed, strong man's weed* (Jamaica).[24] The plant is native to the Amazon rainforest and grows in tropical regions of the Americas and Africa.

The roots and leaves are the sought-after plant parts. The most popular use of *anamú*, in terms of the number of Dominican New Yorkers reporting, is as a remedy for arthritis. People drink a tea of the root (and sometimes the leaves) or apply these plant parts directly where it hurts. Alternatively, they first soak the plant parts in alcohol (sometimes together with ginger or camphor) and massage this remedy. People also prepare a *botella* (bottled herbal mixture) of *anamú* root with gin or red wine, honey, and other plant ingredients such as ginger, garlic, or *cuaba*, and take daily shots of this mixture.

After arthritis, two other popular medicinal uses of *anamú* involved treating kidney stones and upper respiratory tract problems (such as cold, flu, asthma, sinusitis, bronchitis, and cough). For these conditions, a *botella* or tea made with the roots (and sometimes the leaves) were the most common preparations. Since *botellas* are multi-plant formulations, other species are included according to each person's preference. Additional plants reported were maguey (leaf), bitter orange (leaf), ginger, shallot, *sábila*, as well as processed products such as higuera oil or honey. For kidney stones, *anamú* was mixed with *apasote*. For sinusitis, people reported inhaling the steam of the root of *anamú* or applying the root directly to painful areas.

We recorded several minor medicinal uses for *anamú* in New York City, based on reports from at least three people, namely to treat *nacíos* (skin boils) and wounds (direct application of the roots and leaves, sometimes with lemon), fungal skin infections (a bath of the leaves, or direct application), shingles (a tea of the root), labor pain and delivery (a tea or *botella* of the root together with *guaucí*, *bija* and red wine), infertility (a *botella* of the root and other plants such as *juana la blanca, guaucí, roble, guásima*, *maguey*, and honey, red wine or the processed plant product Sra. Müller), STIs (gonorrhea and syphilis) (a tea of the leaves, or a *botella* with *anamú* and maguey), diabetes (a tea of the root or leaves), back pain (a tea or *botella*), and diarrhea (a tea of the root).

Anamú is recommended in the TRAMIL pharmacopoeia for several health conditions, such as common cold, flu, digestive problems, pain (headache, muscle pain, toothache), sinusitis, arthritis, and skin problems, but contraindicated for use in pregnancy.[29] In our survey, a few people warned that *anamú* can be harmful to human health. Two persons specified that the root can cause liver damage, especially when used in excess, while another person said that the root in combination with gin has a "very hot" quality that can damage the heart. Extracts of *anamú* have shown hypoglycemic effects in animals, and the presence of the anticoagulant phytochemical coumarin in the plant caution against its use together with diabetes medication or blood thinners.[25]

Annona muricata L.

Annona muricata is a small tree with aromatic, dark green leaves that are glossy and leathery. The characteristic flowers (three whorls each consisting of three segments) are yellowish-green in color and produced either as single flowers or in small clusters on old wood. The heart-shaped to oval fruit has a green skin with many recurved, soft spines. The ripe fruit pulp is white and has a creamy consistency and a particular taste that is slightly acidic. Common names include *Soursop* (Jamaica, Lesser Antilles), *guanábana* (Dominican Republic, Puerto Rico, Lesser Antilles), *corossol* (Dominican Republic, Lesser Antilles), and *coro(s)solier* (Haiti, Lesser Antilles).[24] Its native range remains disputed and perhaps stretches from Mexico to Central and South America. There exist conflicting opinions as to its nativity status in the Caribbean. Vega [30] lists the species as one of the fruit trees of the Taino in Hispaniola, and I have argued elsewhere that its long tradition of use in the Caribbean warrants a status of cultural heritage species.[31]

According to the number of people reporting, a tea made with the aromatic leaves was a popular Dominican remedy for treating upper respiratory tract illnesses, most notably the flu (*gripe*) and common cold (*resfriado*), but also bronchitis and cough. A secondary use of the tea was to calm the nerves and as a sleep aid (*nervios* and *dormir*).

Although the use of the leaves and fruit as a tranquilizer and sleep-inducer is reported across the three official language regions in the Caribbean, there exists a lack of (pre-)clinical research into this particular use. Two decades ago, overindulgent consumption of the fruit and leaf tea was linked to clinical cases of atypical Parkinson's disease in the French Caribbean, but the association was later disputed by French health officials. Laboratory research has shown the presence of chemical compounds that are potentially toxic to nerve cells in large amounts. However, it is important to keep in mind that consumption as part of a normal diet is considered to be safe.[25]

THE CULTURAL DIMENSION OF HEALTH: DOMINICAN FOLK ILLNESSES OR CULTURE-BOUND ILLNESSES (CBIS)

During interviews, we asked Dominican New Yorkers whether they believed there exist illnesses a medical doctor (physician) does not understand or cannot cure. An impressive majority, 79 %, answered "yes." Tallying generated a list of 22 illnesses that were independently mentioned by at least three persons (Figure 7.1). Seven of these were folk illnesses, also known as Culture-Bound Illnesses (CBIs), such as *culebrilla*, *brujería*, *disipela*, *mal de ojo*, *empacho*, *pasmo*, and *padrejón*.

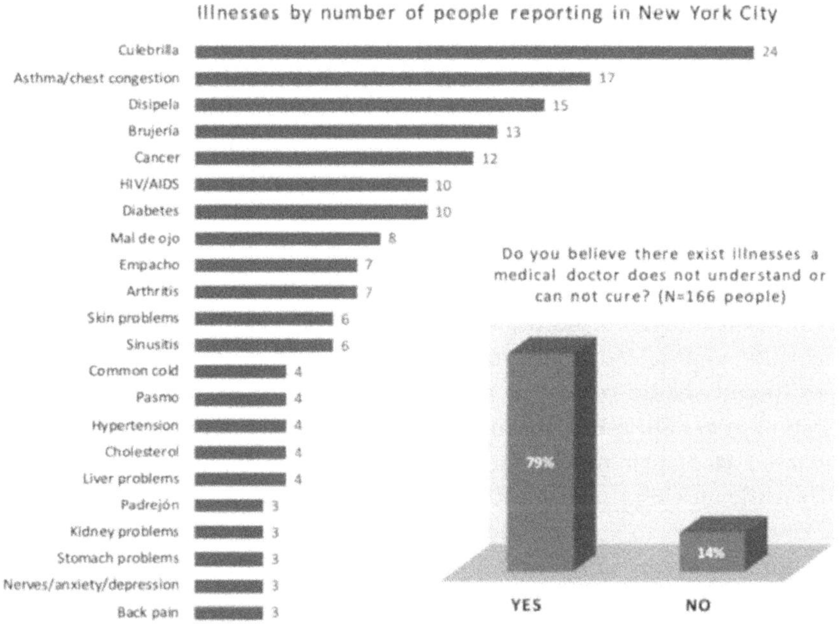

Figure 7.1: Inlay graph (*right*): Proportion of Dominican participants in New York City who confirmed that there exist illnesses that a medical doctor does not understand or cannot cure. Main graph (*left*): A ranking of these illnesses according to the number of people reporting. Seven illnesses (*culebrilla*, *brujería*, *disipela*, *mal de ojo*, *empacho*, *pasmo*, and *padrejón*) are folk illnesses or Culture-Bound Illnesses (CBIs).

One of the characteristics of these CBIs is that there exists consensus within a community or cultural group about their symptoms and signs, which represent a culturally defined pattern. In addition, people within the community share a conceptual model that explains the origin of these CBIs and that recommends or prescribes preferred treatments. Often, there is no direct correspondence between

CBIs and biomedical diseases. Physicians who are not members of the community tend to be unfamiliar with these CBIs, and often patients do not voluntarily disclose information about them, especially if there are no specific questions asked about this topic, or if they feel that there may be judgment on behalf of health practitioners. Symptoms of CBIs may have a component of social or emotional distress, which explains why many CBIs are listed in the Diagnostic and Statistical Manual of Mental Disorders, DSM. However, one could argue that it is reductionist and lacking in cultural respect to classify and explain CBIs as mere psychiatric disorders, especially since medical anthropology research has shown that CBIs are associated with increased morbidity and mortality in patients. Thus, there exists an urgent need for researchers to dedicate special attention to CBIs, given their cultural importance and prevalence.

Interviews offered important insights into Dominican perceptions and beliefs related to the seven CBIs listed in Figure 7.1. For *culebrilla*, study participants described its main symptoms as a rash on the abdomen that "runs around on the body like a belt or snake (*culebra*)," fever, headache, and body pain. They further explained that when the two ends of the "belt" close, the patient dies. Dominicans perceived various causes for *culebrilla*, such as a viral or fungal infection, red fly bites, trauma, allergy, temperature, "something in the blood," or a contaminated environment. Although *culebrilla* has a biomedical equivalent known as the viral infection shingles or herpes zoster, it is treated ritually by Dominican TM. Participants emphasized that a medical doctor does not know this illness, and that treatment should consist of rituals and psalms (*ensalmos*), or the symbolic application of car oil, ashes, certain herbs, *bejucos* (lianas), or a snake. *Sábila* and *anamú* are two plant remedies for *culebrilla*. They are applied, ingested, or used ritually while reciting psalms or to form the holy cross.

Empacho refers to a gastrointestinal complaint with compromised digestion that commonly occurs in children. Symptoms of *empacho* include the inability to eat, drink or sleep, vomiting, stomachache, fever, diarrhea, a swollen belly, and a bad smelling stool. Interviewees stated that *empacho* occurs when children eat spoiled food, or when the food "sticks" to their stomach. One participant said, "This happens when we do not take good care of the food that we give to our children." People believe that a medical doctor does not understand this illness, and that *empacho* can be cured by those who know psalms, or by drinking a tea of garlic, anise, and star anise. Other plants used for *empacho* include *tua tua*, *orégano*, *orégano poleo*, or coconut oil. Other community-based prescriptions for treatment involve changing the child's milk or pulling the skin on the back three times (known as "*jalar el cuero*"), with special importance of using an uneven number.

Padrejón is also characterized by gastrointestinal symptoms, including stomachache and discomfort (*estómago debilitado, saltadura en la boca del estomago*), gastritis, excess stomach acid, accumulation of gas, the feeling of a "nod that rises," a swollen abdomen (*barriga hinchada*), and nausea. Treatment consists of massaging the abdominal area to remove gas, reciting psalms, or consumption of a special plant mixture in alcohol known as a *botella*.

Mal de ojo (evil eye) is another CBI that occurs mainly in children, but it can also affect adults or even animals. Vomiting, diarrhea, refusal to eat, pain in the body, fever, an erupted navel, and one leg that is shorter than the other are commonly reported symptoms. The list of symptoms also includes potentially dangerous ones, such as delirium, convulsions, the eyes turning up, and even death. Dominican participants stated that *mal de ojo* is transmitted by a person with bad energy who admires a child's beauty but does not say "God Bless You" ("Que Dios le bendiga"). If that happens, the child presumably can get sick the next day. Transmission of *mal de ojo* can either occur intentionally or subconsciously. To prevent this CBI, it is considered important to be mindful about ways in which one admires beauty, and to always express proper blessings. Some mothers will also be proactive in protecting their children against *mal de ojo* with a bracelet or amulet. Interviewees said that a medical doctor does not understand this illness, and that a healer (*curandero/curandera*) should be consulted, who applies psalms and prayers (*oraciones*). Other remedies for *mal de ojo* include the application of a bath (*baño*) made with eucalyptus or *ruda* (rue), use of Holy Water, or preparation of a tea with *orégano* and *orégano poleo*, two plants that are well-known in Dominican TM.

Brujería is recognized as a feeling of malaise and the belief that something unknown is lodged inside the body ("*el cuerpo se siente mal, sabes que hay algo dentro de ti, pero no sabes lo que es*"). The presumed cause of *brujería* is evil, "dirty or bad things" (*cosas sucias, cosas malas*) that someone else has called upon a person. Interviewees said that *brujería* cannot be cured by a medical doctor or medicinal plants, and that a *curandera* or *curandero* should be consulted.

Disipela (or *dicipela*) is characterized by fever and a red, swollen, and painful leg with sores (*nacíos*). According to interviewees, it was caused by problems with blood circulation, liquid accumulated in the body as a consequence of arthritis, a parasitic or other type of infection similar to *culebrilla*, or trauma (*golpe*). They pointed out that in serious cases the leg has to be amputated. For treatment, psalms are recited using a plant known as *alquitira*. Alternatively, the leg is rubbed with a toad (*maco*) that is thrown afterwards into the river so that the animal can swim away with the disease.

Pasmo symptoms reportedly include a high fever, headache, pain and swelling of body parts, a twisted body (*cuerpo torcido*), and even death. The perceived cause is a sudden fluctuation in temperature from hot to cold, for example, after opening a cold fridge with an arm that is still hot from ironing clothes, or after taking a cold bath without a cooling off period when the body is still hot from exercise. When someone is *pasmado(a)*, their body is (partially) paralyzed and the blood no longer circulates. Some interviewees also referred to *pasmo* as tetanus caused by an infected wound from stepping on a rusty nail. People mentioned that *pasmo* is not understood by a physician, but that it can be healed with mutton tallow (*sebo flande*) and cupping (*ventosa*).

FOLK ILLNESSES REMAIN IMPORTANT AFTER MIGRATION

Figure 7.2 shows the transnational persistence of folk illnesses. On the island, one in two Dominican interview participants reported at least one folk illness. This reporting rate remained high in NYC, with more than one in four, or almost one in two, of all NYC participants mentioning at least one folk illness, depending on whether they grew up in urban or rural DR. These numbers make a plea that healthcare providers who are not members of the Dominican community should familiarize themselves with folk illnesses, if they are to have meaningful clinical encounters with their patients and want to establish mutual trust and rapport.

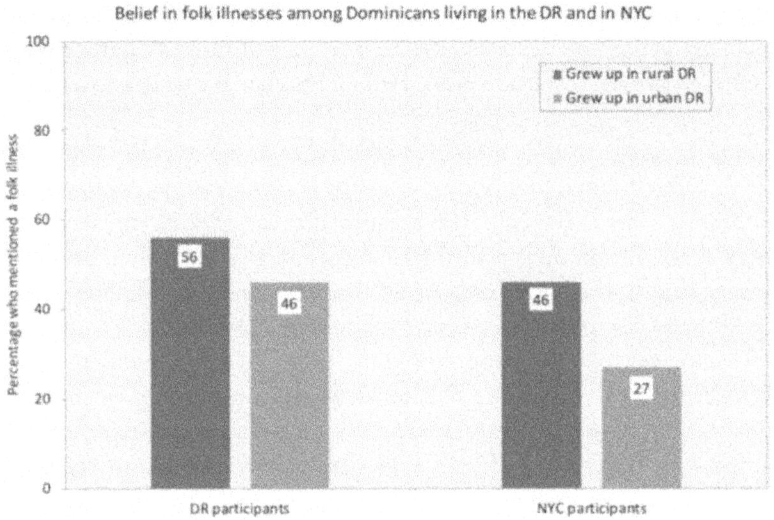

Figure 7.2: Proportion of Dominican participants in the Dominican Republic (DR; N=128) and New York City (NYC; N=166) who reported one of seven folk illnesses identified in Figure 7.1. People were grouped according to the area where they grew up (as a youth, either in rural or urban DR) and a Chi-square test showed a significant difference, with Dominican New Yorkers who grew up in an urban area being the least likely to report a folk illness ($\chi 2= 4.98$; $p=0.026$).

LESSONS LEARNED AND FUTURE DIRECTIONS

Caribbean ethnobotany is rich in biocultural diversity: The use of wild and (semi-) domesticated plants as medicines represents only one of many aspects of Caribbean ethnobotany. Other Caribbean human-plant relationships are visible in the use of plants as firewood, household tools, wild-harvested foods and recreational teas, construction materials, living fences, and for spiritual protection, among others. However, the rich legacy of Caribbean plant knowledge already shines through in a more narrow focus on Dominican TM. The results described in this chapter showcase a plant pharmacopoeia that is versatile and rich in plant species, with many plants having multiple medicinal uses to treat a broad range of diseases and illnesses, ranging from self-limiting diseases, infections, chronic non-communicable diseases, to folk illnesses.

The co-occurrence of a diverse plant world and high linguistic diversity as a proxy for cultural diversity is known as "biocultural diversity," which is a contraction of both concepts.32 Cultural diversity is also visible in ethnobotany research as the variation (or breadth) of traditional plant knowledge. A high biocultural diversity is to be expected in the Caribbean, given that the region is a tropical plant diversity hotspot that represents a distinctive phytogeographic unit within the Neotropics. The Caribbean's high priority for conservation is based on three characteristics: (1) high levels of biodiversity (an estimated 12,000 species of vascular plants in total); (2) high levels of plant endemism (with more than half of all vascular species occurring only in the Caribbean); and (3) multiple environmental threats to various Caribbean habitats.[33, 34] The cultural diversity of knowledge systems in the Caribbean is the outcome of cultural influences from different groups throughout the history of the region, including pre-Columbian inhabitants like the Caribs, Arawaks and other Amerindian groups, Europeans colonizers, different African ethnic groups abducted from their homelands and forced into enslaved labor during the colonial period, and indentured workers from India, China, Portugal, Madeira, Java, and other countries. Similar to traditional knowledge systems in other geographies, Caribbean TM has a long track record of oral transmission and "learning by doing," as a legacy of the multicultural inhabitants of the region, and processes of syncretism, creolization, hybridization, as well as innovation. Even today, the cultural tradition of passing along knowledge from the ancestors through practice, together with experimentation, discovery, innovation, and verbal transmission continues its process in the Caribbean.

Although the Caribbean is the oldest Neotropical region subjected to studies by Western science,[35] much work remains to be done in the disciplines of botany and ethnobotany. Written documentation of Caribbean plant diversity and plant use is available in archival reports from Columbus and other colonizers since the

15th century, with plant descriptions predating Linneaus' Species Plantarum published in 1753. Notwithstanding, oral transmission of plant knowledge is by far the oldest form of dissemination of information. I recognize the invaluable contributions made by many Caribbean herbalists and scientists,[6, 36, 37, 38, 39] and the regional TRAMIL network.[7] Our research efforts, based on a quantitative approach of tallying plant use-reports, add to this literature by highlighting patterns of plant knowledge. These metrics show that the region's contemporary cultural legacy extends beyond the geographic boundaries of the Caribbean through a transnational comparison with its diaspora communities in the United States.

A focus on diversity alone, however, might inadvertently draw most of the attention to the breadth of Caribbean ethnobotany, while losing sight of its internal organization as a coherent system that is rooted in cultural consensus. Not all plants are of equal cultural importance, and not all medicinal uses of individual species are either. For example, *Aloe vera* is among the most popular species in Dominican TM, and three of its medicinal uses (as a remedy for respiratory conditions, skin problems, and diabetes) stand out in terms of cultural importance. Tracking knowledge patterns provides a deeper meaning to the relationships between people and plants. These knowledge patterns can reveal dynamics within and between plant pharmacopoeia over space and time, thereby enabling comparisons between different Caribbean island nations and their diaspora communities from the past to the present, or comparisons between different subgroups within these communities based on gender, age, or religion. Such comparisons can aptly show that Caribbean TM is not static, "frozen in time," or "a relic of the past," but highlight its complexity as an adaptive and modern knowledge system that actively responds to changing environmental, social, cultural, and biophysical circumstances, for example in response to the epidemiological transition from infectious diseases to chronic non-communicable diseases that is commonly associated with migration.

Why is it important to understand Caribbean TM within its broader cultural and social framework? Ethnobiologist Ana Ladio[40] has warned that "western science" should not commit epistemological violence against traditional knowledge by "splitting up" this cultural knowledge into scientifically objectifiable units, for example, by classifying plants into discrete use-categories as either foods, medicines, or for spiritual protection. Plants can hold multiple functions and meanings for local communities, and research should prioritize the complex roles that plants play in people's lives. The spiritual uses of plants are often overlooked in research or discarded as not relevant to the specific research questions at hand. However, TM is embedded within larger worldviews or cosmovisions that reflect the intrinsic connections between humans and their natural, emotional, social, and spiritual worlds. In local communities with strong traditional ties to land, territory and ecosystems, these multilateral relationships often play a crucial role in the experience of disease, the process of healing, and the perceived efficacy of treatment. These relationships are particularly pronounced in folk illnesses, which have often been contrasted with biomedical illnesses, uncritically equated with psychiatric disorders, or seen as exotic and mostly of relevance to anthropologists. This, in turn, has catalyzed a general lack of interest in these illnesses in scientific disciplines such as pharmacology, health research, and even ethnobotany.[41] Some medical anthropologists have taken a more nuanced stance away from the predominant psychiatric paradigm and consider folk illnesses a cultural interpretation of "biophysiological diseases into socioculturally understood sicknesses."[42] Among the folk illnesses described in this chapter are those that are well-known across Latino cultures, notably *brujería*, *mal de ojo*, *pasmo*, *empacho*, and *culebrilla*,[43] whereas others are more inconspicuous, such as *disipela* and *padrejón*. Interestingly, there appears to exist a link with Iberian folk medicine for the skin disorders *culebrilla* and *disipela*.[44]

Researchers should be careful not to dismantle traditional knowledge systems or pick and choose from these cultural traditions what they deem worthy from a scientific viewpoint. There can exist merit in bringing together scientific and traditional knowledge, but this will only work if both hold equal power and are seen as complementary and mutually enriching. For example, providing information on the biomedical safety of individual plant species through reviewing existing biomedical literature on their side effects, toxicology, contraindications, drug interactions, safety during pregnancy and breastfeeding can be helpful to community members who use these plants, or who want to initiate a dialogue with their healthcare providers. However, it is important to center this dialogue not only around the physiological effects of plant medicines in the human body (biomedical efficacy), but also to acknowledge their cultural importance and meanings (cultural efficacy). Cultural traditions, such as observing and remembering plant use across generations, and lived experiences of treating sickness with plants, hold great power for patients and represent shared cultural values which should be cherished and respected. Given existing biases towards TM in western biomedicine, some authors have advocated that "medical anthropological inquiry needs to return to the field, to explore and comprehend how efficacy is understood within traditional medical systems themselves."[45]

How can we advocate for a better recognition of Caribbean ethnobotany? In answering this question, understanding the context in which Caribbean ethnobotany research takes place is paramount. The continued study of Caribbean ethnobotany faces several persistent barriers. Globally, the Caribbean is often lumped together with Latin-America, the latter being a region with a strong and diverse representation of TM which, by virtue of its geographic breadth, can overshadow and obscure Caribbean traditional knowledge systems. Second, the Caribbean's Afro-descendant population is not considered "indigenous" to the region and remains sidelined in the global dialogue on indigenous and traditional knowledge systems. Third, Caribbean governments, like elsewhere, have taken a strong stance in favor of technological advancements in biomedicine, and there exists an unfortunate tendency to perceive cultural traditions as "outdated," reminiscent of underdevelopment, or obstructing biomedical progress. Fourth, there exist tensions between mainstream religions and Afro-Caribbean cultural beliefs and practices, and power imbalances persist, in spite of lived experiences of synergies in local communities. Fifth, colonial legacies have fragmented and shattered traditional knowledge systems, and archival records contain a deep Eurocentric bias, whereas persistent structural inequalities and parachute science by foreign researchers continue to negatively affect in-country research efforts by Caribbean scientists.

There exists no shortage of interest in Caribbean TM from dedicated researchers, herbalists, and community members alike. However, considering the structural processes of exclusion, inequality, discrimination, and poverty that many TM practitioners and users continue to face, there is a clear need for strategic partnerships in public and private sectors that advocate for a better recognition of Caribbean TM. One way of "finding common ground" can be to take a patient-centered approach. Both TM and biomedical healthcare have the best interest of patients at heart, and biomedical healthcare has much to learn from TM in terms of delivering culturally relevant and sensitive healthcare.

MOVING FORWARD

From a perspective of community health and social justice, research into Caribbean TM cannot be seen separately from activism to dismantle existing racial and ethnic disparities in health. There are several ways to reflect on, and advocate for, TM's multiple benefits for local communities: (1) TM plays a pivotal role in managing the health of people who lack access to biomedical care, notably those living in remote rural areas or distressed inner city communities, and those who are undocumented immigrants; (2) TM has been a first-line health treatment for Neglected Diseases that disproportionately affect the Global South; (3) TM strengthens cultural belonging and builds community cohesion through shared explanatory models of disease and culturally-accepted forms of treatment; (4) TM empowers people in self-care and control over their own health; (5) TM is popular for the prevention and treatment of lifestyle-related chronic diseases and holds potential in meeting the health needs of ageing populations; and (6) TM is adaptive and has been an important health resource for communities around the world during the COVID-19 pandemic.[3]

The WHO recognizes the popularity and importance of TM around the world in the formulation of its TM strategy 2002–2005 and in its updated strategy 2014–2023. However, during the last two decades, its public health agenda has remained almost exclusively focused on the regulatory aspects, safety, and efficacy of herbal remedies. Unfortunately, the application of a narrow biomedical lens has been at the expense of attention towards the cultural foundations of TM, and the influence that culture has on health. In addition, the WHO lumps the cultural use of plant medicines (TM) together with a diverse amalgam of unconventional (non-traditional) healing modalities described as "complementary and alternative medicine" (CAM), thereby shifting attention further away from the cultural determinants of TM. Although the WHO has pushed "developing norms, standards and technical documents based on reliable information and data for providing safe, qualified and effective TM services and their appropriate integration into [biomedical] health systems" there is a general lack of consideration for the structural power imbalances that continue to exist between TM and biomedicine, and the potentially negative impacts of such policies on the maintenance of TM as a cultural tradition. The same argument applies to other public health goals of the WHO such as "using TM systems to deliver modern medicines," or the "possibility for conjunctive use" of TM and biomedicine.

If we are to focus on the cultural foundations of TM, the most appropriate way to do this is from the ground up, through community leadership in consultations and partnerships. Ideally, these consultations would explore the contributions of TM to community health, primary health care, and individual well-being. In these conversations, intergenerational fora are indispensable to also capture youth voices in TM and to explore the specific ways to reach youth in maintaining TM. This may include discussions on informed internet sourcing of traditional knowledge. During the COVID-19 pandemic, traditional knowledge has been readily exchanged by web-based audiovisual media across the world when public health services collapsed. At the same time, important questions remained unanswered, such as which traditional knowledge systems were being tapped into, how internet divulgation will affect these cultural traditions in the future, who the experts are, and what the resilience is of the natural resources that are being sought after as herbal remedies. I call for a broad alliance of community members, ethnobotanists, anthropologists, allied social and natural scientists, journalists, artists, policy makers, and public health officials to reflect together on the multiple relationships that triangulate TM, culture, and health for the benefit of local communities, and work towards a shared vision of inclusion of those whose voices and expertise have not yet been heard in this dialogue.

PERSONAL REFLECTION

On 8 February 2005, I arrived in NYC on a direct flight from the capital of Brussels in Belgium. For 16 years, my first and only home in the United States was in The Bronx, in an Italian-Albanian-Dominican-Puerto Rican-Mexican neighborhood. Being new to the country, it was a steep learning curve to navigate my new life, and many times during the first year I felt overwhelmed trying to fit in. But all that gradually changed when I started my survey work with the Dominican community. During more than 150 interviews, in so many Dominican homes, I received a very warm welcome, good conversation, a plate with *la bandera Dominicana*—rice, red beans, and chicken—and solid advice on how to keep life looking bright in the face of uncertainty, personal struggle, or the bureaucratic hurdles of being an immigrant. Many times, this involved a *despojo*, a ritual to strip away bad luck or remove negative energy. Feeling ill or anxious, I learned, could easily be provoked by living in an unfamiliar or unpredictable environment, or through spiritual malaise brought about by undisclosed jealousy. But luckily there was a treatment. After the *despojo*, a sweet bath with nicely scented florals would bring relief and peace of mind. These conversations of shared challenges and what to do about them, instilled a sense of embrace and belonging. We shared and therefore I was. I felt connected and at home. I learned to dance salsa and bachata and explored my neighborhood. I ate delicious meals and learned the recipes to cook them myself. A good dish, I was taught, started with the right *sazón* (seasoning), which should be adapted by each cook, to give a personalized end result. The plant ingredients of seasoning were also herbal remedies. Everything was connected in a delightful way. This gave me inspiration beyond research. I am forever thankful to the Dominican community for teaching me so much more than ethnobotany, and especially for guiding me to my own sense of home in NYC. I have tried to capture some of these precious lessons of life in poems.

JUST IN CASE

Figure 7.3: Mesa blanca: Author's altar to Yemaya, with print by Puerto Rican artist Manny Vega

Someone once told me,
I don't believe in those things
(she meant *brujería*),
but I'll pick it up
with my left hand.
Just in case.

When I get home
I'll smudge my room
with white sage (*Salvia apiana*),
to get out the stagnant thoughts,
the old memories,
Just in case.

I'll throw body and house cleanser
on the floor,
to wash away anything
that lingers or sticks,
any *mala vibra,*
Just in case.

I'll carefully swipe away cobwebs,
and dust the four corners
to free up my mind,
I'll do a *despojo*
with some rue (*Ruta chalepensis*),
Just in case.

I'll put parsley in water,
dry yellow flowers in a bowl,
red rose petals on the table,
and burn a white candle,
to make sure the future looks bright.
Just in case.

Ina Vandebroek
Portland, Jamaica, 8 April 2015
(updated in The Bronx during the COVID-19 pandemic, 13 December 2020)

REFERENCES

1. World Health Organization. (2019). *WHO global report on traditional and complementary medicine 2019.* https://apps.who.int/iris/handle/10665/312342.
2. Antonelli, A., Fry, C., Smith, R. J., Simmonds, M. S. J., Kersey, P. J., Pritchard, H. W., et al. (2020). *State of the world's plants and fungi 2020.* Royal Botanic Gardens, Kew. https://doi.org/10.34885/172.
3. Pieroni, A., Vandebroek, I., Prakofjewa, J., Bussmann, R. W., Paniagua-Zambrana, N. Y., Maroyi, A., Torri, L., Zocchi, D. M., Dam, A. T. K., Khan, S. M., Ahmad, H., Yeşil, Y., Huish, R., Pardo-de-Santayana, M., Mocan, A., Hu, X., Boscolo, O., & Sõukand, R. (2020). Taming the pandemic? The importance of homemade plant-based foods and beverages as community responses to COVID-19. *Journal of Ethnobiology and Ethnomedicine,* 16(75). https://doi.org/10.1186/s13002-020-00426-9.
4. Laguerre, M. S. (1987). *Afro-Caribbean folk medicine.* Bergin & Garvey.
5. Brendbekken, M. (1998). *Hablando con la mata: Estudio antropológico de la interdependencia entre "la vida social de las plantas" y la construcción de la identidad campesina en el área fronteriza de la República Dominicana.* Instituto de Medicina Dominicana.

6. Benedetti, M. (2001). *Hasta los baños te curan! Plantas medicinales, remedios caseros y sanación espiritual en Puerto Rico*. Verde Luz.
7. Germosén-Robineau, L. (2014). *Farmacopea vegetal Caribeña*. Centro de Investigación Científica de Yucatán.
8. Sutherland, P., Moodley, R., & Chevannes, P. (2013). *Caribbean healing traditions: Implications for health and mental health*. Routledge.
9. Torres-Avilez, W., Méndez-González, M., Durán-García, R., Boulogne, I., & Germosén-Robineau, L. (2015). Medicinal Plant Knowledge in Caribbean Basin: A Comparative Study of Afrocaribbean, Amerindian and Mestizo Communities. *Journal of Ethnobiology and Ethnomedicine*, 11(18). https://doi.org/10.1186/s13002-015-0008-4.
10. Vandebroek, I., Picking, D., Aiken, S., Lewis, P. A., Oberli, A., Mitchell, S., & Boom, B. (2018). A review of coralilla (*Antigonon leptopus*): An invasive and popular urban bush medicine in Jamaica. *Economic Botany*, 72, 229–245. https://doi.org/10.1007/s12231-018-9415-5.
11. Picking, D., Delgoda, R., & Vandebroek, I. (2019). Traditional knowledge systems and the role of traditional medicine in Jamaica. *CAB Reviews*, 14 (045), 1–13. 10.1079/PAVSNNR201914045.
12. Allen, R., Cushman, L. F., Morris, S., Feldman, J., Wade, C., McMahon, D., Moses, M., & Kronenberg, F. (2000). Use of complementary and alternative medicine among Dominican emergency department patients. *American Journal of Emergency Medicine*, 18, 51–54.
13. Balick, M. J., Kronenberg, F., Ososki, A. L., Reiff, M., Lohr, P., Roble, M., O'Connor, B., Fugh-Berman, A., & Atha, D. (2000). Medicinal plants used by Latino healers for women's health conditions in New York City. *Economic Botany*, 54, 344–357.
14. Ososki, A. L., Lohr, P., Reiff, M., Balick, M. J., Kronenberg, F., Fugh-Berman, A., & O'Connor, B. (2002). Ethnobotanical literature survey of medicinal plants in the Dominican Republic used for women's health conditions. *Journal of Ethnopharmacology*, 79, 285–298.
15. Reiff, M., O'Connor, B., Kronenberg, F., Balick, M., Lohr, P., Roble, M., Fugh-Berman, A., & Johnson, K. D. (2003). Ethnomedicine in the Urban Environment: Dominican healers in New York City. *Human Organization*, 62, 12–26.
16. Fugh-Berman, A., Balick, M. J., Kronenberg, F., Ososki, A. L., O'Connor, B., Reiff, M., Roble, M., Lohr, P., Brosi, B. J., & Lee, R. (2004). Treatment of fibroids: The use of beets (*Beta vulgaris*) and molasses (*Saccharum officinarum*) as an herbal therapy by Dominican healers in New York City. *Journal of Ethnopharmacology*, 92, 337–339.
17. Keller, A., Vandebroek, I., Liu, Y., Balick, M. J., Kronenberg, F., Kennelly, E. J., & Brillantes, A. B. (2009). *Costus spicatus* tea failed to improve diabetic progression in C57BLKS/J db/db mice, a model of type 2 diabetes mellitus. *Journal of Ethnopharmacology*, 121, 248–254.
18. Vandebroek, I., Balick, M. J., Ososki, A., Kronenberg, F., Yukes, J., Wade, C., Jiménez, F., Peguero, B., & Castillo, D. (2010). The importance of botellas and other plant mixtures in Dominican traditional medicine. *Journal of Ethnopharmacology*, 128, 20–41.
19. Vandebroek, I., & Balick, M. J. (2012). Globalization and loss of plant knowledge: Challenging the paradigm. *PLOS One*, 7(5). http://www.plosone.org/article/info%3Adoi%2F10.1371%2Fjournal.pone.0037643.
20. Vandebroek, I., & Balick, M. J. (2014). Lime for chest congestion, bitter orange for diabetes: Foods as medicines in the Dominican community in New York City. *Economic Botany*, 68, 177–189.

21. Ahlberg, B. M. (2017). Integrated health care systems and indigenous medicine: Reflections from the Sub-Sahara African region. *Frontiers in Sociology,* 26 September 2017, https://doi.org/10.3389/fsoc.2017.00012.
22. Tongco, M. D. C. (2007). Purposive sampling as a tool for informant selection. *Ethnobotany Research & Applications,* 5, 147–158.
23. Rojas-Sandoval, J. (2017). *Aloe vera* (true aloe) datasheet. CABI Invasive Species Compendium. https://www.cabi.org/isc/datasheet/4192.
24. Acevedo-Rodríguez, P., & Strong, M. T. (2007). *Catalogue of the seed plants of the West Indies Website.* https://naturalhistory2.si.edu/botany/WestIndies/index.htm.
25. Vandebroek, I., & Picking, D. (2020). *Popular medicinal plants in Portland and Kingston, Jamaica.* Advances in Economic Botany 19. Springer.
26. Natural Medicines. (2007). Formerly Natural Standard and Natural Medicines Comprehensive Database. *Aloe vera.* https://naturalmedicines.therapeuticresearch.com/.
27. Rojas-Sandoval, J., & Acevedo-Rodríguez, P. (2014). *Ricinus communis* (castor bean). https://www.cabi.org/isc/datasheet/47618.
28. Cosmetic Ingredient Review Expert Panel. (2007). Final report on the safety assessment of *Ricinus communis* (castor) seed oil, hydrogenated castor oil, glyceryl ricinoleate, glyceryl ricinoleate SE, ricinoleic acid, potassium ricinoleate, sodium ricinoleate, zinc ricinoleate, cetyl ricinoleate, ethyl ricinoleate, glycol ricinoleate, isopropyl ricinoleate, methyl ricinoleate, and octyldodecylricinoleate. *International Journal of Toxicology,* 26(S 3), 31–77.
29. TRAMIL. (2015). Caribbean pharmacopeia. *Petiveria alliacea.* http://www.tramil.net/en/plant/petiveria-alliacea.
30. Vega, B. (1997). Las frutas de los Taínos. Fundación Cultural Dominicana.
31. Vandebroek, I. (in press). Transnational Journeys and Biocultural Heritage: The Caribbean Food-Medicine Nexus. In: *Food Mobilities: Making World Cuisines* (Ed. S. Cinotto & D. Bender). University of Toronto Press.
32. Maffi, L. (2005). Linguistic, cultural and biological diversity. *Annual Review of Anthropology,* 29, 599–617.
33. Myers, N., Mittermeier, R. A., Mittermeier, C. G., da Fonseca, G. A. B., & Kent, J. (2000). Biodiversity hotspots for conservation priorities. *Nature,* 403, 853–858.
34. Mittermeier, R. A., Robles, G. P., Hoffmann, M., Pilgrim, J., Brooks, T., Mittermeier, C. G., Lamoreux, J., & da Fonseca, G. A. B. (2004). *Hotspots revisited.* Cemex Conservation Book Series 12. Cemex.
35. Santiago-Valentin, E., & Olmstead, R. G. (2004). Historical biogeography of Caribbean plants: introduction to current knowledge and possibilities from a phylogenetic perspective. *Taxon,* 53, 299–319.
36. Abba, K. (2016). *Ja herbs. 40 Jamaican medicinal herbs.* Kuumba books/Beaten track.
37. Allsopp, J. (2003). The Caribbean multilingual dictionary of flora, fauna and foods in English, French, French Creole and Spanish. Arawak Publications.
38. Harris, I. (2011). Healing Herbs of Jamaica. AhHa Press.
39. Robinson, D. (1982). *Jamaican herbs: Nutritional and medicinal values.* Jamaican Herbs Ltd.
40. Ladio, A. H. (2017). Ethnobiology and research on global environmental change: What distinctive contribution can we make? *Ethnobiology and Conservation,* 6(7). https://doi:10.15451/ec2017076.718.

41. Bourbonnais-Spear, N., Awad, R., Merali, Z., Maquin, P., Cal, V., & Arnason, J. T. (2007). Ethnopharmacological investigation of plants used to treat susto, a folk illness. *Journal of Ethnopharmacology,* 109, 308–387.
42. Baer, R. D., Clark, L., Peterson, C. (1998). Folk Illnesses. In: *Handbook of Immigrant Health* (Ed. S. Loue). Springer.
43. Juckett, G. (2005). Cross-cultural medicine. *American Family Physician*, 72, 2267–2274.
44. Amezcua, M. (1999). Traditional Iberian folk medicine in dermatology. *Clinics in Dermatology,* 17, 33–40.
45. Waldram, J. B. (2000). The efficacy of traditional medicine: Current theoretical and methodological issues. *Medical Anthropology Quarterly,* 14, 603–625.

CHAPTER 8

Ancestral Medicine and Magic of Cuba

JULIET DÍAZ

Bienvenidos a Cuba, where ancestral medicine and magic are still very much alive. With deeply rooted culture and belief, Cuba is home to some of the most powerful *curanderos*/healers of the world. Cuba is renowned as a leader in the modern medical field and has one doctor for every 150 citizens, a ratio that surpasses that of many developed nations. Households all over Cuba possess medicinal plant species, which Cubans use to treat and remedy aches and pains, cuts, infections, viruses, and diseases. Whatever ailment one might have, the native Cubans know of a plant that will remedy it. Medicinal practices are passed down through generations and are well preserved. It is a way of life for the Cuban people. The majority of households have at least one elder who carries the ancestral knowledge of medicinal and aromatic plant species and passes the knowledge on to others in the household, applying a hands-on teaching strategy.

ANCESTRAL MEDICINE

Cuban ancestral medicine goes back to the Guanahatabey and Ciboney people, who were among the original native societies to inhabit Cuba circa 4000 BCE. The Taíno (Arawakan Indians) arrived later, circa 500 CE. The Taíno medicinal practice focused on the use of plants, teas, brews, foods, and touch healing. However, the Taíno practice also infused a spiritual and ritualistic aspect to these medicinal therapies. The *behiques*, the healers, used plants with hallucinogenic properties, such as *Datura stramonium* (jimson weed), to enhance the connection of spirit with body and elevate divinity. When colonization threatened the survival of these practices, many kept them hidden within the families, thus enabling these practices to survive and evolve unwaveringly into the present.

The Taíno were highly proficient agriculturalists whose knowledge of the lands, plants, and animals is still used to this day. Their spiritual beliefs were intertwined with the work they did with the land. It is no surprise that present-day Taíno still believe in mother earth and father sun and ask permission from Taíno Cemi (Gods) like Osaín before harvesting. The Taíno believe that those who pass on continue to live within the land, plants, trees, people, animals, rivers, stones, and objects, encompassing a sacred connection to the Earth. Much of their medicinal plant knowledge derives from their spiritual connection to them, taking wisdom and guidance directly from the plants themselves.

WALKING THE PATH OF THE ANCESTORS

I myself have carried on this way of life, a practice that is full of spirit and connection to the Earth. In my community, I am known as a plant whisperer and a healer and seer of my tribe, Higuayagua. I'm able to communicate with plants and tap into their wisdom, brewing up remedies, potions, and spells guided by nature spirits. These gifts have been passed down through many generations in my family's lineage. Many of the women in my lineage are and were *curanderas* for their communities and families. Every season, my family in Cuba and those of us who have moved to the United States still gather for Taíno prayer ceremonies, where much of the natural and traditional plant medicine and magical practices are enacted.

My grandmother, a descendant of the Taíno, always says "there is a plant for every entity that invades the body, mind, and soul." She calls any illness or ailment an entity as she believes everything is alive, as our Taino ancestors did. I was diagnosed with Lupus over a year ago, and she immediately grabbed some tobacco—it is an ancient indigenous practice to use tobacco as a means of communication with spirit beings, ancestors, and/or Gods. Often the tobacco is smoked or left as an offering. My grandmother was taught by her mother and her mother by her mother and so on that "plants know all" and can "help you or hurt you," depending on how you approach and work with them. They carry our ancestors' wisdom and thus must be treated with respect and love.

She sat with her spirits, our ancestors, and her plants to guide her with this entity that had attached itself to my body. She received guidance to pray to one of the oldest trees on her land, the *Ceiba pentandra*, a Kapok Tree that has lived on our family's land for over 250 years. The Kapok is a gigantic, majestic, native tree sacred to the Cuban people. She knelt and placed her hands on the tree while sounding off in a prayer chant. Within a few minutes, toads were gathering by her. When she was done, she came to me and said "los espíritus me han mostrado esta entidad que está alojada en tu espíritu. Debes rendirte completamente a tu sangre, a tu deber aquí en esta tierra, para liberarte de esta entidad," which means "you are carrying this illness because you have yet to fully surrender to your purpose on this Earth, which runs in your blood. You are a healer and seer and being of service to the people and the Earth is a responsibility you carry." Although I was already on my path of service, I had to erase who I thought I was and become the being I am meant to be. My ancestors guided her with plant remedies I needed to work with during my journey in releasing this entity and allowing my whole self to awaken. In less than six months, as a result of working with and taking the remedies my ancestors recommended, I healed. I went from being barely able to walk to being able to work out again. Ancestral medicine is combined with spirituality. It's a form of witchery, an Earth craft that connects people to nature and spirit. It is so powerful that the government has been testing herbal substances in medical laboratories. Cuba's natural and traditional medicines are now being used on a larger scale and have been integrated into the development of Western pharmaceutical drugs.

Figure 8.1: *Ceiba Petandra*

A CULTURALLY DIVERSE MEDICINAL PLANT HERITAGE

Cuba has two percent of the world's flora, making it the most important location for biodiversity conservation in the West Indies. It also has the highest number of plants of all Caribbean islands. It ranks first among insular ecosystems in endemic plant species, with around 3,000 endemic plants, and a flora richness of nearly

8,000 native flowering species and 950 plant species that are endangered, rare, or have become extinct in the last 350 years.

DEFINITION: Endemic plants and animals are those that are unique to a specific geographic region. This makes them incredibly special and more vulnerable to extinction. Because they are only found in certain locations, they require special conservation efforts.

It's no wonder the people of Cuba have such a wide and deep knowledge of the plant kingdom. Homeopathic treatments are an integral part of the health care system itself, which speaks volumes on how important ancestral medicine is to the Cuban people. Today, backyard home gardens are the pharmacies the Cuban people trust most. With a variety of plants, both native and foreign (integrated over many years), herbal traditions here are a blend of many cultures. Spanish and European influences are mixed with those of the original Taíno and Caribe Indians. West African slaves brought their own special plants as well. Chinese laborers, recruited to work the sugar plantations, brought with them their own traditional Chinese herbal medicines. A wildflower native to Europe, meadowsweet, is now an important plant in Cuba's flora. It can be used to treat colds, bronchitis, upset stomach, heartburn, and headaches, to name just a few. Cuban native plant medicine utilizes a mixture of all plant parts, understanding that the whole is always greater than the sum of its parts. These plant parts are used in various mediums and forms, such as infusions, decoctions, and macerated preparations. The ancestral practices include the use of hallucinogenic plants, which are very much still a part of modern-day Taíno practices.

NATIVE PLANTS AND REMEDIES

In a country rich with native flora that prides itself on traditional plant medicine, and with the acknowledgment that the greatest source of medicine is the earth, I gathered some of the most well-known plant remedies that my ancestors used; all of these are still in use today (see appendix).

ACTIVISM FOR SPIRITUAL DECOLONIZATION

My work in spiritual activism, spanning about a decade, has been about protecting the planet, indigenous rights, social justice, and much more. My personal journey ultimately landed me in a space that not many people were addressing, self-activism and the decolonization of spiritual practice. I even wrote a book on it, *The Altar Within*, my third and most important work. My approach to spirituality, magic, and personal power seeks to dismantle the wellness and spirituality industries that have created an illusion of #goodvibesonly #positivevibes only, ultimately causing harm rather than good, especially to BBIPOC and LGBTQ+ . These industries appropriate cultural traditions/practices, repackage them, and ultimately sell them back to the very people they were stolen from.

Since colonization and the imposition of Western religions, our people have feared the spiritual power that resides within them. They have been programmed to believe that real magic and power exists outside themselves and are thus unattainable. These systems of oppression have infiltrated our minds and colonized us from within by chaining us to beliefs that are not our own, do not speak our truth, or carry the power of our ancestors. When we begin to see reality as is, freed from illusion, we are able to transcend and heal from the lies of a system built and maintained to enslave us—economically, physically, mentally, sexually, spiritually. Liberation means freedom—*Libertad!!* Our purpose is not just to save ourselves; when we participate in collective liberation, we save the world. We liberate our Divine Self from the entrapment and enslavement of those who place profit before people, before Spirit, before life. So what does decolonizing spirituality look like? Spiritual decolonization begins with the dismantling of capitalist values and toxic spiritual beliefs that have been embedded into our subconscious. It is about "unlearning," returning to truth and never allowing anyone to tell us what liberation looks like, ever again. It is the reclaiming of sacred sovereignty. This rise in reclaiming ancestral and indigenous practices has been gaining prominence in the Caribbean in recent years. Many are awakening to the power that comes from honoring Indigenous roots, decolonizing spirituality, and coming back to self. Down to the roots. Deep into the bones.

SELF-ACTIVISM THROUGH COMMUNITY CARE

Community care is also self-activism. It isn't just about protesting, marching, rallying, and so on. It is also about our interpersonal social networks. Community care in the form of showing up for others is vital not only for our survival and well-being but also for keeping ourselves activated in Spirit, which offers us a whole new way to heal. Capitalist society and an individualistic culture have programmed us to be ashamed of our struggles, hardships, and need for help. Community care can take many forms, from providing child care for your neighbor while she takes time to rest to grocery shopping for elders in the community. It's about showing up for one another. You can't capitalize or monetize community care, as the wellness industry does for self-care. Working outside of the system is anti-capitalistic, which makes community care a vital and powerful form of activism.

LIBERATION IS LIVING IN ALIGNMENT WITH OUR ANCESTORS

Self-activism is checking in on and prioritizing self, while also showing up for community—but not just the living. Your community also includes the people that came before. There are many powerful reasons to connect with the ancestors, but if I had to share just one, it would be identity. Knowing the truth of one's ancestry awakens a remembrance of magic, wisdom, and power. Honoring the ancestors is honoring self, and therefore, honoring one's truth. Remember that the ancestors want for us what they never had. Self-activism is the recognition that we can be their dream realized.

Personally, my ancestors endured too much for me to live a life that isn't in line with my truth. They would want me to have a life steeped in honor and reverence, a life that isn't controlled by colonialist, racist, and capitalist systems and societies. They would want me to dismantle a world that has built barriers between myself and my community, so that I am reminded that my story and my life are more than just sorrow. They would want me to have patience in my healing, growth, and transformation. But also, they would want me to be grateful that I am able to receive the healing, growth, and transformation that was denied to them.

CONNECTING TO THE ANCESTORS

People forget that connecting to their ancestors is simple. They are with you RIGHT NOW, listening, supporting, whispering wisdom into the very vessel your Spirit lives in. An easy and powerful daily practice is to sit with them and commune. Sit by your altar, in nature, go to the rivers, waterfalls, oceans, lakes, sit under a tree. All you have to do to start the connection is simply have a conversation with them. Talk about your day, your dreams, your fears, hopes, and visions. The more you do this, the more you will start to feel them, hear them, and receive their wisdom and messages more clearly. They are part of you. You can't lose that connection no matter what you do. Even if you don't know who they are, because of inadequate record-keeping, removal from your ancestral home/land, or even as a result of adoption. To honor my ancestors, I conscientiously practice the traditions and rituals that have been passed down to me. By weaving intention into simple daily acts, like bathing and cooking, I imbue them with powerful healing medicine. In this way, I live my truth as a *curandera*, while reclaiming the power, wisdom, and magic of my ancestors as a tool of liberation.

RITUALS (TRABAJOS) FOR HEALING

Winter Solstice Baño—Ritual for accessing the ancestors

Ingredients

- Cedar
- white candle
- 4 cups rice milk
- 1 cup black sea salt
- ½ cup activated charcoal
- 1 whole onion sliced
- 1 whole yucca sliced
- Handful fennel
- Handful chicory
- White pine
- Handful white rose petals
- 5–6 drops sweet cedar essential oil

Instructions

1. Burn your cedar. Clear the energy in the space.
2. Light candle and say a little prayer/intention.
   (e.g., My ancestors live through me. Through this vessel they feel joy and love and reclaim everything that was taken from them. We are not walking alongside our ancestors, we are our ancestors. We are our ancestors, we are our ancestors … 3x)
3. Draw a warm to hot bath and add all ingredients.
4. Before getting in, thank the water spirit then enjoy your bath.

Note: make sure to have a drain cover to not allow the solid ingredients to go down the drain.

Sobo de Eucalyptus—For expelling evil entities from the body

Eucalyptus rub is a literal deity in my household. Passed down from my *abuelitas* to my mother to all her daughters, this is a remedy for all things, even for expelling an evil entity from your body. Lol, I am not even joking. A lot of Caribbean folks will tell you the same.

Ingredients

- 1/2 cup coconut oil or olive oil
- 2 tablespoons beeswax pastilles
- 15 drops of eucalyptus oil

- 15 drops peppermint oil
- 7 drops rosemary oil
- 7 drops clove oil
- 4 drops fir oil
- 4 drops lavender oil

Instructions

1. Melt beeswax with oil in a double boiler until melted
2. Add the essential oils and stir until well mixed
3. Store in container with lid
4. Rub onto affected areas, as needed, with love, reverence and care for self or others.

Sopa de Pollo—Community healing ritual

My great grandmother Barbarita's chicken *remedio* soup is my go-to for all ailments. It is a perfect example of the *Taino* philosophy of Food as Medicine as Food. This *sopita* is a Cuban treasure. Not everyone makes it exactly the same, but those who do make it, channel the love, medicine and magic of the ancestors into the process. This *sopa* has withstood the test of time. The flavorful broth of this *sopa de pollo* will soothe the throat and hydrate the body. Chicken, *fideo*, yuca, and potatoes will keep the body full and satisfied with protein and carbohydrates, while veggies like onions, garlic, and carrots bring vitamins C and K and antioxidants into the immune system. Imbuing *remedios* like these with spiritual intention creates a healing energy that extends beyond the body, as we remember and call upon the ancestors who used these same ingredients for their own survival and care. This medicine is meant to be shared (serves 6–8).

Ingredients

- 1 bunch green onions, chopped
- 1 small bunch cilantro, chopped
- 3 cloves garlic
- 1 teaspoon turmeric
- 1 whole peeled and cut white onion
- 2 tablespoons cumin
- 2–3 tablespoons olive oil
- 8 cups chicken stock

- 4 cups water
- 7–8 chicken thighs (with the skin and bones as this adds flavor and nutrients)
- 2 yuca peeled and cut
- 2 red potatoes, unpeeled and cut in half
- 2 ripe, cooked plantains
- 1 cup spinach
- 1 cup thin noodles
- 2 cans plain tomato sauce (8 ounces each)
- 1 packet Sazon with achiote (adds color and flavor) optional
- 3 large carrots chopped
- 1 teaspoon dried oregano
- 1/2 cup fresh lemon juice
- Sea salt and black pepper to taste

Instructions

1. In a large pot, add chicken, onions, carrots, tomato sauce, potatoes, salt, Sazon packet, pepper, garlic, turmeric, cilantro, cumin, olive oil, yuca, chicken broth and water.
2. Stir and cover until it reaches a heavy boil. Then drop heat to medium low simmer and cook covered for 45 minutes.
3. After 45 minutes, use tongs to take out the chicken and any skin that has fallen off.
4. Cover the pot on low simmer, while you use two forks to pull the meat off the bones, then add the meat back to the pot.
5. Add lemon juice, oregano and thin fideo; make sure to break them into smaller pieces.
6. Cover and bring back to boil for 10 minutes until the fideo is soft.
7. Serve and garnish with cilantro.
8. Share and enjoy with loved ones!

Chant: May the voices of my ancestors spill from my lips. May their prayers fill my Spirit, and their wisdom move my heart. For I am the vessel through which they conjure revolutions, brew powerful medicine, and unapologetically and magically live on through me.

"When I make those remedios, I don't just see my hands—I see the hands of my ancestors working through me."

Figure 8.2: Ingredients (*left*) and Sopa de Pollo (*right*)

CAPÍTULO 8

Medicina Ancestral y la Magia de Cuba

JULIET DÍAZ

Bienvenidos a Cuba, donde la medicina ancestral y la magia siguen muy vivas. Con una cultura y una creencia profundamente arraigadas, Cuba alberga a algunos de los curanderos más poderosos del mundo. Cuba es reconocida como líder en el campo médico moderno y tiene un médico por cada 150 ciudadanos, proporción que supera a la de muchas naciones desarrolladas. Los hogares de toda Cuba poseen especies de plantas medicinales, que los cubanos utilizan para tratar y remediar dolores, cortes, infecciones, virus y enfermedades. Cualquiera que sea la enfermedad que uno pueda tener, los cubanos nativos saben de una planta que la remediará. Las prácticas medicinales se transmiten de generación en generación y se conservan bien. Es una forma de vida para el pueblo cubano. La mayoría de los hogares cuentan con al menos un anciano que posee los conocimientos ancestrales de las especies medicinales y aromáticas de las plantas y transmite los conocimientos a otras personas del hogar, aplicando una estrategia práctica de enseñanza.

MEDICINA ANCESTRAL

La medicina ancestral cubana se remonta a los pueblos guanahatabey y ciboney, que se encontraban entre las sociedades nativas originales para habitar Cuba alrededor del 4000 a.C. Los Taínos (indios arawakan) llegaron más tarde, alrededor de 500 CE. La práctica médica taína se centró en el uso de plantas, tés, cervezas, alimentos y la curación del tacto. Sin embargo, la práctica taína también infundió un aspecto espiritual y ritual a estas terapias medicinales. Los behiques, los curanderos, utilizaban plantas con propiedades alucinógenas, como Datura stramonium (hierba jimson), para potenciar la conexión del espíritu con el cuerpo y elevar la divinidad. Cuando la colonización amenazaba la supervivencia de estas prácticas, muchas las mantenían ocultas dentro de las familias, permitiendo así que estas prácticas sobrevivieran y evolucionaran inquebrantablemente hacia el presente.

Los Taínos eran agricultores altamente competentes cuyo conocimiento de las tierras, plantas y animales todavía se usa hasta hoy. Sus creencias espirituales estaban entrelazadas con el trabajo que hacían con la tierra. No es de extrañar que los Taínos actuales todavía crean en la madre tierra y el padre sol, y piden permiso a Taíno Cemi (Dioses) como Osaín antes de cosechar. Los Taíno creen que los que pasan siguen viviendo dentro de la tierra, plantas, árboles, personas, animales, ríos, piedras y objetos, abarcando una conexión sagrada con la Tierra. Gran parte de su conocimiento de plantas medicinales deriva de su conexión espiritual con ellas, tomando sabiduría y orientación directamente de las plantas mismas.

CAMINANDO EL CAMINO DE LOS ANTEPASADOS

Yo mismo he llevado a cabo esta forma de vida, una práctica que está llena de espíritu y conexión con la Tierra. En mi comunidad, soy conocido como susurrador de plantas y sanadora y vidente de mi tribu, Higuayagua. Soy capaz de comunicarme con las plantas y aprovechar su sabiduría, elaborando remedios, pociones y hechizos guiados por espíritus de la naturaleza. Estos dones han sido transmitidos a través de muchas generaciones en el linaje de mi familia. Muchas de las mujeres de mi linaje son y fueron curanderas para sus comunidades y familias. Cada temporada, mi familia en Cuba y los que nos hemos mudado a Estados Unidos todavía nos reunimos para las ceremonias de oración Taíno, donde se promulga gran parte de la medicina vegetal natural y tradicional y las prácticas mágicas.

Mi abuela, descendiente de los Taínos, siempre dice "hay una planta para cada entidad que invade el cuerpo, la mente y el alma." Ella llama a cualquier enfermedad o dolencia una entidad ya que cree que todo está vivo, como hicieron nuestros antepasados Taínos. Me diagnosticaron con Lupus hace más de un año. Ella inmediatamente cogió algo de tabaco—es una antigua práctica indígena usar tabaco como medio de comunicación con seres espirituales, antepasados y/o dioses. A menudo el tabaco se fuma o se deja como ofrenda. A mi abuela le enseñó su madre y su madre a su madre y demás que "las plantas lo saben todo" y pueden "ayudarte o hacerte daño," dependiendo de cómo te acerques y trabajes con ellas.

Llevan la sabiduría de nuestros antepasados y por ello deben ser tratados con respeto y amor.

Se sentó con sus espíritus, nuestros antepasados y sus plantas para guiarla con esta entidad que se había apegado a mi cuerpo. Recibió orientación para rezar a uno de los árboles más antiguos de su tierra, la Ceiba pentandra, un árbol Kapok que ha vivido en la tierra de nuestra familia durante más de 250 años. El Kapok es un árbol gigante, majestuoso, nativo sagrado para el pueblo cubano. Se arrodilló y puso sus manos sobre el árbol mientras sonaba en un cántico de oración. En pocos minutos, los sapos se reunían junto a ella. Cuando terminó, vino a mí y me dijo: "los espíritus me han mostrado esta entidad que está alojada en tu espíritu. Debes rendirte completamente a tu sangre, a tu deber aquí en esta tierra, para liberarte de esta entidad," que significa "estás llevando esta enfermedad porque todavía tienes que rendirte completamente a tu propósito en esta Tierra, que corre en tu sangre. Eres un sanador y vidente y estar al servicio de la gente y la Tierra es una responsabilidad que llevas." Aunque ya estaba en mi camino de servicio, tuve que borrar quien pensaba que era y convertirme en el ser que estoy destinada a ser. Mis ancestros la guiaron con remedios vegetales con los que necesitaba trabajar durante mi viaje para liberar esta entidad y permitir que todo mi ser despertara. En menos de seis meses, como resultado de trabajar con y tomar los remedios que mis ancestros recomendaron, sané. Pasé de ser apenas capaz de caminar a ser capaz de hacer ejercicio de nuevo. La medicina ancestral se combina con la espiritualidad. Es una forma de brujería, una nave terrestre que conecta a la gente con la naturaleza y el espíritu. Es tan poderoso que el gobierno ha estado probando sustancias herbales en laboratorios médicos. Las medicinas naturales y tradicionales de Cuba se utilizan ahora a mayor escala y se han integrado en el desarrollo de medicamentos farmacéuticos occidentales.

Figura 8.1: *Ceiba Petandra*

Cuba posee el dos por ciento de la flora mundial, lo que la convierte en el lugar más importante para la conservación de la biodiversidad en las Antillas. También tiene el mayor número de plantas de todas las islas del Caribe. Ocupa el primer lugar entre los ecosistemas insulares en especies de plantas endémicas, con alrededor de 3.000 plantas endémicas, y una riqueza de flora de casi 8.000 especies nativas de flores y 950 especies de plantas que están en peligro de extinción, son raras o se han extinguido en los últimos 350 años.

DEFINICIÓN: Las plantas y animales endémicos son aquellos que son únicos en una región geográfica específica. Esto los hace increíblemente especiales y más vulnerables a la extinción. Debido a que solo se encuentran en ciertos lugares, requieren esfuerzos especiales de conservación.

No es de extrañar que el pueblo de Cuba tenga un conocimiento tan amplio y profundo del reino vegetal. Los tratamientos homeopáticos son parte integral del propio sistema de salud, lo que dice mucho de lo importante que es la medicina ancestral para el pueblo cubano. Hoy en día, los jardines de casas traseras son las farmacias en las que más confía el pueblo cubano. Con una variedad de plantas, tanto nativas como extranjeras (integradas durante muchos años), las tradiciones herbales aquí son una mezcla de muchas culturas. Las influencias españolas y europeas se mezclan con las de los indios Taínos y caribes originales. Los esclavos de África Occidental también trajeron sus propias plantas especiales. Los trabajadores chinos, reclutados para trabajar en las plantaciones de azúcar, trajeron consigo sus propias medicinas tradicionales chinas a base de hierbas. Una flor silvestre originaria de Europa, la pradera, es ahora una planta importante en la flora de Cuba. Se puede utilizar para tratar resfriados, bronquitis, malestar estomacal, ardor de estómago y dolores de cabeza, por nombrar solo algunos. La medicina vegetal nativa cubana utiliza una mezcla de todas las partes de la planta, entendiendo que el todo es siempre mayor que la suma de sus partes. Estas partes de la planta se utilizan en diversos medios y formas, como infusiones, decocciones y preparados macerados. Las prácticas ancestrales incluyen el uso de plantas alucinógenas, que todavía forman parte de las prácticas actuales de los Taínos.

PLANTAS Y REMEDIOS NATIVOS

En un país rico en flora autóctona que se enorgullece de la medicina vegetal tradicional, y con el reconocimiento de que la mayor fuente de medicina es la tierra, reuní algunos de los remedios vegetales más conocidos que utilizaron mis antepasados; todos ellos siguen utilizándose en la actualidad (véase el apéndice).

ACTIVISMO POR LA DESCOLONIZACIÓN ESPIRITUAL

Mi trabajo en activismo espiritual, que abarca alrededor de una década, ha sido sobre la protección del planeta, los derechos indígenas, la justicia social y mucho más. Mi viaje personal me llevó finalmente a un espacio al que no se dirigían muchas personas, el autoactivismo y la descolonización de la práctica espiritual. Incluso escribí un libro sobre él, El Altar Interior, mi tercer y más importante trabajo. Mi acercamiento a la espiritualidad, la magia y el poder personal busca desmantelar las industrias del bienestar y la espiritualidad que han creado una ilusión de #goodvibesonly #positivevibes solamente, causando en última instancia daño en lugar de bien, especialmente a BBIPOC y LGBTQ+. Estas industrias se apropian de las tradiciones/prácticas culturales, las reempaquetan y, en última instancia, las venden a las mismas personas de las que fueron robadas.

Desde la colonización y la imposición de las religiones occidentales, nuestro pueblo ha temido el poder espiritual que reside en él. Han sido programados para creer que la magia y el poder reales existen fuera de sí mismos y por lo tanto son inalcanzables. Estos sistemas de opresión se han infiltrado en nuestras mentes y nos han colonizado desde dentro encadenándonos a creencias que no son nuestras, no dicen nuestra verdad o llevan el poder de nuestros ancestros. Cuando empezamos a ver la realidad tal cual, liberados de la ilusión, somos capaces de trascender y sanar de las mentiras de un sistema construido y mantenido para esclavizarnos—económica, física, mental, sexual, espiritualmente. ¡Liberación significa libertad! Nuestro propósito no es sólo salvarnos a nosotros mismos; cuando participamos en la liberación colectiva, salvamos al mundo. Liberamos a nuestro Ser Divino de la trampa y la esclavización de aquellos que ponen el beneficio ante la gente, ante el Espíritu, ante la vida. Entonces, ¿cómo es la espiritualidad descolonizadora? La descolonización espiritual comienza con el desmantelamiento de los valores capitalistas y las creencias espirituales tóxicas que han sido incrustadas en nuestro subconsciente. Se trata de "desaprender," regresar a la verdad y nunca permitir que nadie nos diga cómo es la liberación, nunca más. Es la reivindicación de la soberanía sagrada. Este aumento en la recuperación de prácticas ancestrales e indígenas ha ido ganando protagonismo en el Caribe en los últimos años. Muchos están despertando al poder que viene de honrar las raíces indígenas, descolonizar la espiritualidad y volver a sí mismos. Hasta las raíces. En lo profundo de los huesos.

AUTOACTIVISMO A TRAVÉS DEL CUIDADO COMUNITARIO

El cuidado comunitario también es autoactivismo. No se trata solo de protestar, marchar, manifestarse, etc. También se trata de nuestras redes sociales interpersonales. El cuidado comunitario en la forma de estar por los demás es vital no soló para nuestra supervivencia y bienestar, sino también para mantenernos activados en el Espíritu, que nos ofrece una manera completamente nueva de sanar. La sociedad capitalista y una cultura individualista nos han programado para avergonzarnos de nuestras luchas, dificultades y necesidad de ayuda. El cuidado comunitario puede tomar muchas formas, desde proporcionar cuidado infantil a tu vecina mientras ella toma tiempo para descansar hasta comprar alimentos para los ancianos en la comunidad. Se trata de estar el uno para el otro. No se puede capitalizar o monetizar el cuidado comunitario, como lo hace la industria del bienestar para el autocuidado. Trabajar fuera del sistema es anticapitalista, lo que hace del cuidado comunitario una forma vital y poderosa de activismo.

LA LIBERACIÓN ES VIVIR EN ALINEACIÓN CON NUESTROS ANCESTROS

El autoactivismo es verificar y priorizar el sí mismo, mientras que también se presenta para la comunidad, pero no solo para los vivos. Su comunidad también incluye a las personas que vinieron antes. Hay muchas razones poderosas para conectar con los antepasados, pero si tuviera que compartir solo una, sería la identidad. Conocer la verdad de nuestros ancestros despierta un recuerdo de magia, sabiduría y poder. Honrar a los ancestros es honrarse a sí mismo, y por lo tanto, honrar la propia verdad. Recuerda que los antepasados quieren para nosotros lo que nunca tuvieron. El autoactivismo es el reconocimiento de que podemos ser su sueño realizado.

Personalmente, mis ancestros soportaron demasiado para que yo viviera una vida que no está en línea con mi verdad. Quieren que tenga una vida llena de honor y reverencia, una vida que no esté controlada por sistemas y sociedades colonialistas, racistas y capitalistas. Ellos querrían que desmantelara un mundo que ha construido barreras entre mí y mi comunidad para que me recuerden que mi historia y mi vida son más que sólo tristeza. Querían que tuviera paciencia en mi sanación, crecimiento y transformación. Pero también, ellos querrían que les agradeciera que soy capaz de recibir la sanación, el crecimiento y la transformación que se les negó.

CONEXIÓN CON LOS ANTEPASADOS

La gente olvida que conectarse con sus ancestros es simple. Ellos están con ustedes AHORA MISMO, escuchando, apoyando, susurrando sabiduría en la misma vasija en la que vive su Espíritu. Una práctica diaria fácil y poderosa es sentarse con ellos y comulgar. Siéntate junto a tu altar, en la naturaleza, ve a los ríos, cascadas, océanos, lagos, siéntate bajo un árbol. Todo lo que tienes que hacer para iniciar la conexión es simplemente tener una conversación con ellos. Habla de tu día, tus sueños, tus miedos, esperanzas y visiones. Cuanto más hagas esto, más comenzarás a sentirlos, a escucharlos y a recibir su sabiduría y sus mensajes con mayor claridad. Son parte de ti. No puedes perder esa conexión sin importar lo que hagas. Incluso si no sabes quiénes son, debido a la falta de registros adecuados, la eliminación de su hogar/tierra ancestral, o incluso como resultado de la adopción. Para honrar a mis ancestros, práctico concienzudamente las tradiciones y rituales que se me han transmitido. Al tejer la intención en simples actos diarios, como bañarse y cocinar, les impregnó de una poderosa medicina curativa. De esta manera, vivo mi verdad como curandera, mientras reivindico el poder, la sabiduría y la magia de mis antepasados como herramienta de liberación.

RITUALES (TRABAJOS) PARA LA CURACIÓN

Solsticio de invierno Baño—Ritual para acceder a los ancestros y sanar del trauma generacional

Ingredientes

- Cedro
- vela blanca
- 4 tazas de leche de arroz
- 1 taza de sal marina negra
- ½ taza de carbón activado
- 1 cebolla entera cortada
- 1 yuca entera cortada
- Un puñado de hinojo
- Puñado de achicoria
- Pino blanco
- Pétalos de rosa blanca
- 5–6 gotas de aceite esencial de cedro dulce

Instrucciones

1. Quema tu cedro. Limpia la energía en el espacio.
2. Enciende la vela y di un poco de oración/intención.

   (ej. Mis ancestros viven a través de mí. A través de esta nave sienten alegría y amor y reclaman todo lo que les fue arrebatado. No estamos caminando junto a nuestros antepasados, somos nuestros antepasados. Somos nuestros antepasados, somos nuestros antepasados … 3x)
3. Dibuja un baño caliente a caliente y añade todos los ingredientes.

4. Antes de entrar, gracias al espíritu del agua y luego disfrutar de su baño.

Nota: asegúrese de tener una cubierta de desagüe para no permitir que los ingredientes sólidos vayan por el desagüe

Sobo de Eucalipto—Ritual para expulsar del cuerpo a las entidades malignas

El eucalipto es una deidad literal en mi casa. Pasado de mis abuelitas a mi madre a todas sus hijas, Este es un remedio para todas las cosas, incluso para expulsar una entidad malvada de tu cuerpo. Jajaja, ni siquiera estoy bromeando. Muchos caribeños te dirán lo mismo.

Ingredientes

- 1/2 taza de aceite de coco o aceite de oliva
- 2 cucharadas de pasta de cera
- 15 gotas de aceite de eucalipto
- 15 gotas de aceite de menta
- 7 gotas de aceite de romero
- 7 gotas de aceite de clavo
- 4 drops fir oil
- 4 gotas de aceite de lavanda

Instrucciones

1. Derretir la cera de abejas con aceite en una caldera doble hasta que se derrita
2. Añadir los aceites esenciales y remover hasta que estén bien mezclados
3. Conservar en envase con tapa
4. Frota las áreas afectadas, según sea necesario, con amor, reverencia y cuidado por ti mismo o por los demás.

Sopa de Pollo—Ritual de sanación comunitaria

Mi bisabuela Barbarita's sopa de pollo remedio es mi opción para todas las dolencias. Es un ejemplo perfecto de la filosofía Taíno de Alimentos como Medicina como Alimentos. Esta sopita es un tesoro cubano. No todos lo hacen exactamente igual, pero los que lo hacen, canalizan el amor, la medicina y la magia de los antepasados en el proceso. Esta sopa ha resistido la prueba del tiempo. El caldo sabroso de esta sopa de pollo calmará la garganta e hidrata el cuerpo. El pollo, el fideo, la yuca y las papas mantendrán el cuerpo lleno y satisfecho con proteínas e hidratos de carbono, mientras que las verduras como la cebolla, el ajo y las zanahorias aportan vitaminas C y K y antioxidantes al sistema inmunológico. Imbuir remedios como estos con intención espiritual crea una energía sanadora que se extiende más allá del cuerpo, como recordamos y llamamos a los ancestros que usaron estos mismos ingredientes para su propia supervivencia y cuidado. Este medicamento está destinado a ser compartido (sirve 6–8).

Ingredientes

- 1 manojo de cebollas verdes, picadas
- 1 manojo pequeño de cilantro, picado
- 3 dientes de ajo
- 1 cucharadita de cúrcuma
- 1 cebolla blanca entera pelada y cortada
- 2 cucharadas de comino
- 2–3 cucharadas de aceite de oliva
- 8 tazas de caldo de pollo
- 4 tazas de agua
- 7–8 muslos de pollo (con la piel y los huesos ya que esto añade sabor y nutrientes)
- 2 yucas peladas y cortadas
- 2 papas rojas, sin pelar y cortadas por la mitad
- 2 plátanos maduros y cocidos
- 1 taza de espinacas
- 1 taza de fideos finos
- 2 latas de salsa de tomate (8 onzas cada una)
- 1 paquete Sazón con achiote (añade color y sabor) opcional
- 3 zanahorias grandes picadas
- 1 cucharadita de orégano seco
- 1/2 taza de jugo de limón fresco
- Sal y pimienta negra al gusto

Instrucciones

1. En una olla grande, agregue el pollo, las cebollas, las zanahorias, la salsa de tomate, las papas, la sal, el paquete de sazón, la pimienta, el ajo, la cúrcuma, el cilantro, el comino, el aceite de oliva, la yuca, el caldo de pollo y el agua.
2. Revolver y cubrir hasta que llegue a hervir fuerte. A continuación, dejar hervir a fuego medio bajo y cocinar cubierto durante 45 minutos.
3. Después de 45 minutos, use pinzas para sacar el pollo y cualquier piel que se haya caído.

4. Cubre la olla a fuego lento, mientras usas dos tenedores para sacar la carne de los huesos, luego vuelve a agregar la carne a la olla.
5. Agregar el jugo de limón, el orégano y el fideo fino; asegúrate de partirlos en trozos más pequeños.
6. Cubra y vuelva a hervir durante 10 minutos hasta que el fideo esté suave.
7. Servir y decorar con cilantro
8. ¡Comparte y disfruta con tus seres queridos!

Cántico: Que las voces de mis ancestros se derramen de mis labios. Que sus oraciones llenen mi Espíritu, y su sabiduría mueva mi corazón. Porque yo soy el recipiente a través del cual conjuran revoluciones, preparan medicinas poderosas y viven mágicamente y sin remordimientos a través de mí.

"Cuando hago esos remedios, no solo veo mis manos—veo las manos de mis ancestros trabajando a través de mí."

Figura 8.2: Ingredientes (Izquierda) y Sopa de Pollo (derecha)

CHAPTER 9

A Vision for the Future

GABRIELA MIRANDA-DIAZ

I am a Nuyorican, an in-between person, born in Brooklyn in 1999 at the start of a new era of gentrification—*green gentrification*. At that time, my family lived in a five-bedroom apartment right across the street from Prospect Park. As a child, my afternoons were spent roaming the woodlands and digging for bugs, until my sister and I tested positive for lead poisoning. The landlord refused to remove the lead paint. The building was rent-controlled. He wanted all the old tenants out, so he could raise prices. We took him to court. We lost. And so we were displaced. We jumped from apartment to apartment searching for a new **affordable** home, not feeling like we belonged anywhere. Finally, we landed in a one-bedroom apartment in Midwood. That was fourteen years ago. We still live in that same apartment; my parents, little sister, and I all jam packed into a hole in the wall for fourteen years, a hole that we don't even own. The threat of displacement and homelessness hangs over all those who rent. Brooklyn has a homeownership rate of 30 %. The majority live in big crowded buildings with access to a sparse patch of grass, the weeds growing between the concrete in their alleyways. Only 15 % of Hispanic households own their home. I'm in that other 85 %.

As an Urban Sustainability student attending Brooklyn College, a campus of the City University of New York, I learned the language to describe what happened to me as a child. I felt empowered, finally, to be able to speak about the injustice I had faced. Now, I had the facts and research. I could trace what happened to my family back to America's history of exploitation and oppression.

I could see all the other ways we had been affected, and how we still carry that history in our collective spirit. Colonization and its newer branches, gentrification and capitalism, have left many families like mine with nothing to show, after decades of working hard for this country. Caribbean folk are mistreated whether they stay on their islands or come to the mainland, where they are pressured to assimilate and sacrifice aspects of their cultural identity and heritage. I've been called a fake Latina because I can't speak Spanish or roll my Rs. I can't handle spice. I don't fit the stereotypical image of a Latina that reduces us to sex appeal and hoop earrings. A friend of mine once said I was essentially white. But like all Latinas, I have been displaced. Colonization has left me without any land to call my own. Every space I occupy belongs to someone else, and they usually charge a high price for it.

After Hurricane Maria, I was inspired to start a nonprofit organization, The Puerto Rican Environmental Action Lab. I pulled together urban sustainability students from Brooklyn College and environmental science students from the College of Environmental Studies and Forestry to form an initial group. Our goal was to raise money to visit Puerto Rico, participate in service work, and network with other environmental organizations. I believe New Yorkers and Puerto Ricans have a connection that could, if strengthened, greatly benefit both, especially through knowledge and resource sharing. New York City has the largest Puerto Rican population of any U.S. city. Also, NYC and Puerto Rico are both islands, susceptible to major flooding due to Climate Change. The major difference between them, apart from the climate, is that Puerto Ricans are further along in sustainable development, which would surprise many given New York City's fast pace and wealth. But the city's environmental movement is often greenwashed and co-opted by bureaucrats. In Puerto Rico, poverty and lack of government support have led to adaptation and innovation. When I use the term innovation, I'm not referring to the development of a stereotypical high-tech society, where humanity separates itself from the environment and continues to squeeze the land dry for resources. Instead, I refer to innovation that is built by incorporating traditional methods, science, and ideals that reconnect people to their community and the lands on which they live.

A LAYMAN'S GUIDE TO ENVIRONMENTAL ORGANIZATIONS IN THE CARIBBEAN

During our time in Puerto Rico, I researched and visited various environmental groups working to further sustainable development and community resilience in the region, along with the co-founder of our non-profit organization, Ian Evans. Below are detailed descriptions of these organizations including their history, founding vision, and contact information. These groups are acknowledged here because of their revolutionary work in agroecology and environmental justice. We provide this guide with the hope that others will be inspired, as we were, to support, engage and collaborate with their ongoing mission toward sustainability, self-determination, and decolonization.

Botanicultura

During the 1950s, there was a massive movement of rural Puerto Ricans to urban centers. People lost their traditional way of life and were no longer connected to their bioregion. Before this mass rural exodus, the healing knowledge of plants was passed down from generation to generation. This knowledge was almost lost and folk healers were shunned as backward farmers. Botanicultura is an educational center directed by Maria Benedetti, an ethnobotanical researcher and educator raised in New York City. In the 1920s, her maternal family left their native city in Mayaguez to start anew in Manhattan. Maria moved back to Puerto Rico in 1989 to conduct research and immerse herself in ethnobotany. On the island, she wrote and published numerous books on Puerto Rico 's plant life and folk medicine, including *12 Árboles Amigos: Juegos y retos etnobotánicos para Borikén*. She also worked as part of the research and planning group for the Botanical Garden of Caguas, where we met for an interview. Upon meeting Maria, her love and passion for the environment were immediately evident. She has an exuberant personality, engaging and open. It's easy to see how this local legend, and her mission, have achieved such renown. Maria founded Botanicultura to reconnect Puerto Ricans to their roots in plant medicine. Botanicultura teaches workshops about the physical and spiritual properties of plants, helping to return this almost forgotten knowledge to the Puerto Rican people. Maria has had a profound impact on the perceptions and attitudes of Puerto Ricans regarding traditional plant use.

https://www.botanicultura.com/

Casa Pueblo of Adjuntas

Today, Casa Pueblo describes itself as a community self-management project. Back in 1980, the organization was established by Alexis Massol Gonzalez, a civil engineer, as a cultural center to fight mining exploitation in Adjuntas. After a decade of fighting, they successfully stopped mining operations in the area, purchased that same land (737 acres), and began co-managing it as a forest reserve, which they named Bosque De Pueblo (The People's Forest). In 1985, they acquired a house that was converted into a group headquarters and community cultural center. The house was named Casa Pueblo. Later the group adopted this name for their entire organization. Their headquarters has a museum hall, library, radio station, and butterfly garden. It also runs on solar power. Casa Pueblo's main focus is sustainable community development. Currently, they are revolutionizing energy production. Puerto Rico generates 97 % of its power from imported fossil fuels. This current model makes the island reliant on the USA for its power needs. Puerto Rico suffers from blackouts and extreme weather like Hurricane Maria, which left Puerto Ricans powerless for days, weeks and, in some cases, months. The town of Adjuntas was relatively okay thanks to the infrastructure Casa Pueblo built over the years. They have installed solar panels on many of the buildings in town. These solar panels are part of a microgrid, a resilient system that allows power to be shared between multiple battery banks. If one solar panel is covered by shade, power can be diverted from another part of the system. Microgrids kept the lights on in Adjuntas and helped in recovery efforts post-Hurricane Maria. Community-owned microgrids are giving Puerto Ricans back their sovereignty and boosting their resilience to climate change.

https://casapueblo.org/

Figure 9.1: Casa Pueblo logo

Coqui Solar/Comité Diálogo Ambiental/IDEBAJO

Coqui Solar is a community initiative making solar power accessible for residents of the Salinas-Guayama region. The initiative also includes job training for solar skills. Coqui Solar is possible through a partnership between MIT students and community organizations, such as Comite Dialogo Ambiental, Inc. (Dialogo) and Iniciativa de Ecodesarrollo de Bahia de Jobos, Inc. (IDEBAJO). The Salinas-Guayama region is in the southern part of the island. It is home to the poorest communities and the two largest power plants on the island. Residents there suffer from disproportionate environmental and health consequences from Puerto Rico's fossil fuel system. They have amongst the highest rates of cancer and respiratory disease on the island. Members of IDEBAJO in collaboration with other organizations have been fighting against the power plants for decades through various efforts, including consciousness-raising activities, "physically blocking trucks with their bodies" and legal action. Hurricane Maria exposed more preexisting issues with the island's electric grid. It knocked out 80 % of power lines and severely damaged the grid. Approximately 3,000 people perished in the aftermath of Hurricane Maria. Many of those deaths were attributable to the extended power outage. Hurricane Maria turned the prospects of solar power from a sustainability goal to a life-saving necessity. The Federal Emergency Management Agency (FEMA) allocated $9.6 billion for Puerto Rico's electricity system. FEMA will soon decide whether they will rebuild the same old system or switch to a renewable power grid. In an interview with Ruth Santiago, El Coqui's environmental lawyer, she said they are part of an island-wide movement advocating for the Biden-Harris administration to choose solar power for Puerto Rico's future. If that decision is not made they will pursue legal action.

https://www.facebook.com/dialogoambiental/
https://idebajo.wordpress.com/
https://www.facebook.com/idebajo.idebajo/
https://twitter.com/IDEBAJO

El Departamento de La Comida/Finca Otra Cosa

As a result of the Jones Act of 1917, the current food model in Puerto Rico is reliant on imports that have to pass through the port of Tampa Bay, Florida and San Juan. This system drastically increases food prices, takes agency away from Puerto Ricans and puts power in the hands of American corporations. El Departamento de La Comida is a major player in Puerto Rico's food sovereignty movement. Founded by Tara Rodriguez Besosa and Kieran Muray in 2010, El Departamento De La Comida began as Puerto Rico's first multi-farm CSA (community supported agriculture), an agricultural network in which people directly support local farmers and receive boxes of fresh produce. Since then, they branched out to operating a temporary storefront and kitchen, teaching cooking classes, establishing resource libraries, and providing hurricane relief. In 2018 El Departmento de La Comida purchased 8 acres in Caguas as a queer land collective, which they named Finca Otra Cosa. Their farm is off-grid. They utilize solar power and water collection. So far, they are farming on a small scale. They don't want to heavily develop the land, as it also serves as a spiritual haven with respect for the inherent rights of all life forms, human and non-human.

https://www.eldepartamentodelacomida.org/

Figure 9.2: DEPA logo

Finca Gaia/Aromas de tierra

Finca Gaia is an educational farm located in Barrio Asomante in Aibonito, Puerto Rico, owned by Jannette Gavillan-Suarez, an organic chemist, professor, and the General Scientific Coordinator of TRAMIL (Traditional Medicines In the Islands), a pan-Caribbean investigative project (see descriptive paragraph further down). Her vision for the farm is to inspire, cultivate and promote the holistic relationship of being. Aromas de tierra, her holistic cosmetics enterprise, is dedicated to the research and development of herbal products for personal care and spa remedies while honoring and recovering Puerto Rico's tradition in botanical medicine. All products are prepared with raw materials grown organically and under safe ecological practices to ensure freshness, quality, and integrity. Aside from products, Finca Gaia offers workshops, seminars, and professional training programs. On our trip, we visited Finca Gaia. The terraced hillsides were dotted by lush guava trees. Jannette incorporates guava into many of her organic products. While there, we collected guava leaves to make an extract.

http://aromasdetierra.com/

Figure 9.3: CUNY/SUNY students volunteering at Finca Gaia

Finca La Yuca

Betzy Cameron is a former engineer who now spends her days farming in Barceloneta, Puerto Rico. Finca La Yuca is not a massive farm and only sits on a half-acre plot of land. Space is used efficiently here. Betzy has reclaimed old refrigerators and uses them as raised garden beds. The colonized people of the Caribbean are forced to use what is given to them. These are some of the most resilient people, and they overcome hardships while keeping a positive attitude. According to Betzy, living with the land and eating fresh produce has improved her health tremendously. Food is central to human health and this is seen with the design of Finca La Yuca. There's a small house with a large kitchen surrounded by an abundant garden. Fresh ingredients can easily be found no matter what part of the house you exit from. Mangos, guava, passion fruit, peppers, breadfruit and so much more grow like weeds in this small half-acre plot of land. Finca La Yuca is a small glimpse of what ethnobotany in the Caribbean can look like. Small community-based farms and farmers who know food is medicine that should be grown to nourish people. During the Summer of 2019, I volunteered at Finca La Yuca. Betsy welcomed us into her home and showed us how much the land can provide. We saw first hand how abundant nature is in the Caribbean. We spent one morning planting aloe to be sold at the farmers' market in San Juan. After the day's work, Betsy let us pick mangoes and passion fruits as a snack before our siesta.

https://www.facebook.com/groups/278358572239580/

Figure 9.4: CUNY student learning how to propagate an aloe plant

TainoSoy Apiario

A farm/apiary located in the mountains of Barrio Naranjo in Aguada. It is owned and operated by Noemi and Carlos Chaparro, whom we had the pleasure of meeting in person. Noemi and Carlos are both members of the mainland diaspora. They lived in Chicago, before returning to the island. TainoSoy Apiario is dedicated to saving the Puerto Rican bees. Their goal is to educate the community about nature conservancy and sustainability. Before Hurricane Maria struck, TainoSoy Apiario had 53 bee boxes. Afterward, they were left with fifteen. Before Maria, Noemi wanted to have one hundred bee boxes. She is still aiming for that goal. The bees they keep are hybrids of the imported Italian Bee and African Killer Bee. The mixture of these bee types creates a more docile killer bee that is immune to Varroa Destructor Mite infestation, a major threat to honey bees on the mainland. Aside from bees, Taino Soy Apiario keeps goats, chickens, and rabbits. After Hurricane Maria, they partnered with Earthship Biotecture to create earthships on their farm to house a community and disaster relief center. Earthships are off-grid earthquake and hurricane-resistant homes made out of reclaimed materials such as bottles, cans, and tires. On our visit, we helped with the third phase of construction, which meant compacting plastic recyclables into the earthships' walls for insulation. We worked alongside people from around the globe, in a mutual sense of comradery and family.

https://tainasoy-apiario.business.site/
https://www.facebook.com/TainaSoyApiario/

Figure 9.5: Earthship community center under construction

Vida Marina @ UPR Aguadilla

I have worked with Vida Marina more than with any other environmental group in Puerto Rico. In 2012, I was involved in removing invasive plant species from mangrove forests and monitoring sea turtle nests along the western coastline as part of a collaborative Study Abroad Program with Medgar Evers College, CUNY. I have had some of my best experiences on the island with this organization, including watching a massive leatherback sea turtle digging a nest on the beach and releasing turtle hatchlings into the ocean. Vida Marina is the Center for Ecological Restoration and Coastal Conservation of Marine Life at the University of Puerto Rico, Aguadilla, directed by Puerto Rican native and tenured professor, Robert Mayer. In graduate school, Dr. Mayer trained as a plankton ecologist, but after earning his doctorate and moving back to Puerto Rico, his focus shifted to a larger ecological scale. He founded Vida Marina in 2007, with a commitment to educating the community through the conservation and ecological restoration of the northwestern coast of Puerto Rico. Through their partnership with the United States Department of Fish and Wildlife, Vida Marina has restored over ten miles of sand dunes. In 2009, they were honored with a U.S. EPA Environmental Quality Award. Coastal wetlands provide crucial ecosystem services like stormwater mitigation. Sand dunes are the first line of defense against coastal flooding and hurricanes. New construction has led to further degradation of the coast. Sand dunes are scooped up and turned into aggregate for concrete. By building walkways, planting native species, and educating the public on the dangers of using beach sand in construction, Vida Maria hopes to protect the dunes from further erosion. Their ultimate goal is not only to protect their coastal ecosystems but also to teach and train human beings to respect and restore our natural resources.

https://www.facebook.com/vida.aguadilla/

Figure 9.6: Author releasing hatchlings into Atlantic Ocean, Proyecto de Conservación de Tortugas Marinas, Vida Marina, UPR

Para La Naturaleza

Para La Naturaleza is a nonprofit organization founded over 43 years ago. They manage visitor centers and protect natural areas throughout Puerto Rico, including Hacienda Buena Vista in Ponce and Cabezas de San Juan in Fajardo. Since its founding, Para La Naturaleza has worked in collaboration with other organizations to conserve and protect Puerto Rico's ecological diversity. Their mission is to encourage Puerto Ricans to take responsibility for the island's natural resources, while also pushing forward public policy to protect those resources. Due to their large size, we were unable to meet directly with their leadership. Out of all Puerto Rico's environmental organizations, Para La Naturaleza has the greatest number of projects and regularly scheduled events. They engage Puerto Ricans by offering educational programs and volunteer opportunities in habitat restoration and environmental data collection. On our trip, we attended one of their volunteer events, planting saplings in El Yunque. Para La Naturaleza's native tree nurseries grow over 60,000 trees a year. Their goal is to plant 750,000 native and endemic trees by 2024.

https://www.paralanaturaleza.org/
https://www.facebook.com/ParaLaNaturaleza/

Figure 9.7: SUNY students volunteering at a tree planting event

OTHER ORGANIZATIONS IN THE CARIBBEAN

TRAMIL, Traditional Medicine In the Islands (Pan-Caribbean)

Plant-based medicines have been healing people for countless generations. It was only with the advent of European colonialism that plant-based healing was squashed around the world. Western scientists pushed the narrative of white supremacy by belittling ethnobotany as nothing more than backward witchcraft. TRAMIL, a network of Caribbean researchers, scientists, and health personnel, is fighting back on this pervasive narrative by researching and validating plant-based medicine as a tool for meaningful and effective healing. In 1982 the Faculté de Médecine et de Pharmacie de l'Université d'Etat d'Haiti, the rural clinic of the

SOE at Thomonde in Haiti, the federation of peasants' associations of Zambrana-Chacuey and Enda-Caribe in the Dominican Republic came together to form TRAMIL. Today, the list of institutions that participate in TRAMIL's scientific investigations spans the globe. The TRAMIL website has a helpful index with known plant species and their uses. Their interdisciplinary research is helping to decolonize medicine by validating the traditional healing wisdom of the Caribbean people.

https://www.tramil.net/en

Grupo Jaragua (Dominican Republic)

Grupo Jaragua is a non-profit, civil society organization from the Dominican Republic. They were legally incorporated in 1989. Their mission is to contribute to the conservation of biodiversity and associated ecosystem services in Hispaniola, in collaboration with local communities and basing its decisions on the best available science. Many Hispaniolan species are on the IUCN Red List and the Dominican Republic Red List, meaning they are endangered. Grupo Jaragua works to conserve species, such as the Hispaniola Parrot, Black-capped Petrel, and Solenodon, through the use of GPS trackers and camera traps. Grupo Jaragua also runs environmental advocacy campaigns to speak up against infractions in protected areas and the unsustainable use of native or endemic species. The Jaragua-Bahoruco-Enriquillo Biosphere Reserve includes three of the four poorest provinces in the Dominican Republic, with high levels of unemployment. Much of the deforestation and over-extraction of natural resources is due to the lack of alternatives for generating income in households. For this reason, Grupo Jaragua offers programs to introduce locals to alternative sources of income, such as beekeeping, agroforestry, and nature tourism.

http://www.grupojaragua.org.do/

Jamaica Conservation and Development Trust

The Jamaica Conservation and Development Trust was founded in 1988 by a group of Jamaican professionals who shared a conviction that Jamaica's natural heritage required an advocate to ensure that the environment was not sacrificed as Jamaica pursued development. Their activities center around the 101,313 acres of rain and cloud forest that make up the Blue and John Crow Mountains National Park, which they helped to found. In 1996, the JCDT began managing the Blue and John Crow Mountains National Park. Management of the park includes sourcing funding, implementing projects to ensure effective conservation practices and facilitating sustainable livelihoods in the local communities. Thanks to

the efforts of the JCDT, in 2015, the Blue and John Crow Mountains National Park was inscribed as a UNESCO World Heritage site.
https://www.jcdt.org.jm/

Finca Marta (Cuba)

Finca Marta is a utopian farming community in Cuba that houses 35 families dedicated to agriculture. Its territory expands over 1,235 acres that feed the families who work the land and several local restaurants. A diverse range of leafy green vegetables is intercropped with other staple farm produce. Trees lines break up the plots of land being cultivated. Foliage from the trees provides protein-rich fodder for livestock. Tree lines entwined into annual gardens provide great habitats for birds and other local animals to call home. When Finca Marta first started there was only one beehive and now there are over 100 beehives on the land. Animals are rotationally grazed giving soil time to recover and preventing the risk of erosion. Manure is captured and broken down into Methane. This Methane is converted into electricity for people's homes. The leftover waste from this process is used to fertilize the soil. Wells are dug out and maintained within the community. A connected network of solar panels with buried lines is resilient to extreme weather events like hurricanes. Cuba is a country that is still suffering from the legacies of colonialism but their spirit is not crushed. Economic embargoes from the US make it almost impossible for Cuba to participate in the global economy. This has forced the Cuban government to look inward and forced self-reliance. The Cuban people have found that regenerative agriculture is the way forward for a sustainable future. Finca Marta provides other folks in the Caribbean with a model of what food sovereignty can look like.
https://www.facebook.com/fincamartam

BRIDGING THE GAP

As the foundational text for Judeo-Christian belief in 15th century Europe, the Bible bears much responsibility for both colonization and the exploitation of natural resources, as it framed the natural world as an antagonist to be subordinated and controlled by man. This attitude toward nature was introduced to the new world as a central tenet of the imperialist agenda. Prior to colonization, indigenous people were practicing stewardship and sustainable agriculture. They had learned to live as equal partners with the natural world, maintaining a perfect balance and supporting the rich diversity of their ecosystems. When the colonizers arrived, they disregarded this accumulated wisdom. They called the natives backward and savage. The people of the Caribbean eventually lost this connection to their environment, along with their sovereignty, as colonizers forced them into monocropping for the global market, instead of for themselves. To this day, the Caribbean relies on mainland countries for their survival, while socio-economic policies continue to erode their cultural practices and self-determination. The Caribbean doesn't need any "main" land to survive. It is a beacon, a paradise, abundant with food and resources, including solar and wind energy. Our ancestors already had the knowledge to not only survive in the Caribbean, but to thrive and create community.

Currently, the biggest threat facing the Caribbean is climate change. Climate change is not a future threat. It is here and already affecting the lives of Caribbean folk since our islands are most vulnerable to its effects (sea level rise, increases in extreme weather events, and changes in rain pattern and temperature). The effects of climate change have resulted in resource shortages, agricultural losses, displacement, and an overall decline in human health. Recently, the World Meteorological Organization (WMO) reported that in 2020 climate-related and geophysical events resulted in the loss of 312,000 lives and directly affected 277 million people in Latin America and the Caribbean. The people of the Global South are on the frontlines of a battle against climate change. They face the most drastic effects, an unfair burden, given that climate change has been largely caused by their first-world oppressors, once their colonizers.

Stewardship is defined as the job of taking care of something. The Earth stewards us. It is our duty to return the favor, but without equity within our species, the task is nearly impossible. Our exploitation of the Earth is driven by the blind pursuit of wealth. Many around the world are poor and homeless. The rich and affluent blame the extreme wealth gap on a lack of resources. They also propagate the overpopulation narrative, encouraging people to turn on each other and fight for crumbs. Society does not suffer from a lack of resources, but instead overproduction and mismanagement. Each year, an estimated third of all the food produced ends up rotting in bins. Around 30 % of all clothes made around the world are never sold. There are millions of empty houses and unused cars sitting in lots. Nevertheless, we keep producing and exploiting the environment, past its limit, in order to create wealth that benefits only a few. Radical stewardship is sustainable stewardship. It embodies the three major pillars of sustainability: protection of the environment, economic development, and social equity. Stewardship, without considering the three pillars, is empty action. It may provide a learning moment or a briefly satisfying experience, but it doesn't create the ripples necessary to combat climate change or prevent oncoming environmental catastrophe. Radical stewardship equals direct and immediate action against environmental injustice in order to preserve our homes and communities.

The authors and organizations represented in this book, among others, bridge the traditional knowledge of the Caribbean with new environmental sciences and technologies that can pave the way, not only to our survival on Earth but also our evolution as a species, so we don't continue this legacy of injustice that has brought us all to the brink of global ruin. They have made the way for us by walking it, with their collaborative research, educational initiatives, and direct action/activism. We, as the collective embodiment of the global future, now have to work together, across all socio-political, cultural, and ideological boundaries, to enact the legacy they have entrusted to us.

Figure 9.8: UPR and CUNY/SUNY students working together toward a new vision of environmental stewardship

CAPÍTULO 9

Una Visión Para el Futuro

GABRIELA MIRANDA-DIAZ

Soy Nuyorican, una persona en medio, nacida en Brooklyn en 1999 al inicio de una nueva era de gentrificación—gentrificación verde. En ese momento, mi familia vivía en un apartamento de cinco dormitorios justo enfrente de Prospect Park. Cuando era niña, mis tardes pasaban vagando por los bosques y buscando insectos, hasta que mi hermana y yo dimos positivo por envenenamiento por plomo. El propietario se negó a retirar la pintura de plomo. El edificio era de alquiler controlado. Quería a todos los viejos inquilinos fuera, para poder subir las rentas. Lo llevamos a la corte. Perdimos. Y así fuimos desplazados. Saltamos de apartamento en apartamento buscando una nueva casa asequible, sin sentir que pertenecíamos a ningún lugar. Finalmente, aterrizamos en un apartamento de un dormitorio en Midwood. Eso fue hace catorce años. Seguimos viviendo en ese mismo apartamento; mis padres, mi hermana pequeña y yo nos metemos en un agujero en la pared durante catorce años, un agujero que ni siquiera poseemos. La amenaza del desplazamiento y la falta de vivienda pende sobre todos los que alquilan. Brooklyn tiene una tasa de propiedad del 30 %. La mayoría vive en grandes edificios llenos de gente con acceso a una escasa parcela de césped, la maleza que crece entre el hormigón en sus callejones. Solo el 15 % de los hogares hispanos son dueños de su casa. Estoy en ese otro 85 %.

Como estudiante de Sostenibilidad Urbana que asistió al Brooklyn College, un campus de la City University de Nueva York, aprendí el idioma para describir lo que me pasó de niña. Me sentí empoderada, finalmente, para poder hablar de la injusticia que había enfrentado. Ahora, tenía los hechos y la investigación. Podría rastrear lo que le pasó a mi familia hasta la historia de explotación y opresión de Estados Unidos. Pude ver todas las otras maneras en que nos habíamos visto afectados, y cómo todavía llevamos esa historia en nuestro espíritu colectivo. La colonización y sus nuevas ramas, la gentrificación y el capitalismo, han dejado a muchas familias como la mía sin nada que mostrar, después de décadas de trabajar duro por este país. Los caribeños son maltratados ya sea que se queden en sus islas o vengan al continente, donde son presionados a asimilar y sacrificar aspectos de su identidad cultural y patrimonio. Me han llamado una falsa Latina porque no puedo hablar español ni hacer rodar mis Rs. No puedo manejar las especias. No encajo con la imagen estereotipada de una Latina que nos reduce al sex appeal y los pendientes de aro. Un amigo mío dijo una vez que era esencialmente blanca. Pero como todas las Latinas, he sido desplazado. La colonización me ha dejado sin tierra que llamar mía. Cada espacio que ocupó pertenece a otra persona, y por lo general cobran un alto precio por ello.

Después del huracán María, me inspiré para fundar una organización sin fines de lucro, The Puerto Rican Environmental Action Lab. Reuní a estudiantes de sostenibilidad urbana del Brooklyn College y estudiantes de ciencias ambientales del College of Environmental Studies and Forestry para formar un grupo inicial. Nuestro objetivo era recaudar dinero para visitar Puerto Rico, participar en trabajos de servicio y establecer contactos con otras organizaciones ambientales. Creo que los neoyorquinos y puertorriqueños tienen una conexión que, si se fortalece, podría beneficiar mucho a ambos, especialmente a través del conocimiento y el intercambio de recursos. La ciudad de Nueva York tiene la mayor población puertorriqueña de cualquier ciudad de los Estados Unidos. Además, NYC y Puerto Rico son ambas islas, susceptibles a grandes inundaciones debido al Cambio Climático. La principal diferencia entre ellos, aparte del clima, es que los puertorriqueños están más avanzados en el desarrollo sostenible, lo que sorprendería a muchos dada la velocidad y riqueza de la ciudad de Nueva York. Sin embargo, el movimiento ambiental de la ciudad a menudo es ecologizado y cooptado por burócratas. En Puerto Rico, la pobreza y la falta de apoyo gubernamental han llevado a la adaptación y la innovación. Cuando uso el término innovación, no me refiero al desarrollo de una sociedad estereotipada de alta tecnología, donde la humanidad se separa del medio ambiente y continúa exprimiendo la tierra en busca de recursos. En cambio, me refiero a la innovación que se construye incorporando métodos tradicionales, ciencia e ideales que reconectan a las personas con su comunidad y las tierras en las que viven.

GUÍA DE ORGANIZACIONES AMBIENTALES EN EL CARIBE

Durante nuestro tiempo en Puerto Rico, Ian Evans, cofundador de nuestra organización, y yo investigamos y visitamos varios grupos ambientales que trabajan para promover el desarrollo sostenible y la resiliencia comunitaria en la región. A continuación se describen detalladamente estas organizaciones, incluyendo su historia, visión fundacional e información de contacto. Estos grupos son reconocidos aquí por su labor revolucionaria en agroecología y justicia ambiental. Ofrecemos esta guía con la esperanza de que otros se inspiren, como nosotros, para apoyar, comprometerse y colaborar con su misión actual hacia la sostenibilidad, la autodeterminación y la descolonización.

Botanicultura

Durante la década de 1950, hubo un movimiento masivo de puertorriqueños rurales a centros urbanos. La gente perdió su forma de vida tradicional y ya no estaba conectada con su biorregión. Antes de este éxodo rural masivo, el conocimiento curativo de las plantas se transmitía de generación en generación. Este conocimiento casi se perdió y los curanderos populares fueron rechazados como agricultores atrasados. Botánica es un centro educativo dirigido por Maria Benedetti, investigadora y educadora etnobotánica criada en la ciudad de Nueva York. En la década de 1920, su familia materna abandonó su ciudad natal en Mayagüez para empezar de nuevo en Manhattan. María regresó a Puerto Rico en 1989 para realizar investigaciones y sumergirse en etnobotánica. En la isla, escribió y publicó numerosos libros sobre la vida vegetal y medicina popular de Puerto Rico, incluidos 12 Árboles Amigos: Juegos y retos etnobotánicos para Borikén. También trabajó como parte del grupo de investigación y planificación del Jardín Botánico de Caguas, donde nos reunimos para una entrevista. Al conocer a María, su amor y pasión por el medio ambiente fueron evidentes de inmediato. Tiene una personalidad exuberante, atractiva y abierta. Es fácil ver cómo esta leyenda local, y su misión, han logrado tal renombre. María fundó la Botánica para reconectar a los puertorriqueños con sus raíces en la medicina vegetal. La Botanicultura enseña talleres sobre las propiedades físicas y espirituales de las plantas, ayudando a devolver este conocimiento casi olvidado al pueblo puertorriqueño. María ha tenido un profundo impacto en las percepciones y actitudes de los puertorriqueños respecto al uso tradicional de plantas.

https://www.botanicultura.com/

Casa Pueblo de Adjuntas

Actualmente, Casa Pueblo se describe como un proyecto de autogestión comunitaria. En 1980, la organización fue creada por Alexis Massol González, ingeniero civil, como centro cultural para luchar contra la explotación minera en Adjuntas. Después de una década de combates, lograron detener las operaciones mineras en la zona, compraron esa misma tierra (737 acres) y comenzaron a administrarla conjuntamente como una reserva forestal, que llamaron Bosque De Pueblo. En 1985, adquirieron una casa que fue convertida en una sede de grupo y centro cultural comunitario. La casa fue llamada Casa Pueblo. Más tarde, el grupo adoptó este nombre para toda su organización. Su sede cuenta con una sala de museos, una biblioteca, una estación de radio y un jardín de mariposas. También funciona con energía solar. El objetivo principal de Casa Pueblo es el desarrollo sostenible de la comunidad. Actualmente están revolucionando la producción de energía. Puerto Rico genera el 97 % de su energía a partir de combustibles fósiles importados. Este modelo actual hace que la isla dependa de Estados Unidos para sus necesidades de energía. Puerto Rico sufre de apagones y climas extremos como el huracán María, que dejó a los puertorriqueños sin poder durante días, semanas y, en algunos casos, meses. El pueblo de Adjuntas estuvo relativamente bien gracias a la infraestructura que Casa Pueblo construyó a lo largo de los años. Han instalado paneles solares en muchos de los edificios de la ciudad. Estos paneles solares forman parte de una microred, un sistema resistente que permite compartir la energía entre múltiples bancos de baterías. Si un panel solar está cubierto por sombra, la energía puede desviarse de otra parte del sistema. Las microgrillas encendieron las luces en Adjuntas y ayudaron en los esfuerzos de recuperación después del huracán María. Las microredes comunitarias están devolviendo la soberanía a los puertorriqueños e impulsando su resistencia al cambio climático.

https://casapueblo.org/

Figura 9.1: Casa Pueblo Logo

Coqui Solar/Comité Diálogo Ambiental/IDEBAJO

Coqui Solar es una iniciativa comunitaria que hace que la energía solar sea accesible para los residentes de la región Salinas-Guayama. La iniciativa también incluye capacitación laboral para habilidades solares. Coqui Solar es posible a través de una asociación entre estudiantes del MIT y organizaciones comunitarias, como Comite Dialogo Ambiental, Inc. (Diálogo) e Iniciativa de Ecodesarrollo de Bahia de Jobos, Inc. (IDEBAJO). La región de Salinas-Guayama se encuentra en la parte sur de la isla. Es el hogar de las comunidades más pobres y de las dos plantas de energía más grandes de la isla. Los residentes de Puerto Rico sufren de desproporcionadas consecuencias ambientales y sanitarias debido al sistema de combustibles fósiles. Tienen una de las tasas más altas de cáncer y enfermedades respiratorias en la isla. Miembros de IDEBAJO, en colaboración con otras organizaciones, han estado luchando contra las centrales eléctricas durante décadas a través de diversos esfuerzos, incluyendo actividades de concientización, "bloqueo físico de camiones con sus cuerpos" y acciones legales. El huracán María expuso problemas más preexistentes en la red eléctrica de la isla. Destruyó el 80 % de las líneas eléctricas y dañó gravemente la red eléctrica. Aproximadamente 3.000 personas murieron como consecuencia del huracán María. Muchas de esas muertes se atribuyeron al prolongado corte de energía eléctrica. El huracán María convirtió las perspectivas de la energía solar en un objetivo de sostenibilidad en una necesidad que salva vidas. La Agencia Federal para el Manejo de Emergencias (FEMA) asignó 9.600 millones de dólares para el sistema de electricidad de Puerto Rico. FEMA pronto decidirá si reconstruirá el mismo sistema antiguo o cambiará a una red de energía renovable. En una entrevista con Ruth Santiago, la abogada medioambiental de El Coqui, dijo que forman parte de un movimiento en toda la isla que aboga por que la administración Biden-Harris elija la energía solar para el futuro de Puerto Rico. Si no se toma esa decisión, emprenderán acciones legales.

https://www.facebook.com/dialogoambiental/
https://idebajo.wordpress.com/
https://www.facebook.com/idebajo.idebajo/
https://twitter.com/IDEBAJO

El Departamento de La Comida/Finca Otra Cosa

Como resultado de la Ley Jones de 1917, el actual modelo alimentario en Puerto Rico depende de importaciones que tienen que pasar por el puerto de Tampa Bay, Florida y San Juan. Este sistema aumenta drásticamente los precios de los alimentos, le quita agencia a los puertorriqueños y pone el poder en manos de las corporaciones estadounidenses. El Departamento de La Comida es un actor importante en el movimiento de soberanía alimentaria de Puerto Rico. Fundada por Tara Rodríguez Besosa y Kieran Muray en 2010, El Departamento De La Comida comenzó como la primera CSA (agricultura de apoyo comunitario) multigranja de Puerto Rico, una red agrícola en la que la gente apoya directamente a los agricultores locales y recibe cajas de productos frescos. Desde entonces, se ramificaron para operar un escaparate temporal y una cocina, impartir clases de cocina, establecer bibliotecas de recursos y proporcionar ayuda para los huracanes. En 2018 El Departamento de La Comida adquirió 8 acres en Caguas como colectivo de tierras queer, que bautizaron como Finca Otra Cosa. Su granja está fuera de la red. Utilizan energía solar y recolección de agua. Hasta ahora, están cultivando a pequeña escala. Ellos no quieren desarrollar fuertemente la tierra, ya que tambiéns sirve como un refugio espiritual con respeto por los derechos inherentes de todas las formas de vida, humanas y no humanas.

https://www.eldepartamentodelacomida.org/

Figura 9.2: DEPA logo

Finca Gaia/Aromas de tierra

Finca Gaia es una granja educativa ubicada en Barrio Asomante en Aibonito, Puerto Rico, propiedad de Jannette Gavillan-Suarez, química orgánica, profesora, y la Coordinadora Científica General de TRAMIL (Medicinas Tradicionales en las Islas), un proyecto de investigación pan caribeño (ver párrafo descriptivo más abajo). Su visión para la granja es inspirar, cultivar y promover la relación holística del ser. Aromas de tierra, su empresa de cosméticos holísticos, está dedicada a la investigación y desarrollo de productos herbales para el cuidado personal y remedios de spa, mientras honra y recupera la tradición de Puerto Rico en medicina botánica. Todos los productos se preparan con materias primas cultivadas orgánicamente y bajo prácticas ecológicas seguras para garantizar la frescura, calidad e integridad. Además de los productos, Finca Gaia ofrece talleres, seminarios y programas de formación profesional. En nuestro viaje, visitamos Finca Gaia. Las laderas de las terrazas estaban salpicadas de frondosos árboles de guayaba. Jannette incorpora la guayaba a muchos de sus productos orgánicos. Mientras allí, recolectamos hojas de guayaba para hacer un extracto.

http://aromasdetierra.com/

Figura 9.3: Estudiantes de CUNY/SUNY trabajando como voluntarios en Finca Gaia

Finca La Yuca

Betzy Cameron es una ex ingeniera que ahora pasa sus días cultivando en Barceloneta, Puerto Rico. La Finca La Yuca no es una granja masiva y solo se encuentra en una parcela de medio acre de tierra. El espacio se usa eficientemente aquí. Betzy ha recuperado viejos refrigeradores y los utiliza como camas de jardín elevadas. Los colonizados del Caribe se ven obligados a utilizar lo que se les da. Estas son algunas de las personas más resistentes, y superan las dificultades mientras mantienen una actitud positiva. Según Betzy, vivir con la tierra y comer productos frescos ha mejorado su salud tremendamente. La alimentación es central para la salud humana y esto se ve con el diseño de Finca La Yuca. Hay una pequeña casa con una gran cocina rodeada por un abundante jardín. Los ingredientes frescos se pueden encontrar fácilmente sin importar de qué parte de la casa salga. Mangos, guayaba, fruta de la pasión, pimientos, pan y mucho más crecen como malas hierbas en esta pequeña parcela de medio acre de tierra. Finca La Yuca es un pequeño vistazo de cómo puede ser la etnobotánica en el Caribe. Pequeñas granjas comunitarias y agricultores que saben que la comida es medicina que se debe cultivar para nutrir a la gente. Durante el verano de 2019, me ofrecí como voluntario en Finca La Yuca. Betsy nos dio la bienvenida a su casa y nos mostró lo mucho que la tierra puede proporcionar. Vimos de primera mano lo abundante que es la naturaleza en el Caribe. Pasamos una mañana sembrando aloe para ser vendidos en el mercado de agricultores en San Juan. Después del día de trabajo, Betsy nos dejó recoger mangos y frutas de la pasión como aperitivo antes de nuestra siesta.

https://www.facebook.com/groups/278358572239580/

Figura 9.4: Estudiante de CUNY aprendiendo a propagar una planta de Aloe

TainoSoy Apiario

Una finca/colmenar ubicada en las montañas del Barrio Naranjo en Aguada. Es propiedad y está operado por Noemi y Carlos Chaparro, a quienes tuvimos el placer de conocer en persona. Noemi y Carlos son miembros de la diáspora continental. Vivían en Chicago, antes de regresar a la isla. TainoSoy Apiario se dedica a salvar a las abejas puertorriqueñas. Su objetivo es educar a la comunidad sobre la conservación de la naturaleza y la sostenibilidad. Antes del paso del huracán María, TainoSoy Apiario tenía 53 cajas de abejas. Después, se quedaron con quince. Antes de María, Noemi quería tener cien cajas de abejas. Ella sigue apuntando a ese objetivo. Las abejas que mantienen son híbridos de la abeja italiana importada y la abeja asesina africana. La mezcla de estos tipos de abejas crea una abeja asesina más dócil que es inmune a la infestación de ácaros Varroa Destructor, una amenaza importante para las abejas melíferas en el continente. Aparte de las abejas, Taino Soy Apiario mantiene cabras, pollos y conejos. Después del huracán María, se asociaron con Earthship Biotecture para crear naves de tierra en su granja para albergar una comunidad y un centro de socorro en casos de desastre. Las naves terrestres son casas fuera de la red y resistentes a los huracanes hechas de materiales recuperados como botellas, latas y neumáticos. En nuestra visita, ayudamos con la tercera fase de construcción, que significó compactar reciclables de plástico en las paredes de las naves de tierra para su aislamiento. Trabajamos con gente de todo el mundo, en un sentido mutuo de camaradería y familia.

https://tainasoy-apiario.business.site/
https://www.facebook.com/TainaSoyApiario/

Figura 9.5: Centro comunitario de terracería en construcción

Vida Marina @ UPR Aguadilla

He trabajado con Vida Marina más que con cualquier otro grupo ambientalista en Puerto Rico. En 2012, participé en la eliminación de especies de plantas invasoras de los bosques de manglares y en el seguimiento de los nidos de tortugas marinas a lo largo de la costa occidental como parte de un programa de estudio en el extranjero con Medgar Evers College, CUNY. He tenido algunas de mis mejores experiencias en la isla con esta organización, incluyendo ver a una enorme tortuga laúd cavando un nido en la playa y liberando crías de tortugas en el océano. Vida Marina es el Centro de Restauración Ecológica y Conservación Costera de la Vida Marina de la Universidad de Puerto Rico, Aguadilla, dirigido por el profesor nativo y titular puertorriqueño, Robert Mayer. En la escuela de posgrado, el Dr. Mayer se formó como ecólogo de plancton, pero después de obtener su doctorado y regresar a Puerto Rico, su enfoque cambió a una escala ecológica más grande. Fundó Vida Marina en 2007, con el compromiso de educar a la comunidad a través de la conservación y restauración ecológica de la costa noroeste de Puerto Rico. A través de su asociación con el Departamento de Pesca y Vida Silvestre de los Estados Unidos, Vida Marina ha restaurado más de diez millas de dunas de arena. En 2009, fueron honrados con un premio de calidad ambiental EPA de EE.UU. Los humedales costeros proporcionan servicios ecosistémicos cruciales como la mitigación de las aguas pluviales. Las dunas de arena son la primera línea de defensa contra inundaciones costeras y huracanes. Las nuevas construcciones han provocado una mayor degradación de la costa. Las dunas de arena se recogen y se convierten en áridos para hormigón. Al construir pasarelas, plantar especies nativas y educar al público sobre los peligros de usar arena de playa en la construcción, Vida Maria espera proteger las dunas de una mayor erosión. Su objetivo final no es sólo proteger sus ecosistemas costeros, sino también enseñar y capacitar a los seres humanos para que respeten y restablezcan nuestros recursos naturales.

https://www.facebook.com/vida.aguadilla/

Figura 9.6: Liberando crias de Tortuga al Oceano Atlantico, Proyecto de Conservación de Tortugas Marinas, Vida Marina, UPR

Para La Naturaleza

Para La Naturaleza es una organización sin fines de lucro fundada hace más de 43 años. Administran centros de visitantes y áreas naturales protegidas en todo Puerto Rico, incluyendo Hacienda Buena Vista en Ponce y Cabezas de San Juan en Fajardo. Desde su fundación, Para La Naturaleza ha trabajado en colaboración con otras organizaciones para conservar y proteger la diversidad ecológica de Puerto Rico. Su misión es alentar a los puertorriqueños a asumir la responsabilidad de los recursos naturales de la isla, al tiempo que impulsan políticas públicas para proteger esos recursos. Debido a su gran tamaño, no pudimos reunirnos directamente con sus dirigentes. De todas las organizaciones ambientales de Puerto Rico, Para La Naturaleza tiene el mayor número de proyectos y eventos programados regularmente. Involucran a los puertorriqueños ofreciendo programas educativos y oportunidades de voluntariado en restauración de hábitat y recolección de datos ambientales. En nuestro viaje, asistimos a uno de sus eventos voluntarios, la siembra de plantones en El Yunque. Los viveros nativos de Para La Naturaleza cultivan más de 60.000 árboles al año. Su objetivo es plantar 750.000 árboles nativos y endémicos para 2024.

https://www.paralanaturaleza.org/
https://www.facebook.com/ParaLaNaturaleza/

Figura 9.7: Voluntarios de SUNY en un evento de plantación de árboles

OTRAS ORGANIZACIONES DEL CARIBE

TRAMIL, Medicina Tradicional en las Islas (Pan-Caribe)

Los medicamentos a base de plantas han estado curando a la gente durante incontables generaciones. Fue solo con la llegada del colonialismo europeo que la curación basada en plantas fue aplastada en todo el mundo. Los científicos occidentales empujaron la narrativa de la supremacía blanca al menospreciar la etnobotánica como nada más que brujería atrasada. TRAMIL, una red de investigadores, científicos y profesionales de la salud caribeños, está luchando contra esta narrativa dominante mediante la investigación y validación de la medicina basada en plantas como una herramienta para una curación significativa y efectiva. En 1982 la Faculté de Médecine et de Pharmacie de l'Université d'Etat d'Haiti, la clínica rural del SOE en Thomonde en Haití, la federación de asociaciones de campesinos de Zambrana-Chacuey y Enda-Caribe en la República Dominicana se unieron para formar TRAMIL. En la actualidad, la lista de instituciones que participan en las investigaciones científicas de TRAMIL abarca todo el mundo. El sitio web de TRAMIL tiene un índice útil con las especies vegetales conocidas y sus usos. Su investigación interdisciplinaria está ayudando a descolonizar la medicina validando la sabiduría curativa tradicional del pueblo caribeño.

https://www.tramil.net/en

Grupo Jaragua (República Dominicana)

Grupo Jaragua es una organización sin fines de lucro, de la sociedad civil de la República Dominicana. Se incorporaron legalmente en 1989. Su misión es contribuir a la conservación de la biodiversidad y los servicios ecosistémicos asociados en La Española, en colaboración con las comunidades locales y basando sus decisiones en la mejor ciencia disponible. Muchas especies hispanas están en la Lista Roja de la UICN y en la Lista Roja de la República Dominicana, lo que significa que están en peligro de extinción. Grupo Jaragua trabaja en la conservación de especies, como el Loro Español, Petrel de Tapa Negra y Solenodon, mediante el uso de rastreadores GPS y cámaras trampa. Grupo Jaragua también lleva a cabo campañas de defensa del medio ambiente para denunciar las infracciones en áreas protegidas y el uso insostenible de especies nativas o endémicas. La Reserva de la Biosfera Jaragua-Bahoruco-Enriquillo incluye tres de las cuatro provincias más pobres de la República Dominicana, con altos niveles de desempleo. Gran parte de la deforestación y sobre extracción de recursos naturales se debe a la falta de alternativas para generar ingresos en los hogares. Por esta razón, Grupo Jaragua ofrece programas para introducir a los lugareños a fuentes alternativas de ingresos, como la apicultura, la agroforestería y el turismo de naturaleza.

http://www.grupojaragua.org.do/

Fondo de Conservación y Desarrollo de Jamaica

El Fondo para la Conservación y el Desarrollo de Jamaica fue fundado en 1988 por un grupo de profesionales jamaiquinos que compartían la convicción de que el patrimonio natural de Jamaica requería un defensor para asegurar que el medio ambiente no se sacrificará mientras Jamaica perseguía el desarrollo. Sus actividades se centran alrededor de las 101,313 acres de bosque lluvioso y nuboso que conforman el Parque Nacional de las Montañas Blue y John Crow, que ayudaron a fundar. En 1996, el JCDT comenzó a gestionar el Parque Nacional de las Montañas Blue y John Crow. La gestión del parque incluye la obtención de fondos, la ejecución de proyectos para garantizar prácticas de conservación eficaces y la facilitación de medios de vida sostenibles en las comunidades locales. Gracias a los esfuerzos del JCDT, en 2015, el Parque Nacional de las Montañas Blue y John Crow fue inscrito como Patrimonio de la Humanidad por la UNESCO.

https://www.jcdt.org.jm/

Finca Marta (Cuba)

Finca Marta es una comunidad agrícola utópica en Cuba que alberga a 35 familias dedicadas a la agricultura. Su territorio se extiende sobre 1.235 acres que alimentan a las familias que trabajan la tierra y varios restaurantes locales. Una amplia gama de verduras de hoja verde se intercala con otros productos básicos de la granja. Las líneas de árboles rompen las parcelas de tierra que se cultivan. El follaje de los árboles proporciona forraje rico en proteínas para el ganado. Las líneas de árboles entrelazadas en jardines anuales proporcionan grandes hábitats para que las aves y otros animales locales llamen hogar. Cuando la Finca Marta comenzó, solo había una colmena y ahora hay más de 100 colmenas en la tierra. Los animales son pastoreados rotacionalmente dando tiempo al suelo para recuperarse y previniendo el riesgo de erosión. El estiércol se captura y se descompone en metano. Este metano se convierte en electricidad para los hogares de la gente. Los residuos sobrantes de este proceso se utilizan para fertilizar el suelo. Pozos son excavados y mantenidos dentro de la comunidad. Una red conectada de paneles solares con líneas enterradas es resistente a fenómenos meteorológicos extremos como huracanes. Cuba es un país que aún sufre los legados del colonialismo pero su espíritu no es aplastado. Los embargos económicos de Estados Unidos hacen casi imposible que Cuba participe en la economía global. Esto ha obligado al gobierno cubano a mirar hacia adentro y ha forzado la autosuficiencia. El pueblo cubano ha descubierto que la agricultura regenerativa es el camino hacia un futuro sostenible. Finca Marta ofrece a otras personas en el Caribe un modelo de cómo puede ser la soberanía alimentaria.

https://www.facebook.com/fincamartam

CERRANDO LA BRECHA

Como texto fundacional de la creencia judeocristiana en la Europa del siglo XV, la Biblia tiene una gran responsabilidad tanto en la colonización como en la explotación de los recursos naturales, ya que enmarcaba al mundo natural como un antagonista al que subordinar y controlar el hombre. Esta actitud hacia la naturaleza fue introducida en el nuevo mundo como un principio central de la agenda imperialista. Antes de la colonización, los indígenas ejercían la administración y la agricultura sostenible. Habían aprendido a vivir en igualdad de condiciones con el mundo natural, manteniendo un equilibrio perfecto y apoyando la rica diversidad de sus ecosistemas. Cuando llegaron los colonizadores, no tuvieron en cuenta esta sabiduría acumulada. Llamaban a los nativos atrasados y salvajes. Los pueblos del Caribe acabaron perdiendo esta conexión con su medio ambiente, junto con su soberanía, ya que los colonizadores los obligaron a monocultivo para el mercado global, en lugar de para ellos mismos. Hasta la fecha, el Caribe depende de los países continentales para su supervivencia, mientras que las políticas socioeconómicas siguen erosionando sus prácticas culturales y su libre determinación. El Caribe no necesita ninguna tierra 'principal' para sobrevivir. Es un faro, un paraíso, abundante en alimentos y recursos, incluyendo energía solar y eólica. Nuestros antepasados ya tenían el conocimiento no solo de sobrevivir en el Caribe, sino de prosperar y crear comunidad.

Actualmente, la mayor amenaza que enfrenta el Caribe es el cambio climático. El cambio climático no es una amenaza futura. Está aquí y ya está afectando la vida de los caribeños ya que nuestras islas son más vulnerables a sus efectos (aumento del nivel del mar, aumento de los fenómenos meteorológicos extremos y cambios en el patrón de lluvia y la temperatura). Los efectos del cambio climático han provocado escasez de recursos, pérdidas agrícolas, desplazamientos y una disminución general de la salud humana. Recientemente, la Organización Meteorológica Mundial (OMM) informó de que en 2020 los fenómenos climáticos y geofísicos provocaron la pérdida de 312.000 vidas y afectaron directamente a 277 millones de personas en América Latina y el Caribe. La gente del Sur Global está en la primera línea de una batalla contra el cambio climático. Enfrentan los efectos más drásticos, una carga injusta, dado que el cambio climático ha sido causado en gran medida por sus opresores del primer mundo, otrora sus colonizadores.

La administración se define como el trabajo de cuidar de algo. La Tierra nos custodia. Es nuestro deber devolver el favor, pero sin equidad dentro de nuestra especie, la tarea es casi imposible. Nuestra explotación de la Tierra es impulsada por la búsqueda ciega de la riqueza. Muchos en todo el mundo son pobres y sin hogar. Los ricos y los ricos culpan de la extrema brecha de riqueza a la falta de recursos. También propagan el relato de la superpoblación, animando a la gente a volverse unos contra otros y luchar por las migajas. La sociedad no sufre de falta de recursos, sino de sobreproducción y mala gestión. Cada año, un tercio estimado de todos los alimentos producidos termina pudriéndose en papeleras. Alrededor del 30 % de toda la ropa hecha alrededor del mundo nunca se vende. Hay millones de casas vacías y coches sin usar sentados en lotes. No obstante, seguimos produciendo y explotando el medio ambiente, más allá de su límite, para crear riqueza que beneficie a unos pocos. La administración radical es una administración sostenible. Encarna los tres grandes pilares de la sostenibilidad: protección del medio ambiente, desarrollo económico y equidad social. La administración, sin tener en cuenta los tres pilares, es una acción vacía. Puede proporcionar un momento de aprendizaje o una experiencia brevemente satisfactoria, pero no crea las ondas necesarias para combatir el cambio climático o prevenir la próxima catástrofe ambiental. La administración radical equivale a una acción directa e inmediata contra la injusticia ambiental para preservar nuestros hogares y comunidades.

Los autores y las organizaciones representadas en este libro, entre otros, unen el conocimiento tradicional del Caribe con nuevas ciencias y tecnologías ambientales que pueden allanar el camino, no solo a nuestra supervivencia en la Tierra sino también a nuestra evolución como especie, para no continuar con este legado de injusticia que nos ha llevado a todos al borde de la ruina global. Ellos han hecho el camino para nosotros al caminar por ella, con su investigación colaborativa, iniciativas educativas y acción/activismo directo. Nosotros, como encarnación colectiva del futuro global, ahora tenemos que trabajar juntos, a través de todas las fronteras sociopolíticas, culturales e ideológicas, para promulgar el legado que nos han confiado.

Figura 9.8: Estudiantes de UPR y CUNY/SUNY trabajando juntos hacia una nueva visión de la administración ambiental

Afterword: Reflections on Practice

ROSALINA DÍAZ

> Nearing Calderon Mountain on a clear morning—overjoyed by birdsong—the man without present or future stopped in front of a cornfield, whose spears appeared golden beneath the tenuous light of the newborn sun. He could not resist the urge to touch the brilliant beards of the cobs, and climbed the wire fence to caress them, one by one, with voracious anxiety, as he had as a child in his *conuco* in Solares. The scent of basil, pennyroyal and feverfew made him dizzy with happiness and even the anamu, with its unpleasant odor, filled him with love for all things of the Earth. (Translated from *La Resaca* by Enrique Laguerre (1905–2005), writer, activist, educator, and Puerto Rico's first environmentalist.)

The initial title of this book, pre-2019, was *Healing Paradise: A Radically Reimagined Ethnobotany of the Caribbean*. It was meant to document the resurgence of traditional herbal healing practices, in light of climate change threats, such as Hurricane Maria. However, as I engaged more fully with local activists, agroecologists, and practitioners, my perspective regarding the deep impacts of the sociopolitical, historical, and economic context of the Caribbean evolved. I came to understand that the former could not be adequately examined without acknowledging the latter. I also came to understand that by engaging in a Eurocentric version of ethnographic methodology, I was furthering the colonial agenda of those that had so callously and brutally decimated the First Peoples of the Caribbean, their culture, and society. For this reason, I engaged my informants as partners, inviting them to write their own stories, without investigator interpretation and with minimal editorial interventions. This style of participatory ethnography, however, was not without its challenges.

The first hurdle I encountered was overcoming the deeply embedded colonial indoctrination that had convinced a few of my non-academic Caribbean informants that they were not qualified to narrate, contextualize, and interpret their own life experiences and circumstances. My role occasionally extended to motivational support person, talking informants back from moments of incapacitating doubt and self-sabotage, not always successfully; I lost a few along the way. Conversely, I also had to persuade my academic informants, largely in the Physical Sciences, that their personal stories, as insider-outsiders, were just as valuable and relevant as their empirical research and needed to be included in their work for the sake of transparency and strong objectivity, thus challenging the objective/subjective bias still so common in this discipline. Narrative writing was a style they were unaccustomed to, and more time and patience were required to support them in making this adjustment.

From a more practical perspective, I had to abandon structural procedures and timelines, as this alternative type of ethnography demands a more protracted time commitment and infinite flexibility. After much frustration, I realized my "Americanized" logistical time constraints meant absolutely nothing to those around me, and I had to let them go. Additionally, I had to resist the urge to organize, fix, modify, and edit written accounts according to established Eurocentric grammatical and literary structures, and instead be receptive to creative alternatives in formatting and style that more closely matched the linguistic and cultural thought processes of the informants. Throughout the research process, I had to remain open to modifying my research question/s and focus, repeatedly, in order to accommodate the on-the-ground reality of my informants. Lastly, I had to find a publisher that embraced the non-hierarchical view of writing ethnography reflected in this work.

This book turned out to be very different from the book I initially intended to publish. In the editorial process, my perception of the discipline of Anthropology shrank, expanded, stretched, and accommodated. I pondered the nature and purpose of the discipline, both historically, as a tool of the colonial project, and currently, as a tool for restorative social *and* historical justice. I realized that in the same way that we are all part of an interplanetary ecological web, so too we are all ensnared in a four-dimensional web of space-time, as described by German mathematician Minkowski, who suggested that space (geography) and time (chronology) "are doomed to fade away into mere shadows," and that "independent reality" exists only as a result of their union. Thus, we cannot escape the interconnected nature of our own reality. The invasion and subsequent colonial projects of the 15th through 19th century in the Caribbean, are in the past, thus indelible and immutable. However, the *ongoing* colonial status and resource exploitation of Puerto Rico by the U.S. (which directly impacted the massive loss of life in the aftermath of Hurricane Maria) is happening now, in the present. This is an aspect of reality over which we still have agency. Humanity cannot hope to move forward toward an equitable and environmentally sustainable global future until we take direct action to confront and redeem the sins of our past. As anthropologists, physical and social scientists, and environmentalists what is our role in this scenario? Is it merely to research, record, and report our findings, as in times past, or something more? Do we have a moral and/or ethical duty to act? Such decisions must be left to individual consciences, but it needs to be with the full knowledge and understanding that by our prior actions/inactions as a scholarly body, we are already complicit in the tragic confluence of factors that has disempowered and destabilized the entire Caribbean region, and its population, for centuries.

Paradoxically, despite centuries of abuse, conquest and occupation, and the subsequent indoctrination that has emotionally/psychologically paralyzed much of the Caribbean population, there has also been a concurrent history of environmental activism and stewardship, sparked from these self-same historical and socio-political processes, and exemplified by the highly engaged scholar/activist contributors in this book. How can this be explained, except to say that when everything conceivable is taken from a people, including the right to bodily autonomy, freedom, self-determination, and governance, they cleave even more fiercely to what cannot be taken away—that which is constant and concrete—that which supersedes and survives governments, societies and the arbitrary laws and philosophies of man—that which sustains us from birth to death—the land itself.

Appendix Materia Medica: Plants and Remedies of the Caribbean

ROSALINA DÍAZ AND PETER VISSCHER

In the spirit of ethnobotany, this appendix provides a compiled account (alphabetically arranged) of select plants and their uses, as presented by the authors in this book.

AGIS RED, YELLOW GREEN PEPPERS (HAGIS ROGES, HAGIS IANNE, HAGIS VERT)

Plant Description: Hagis means pepper in the language of the Indians and there are three kinds. However, the smallest, which is green, is the strongest and its leaf is very good when added to soup and salad.
Uses: Nutritional and hydrating "when they go far away where they cannot find fresh water to drink, they eat as much as possible of this pepper enroute and are not thirsty, feeling always fresh in spite of the very intense heat."
Remedy: The Indians mash this pepper with salt and put it in the husk of millet (cited from the Drake Manuscript by Rosalina Díaz)

Figure A.1: Hagis

Note: From the Drake Manuscript, fol. 11, 1586

ANAMU: PETIVERIA ALLIACEA L.

Plant Description: *Petiveria alliacea* is a perennial herb with deep roots that grows up to one meter in height and has a strong smell of garlic. The leaves are alternate, simple and entire, shaped elliptical, and pointed. The small white flowers are born on a flowering stalk. Its common names include: *Anamú* (Cuba, Dominican Republic, Puerto Rico), *avé, huevo de gato, mal pourri, vérocine puante* (Dominican Republic), *feuilles avé, avette, chasse(r) vermine, herbe aux poules, pétivere à odeur d'ail, verveine puante* (Haiti), *conga root, dandail, douvant-nègre, fey douvan, garlic root, marie pourie, mawi pouwi* (Lower Antilles), *garlic weed, Obeah-bush* (Bahamas), and *Guinea hen weed, strong man's weed* (Jamaica). The plant is native to the Amazon rainforest and grows in tropical regions of the Americas and Africa.

Recommended in the TRAMIL pharmacopoeia for several health conditions.

Uses:

1. Arthritis
2. Kidney stones
3. Upper respiratory tract problems (cold, flu, asthma, sinusitis, bronchitis, and cough).
4. Sinusitis
5. To treat *nacíos* (skin boils) and wounds
6. Fungal skin infections
7. Labor pain and delivery
8. Infertility
9. STIs (gonorrhea and syphilis)

10. Diabetes
11. Back pain
12. Diarrhea

Remedy/s: For #1, arthritis, people drink a tea of the root (and sometimes the leaves), or apply these plant parts directly where it hurts. Alternatively, they first soak the plant parts in alcohol (sometimes together with ginger or camphor) and massage this remedy. People also prepare a *botella* (bottled herbal mixture) of *anamú* root with gin or red wine, honey, and other plant ingredients such as ginger, garlic, or *cuaba*. and take daily shots of this mixture. For #2, kidney stones, mixed with *apasote*. For #3, URI, a *botella* or tea made with the roots mentioned above (and sometimes the leaves) were the most common preparations. Additional plants reported were maguey (leaf), bitter orange (leaf), ginger, shallot, *sábila*, as well as processed products such as higuera oil or honey. For #4, sinusitis, people reported inhaling the steam of the root of *anamú* or applying the root directly to painful areas. For #5, skin boils or wounds, direct application of the roots and leaves, sometimes with lemon. For #6, fungal skin infections, a bath of the leaves, or direct application and for shingles a tea of the root. For #7, labor pain and delivery, a tea or *botella* of the root together with *guaucí*, *bija* and red wine. For #8, infertility, a *botella* of the root and other plants such as *juana la blanca, guaucí, roble, guásima*, *maguey*, and honey, red wine or the processed plant product Sra. Müller. For #9, STIs (gonorrhea and syphilis), a tea of the leaves, or a *botella* with *anamú* and maguey. For #10, diabetes, a tea of the root or leaves. For #11, back pain, a tea or *botella*. For #12, diarrhea, a tea of the root.
*Contraindications: Contraindicated for use in pregnancy. In our survey, a few people warned that *anamú* can be harmful to human health. Two persons specified that the root can cause liver damage, especially when used in excess, while another person said that the root in combination with gin has a "very hot" quality that can damage the heart. Extracts of *anamú* have shown hypoglycemic effects in animals, and the presence of the anticoagulant phytochemical coumarin in the plant caution against its use together with diabetes medication or blood thinners. (By Ina Vandebroek)

Figure A.2: *Petiveria alliacea* L.: *Anamú*. Flowering stalk (*left*), aerial parts (*right*)

BERRO/WATERCRESS (NASTURTIUM OFFICINALE)

Plant Description: Once a commonplace weed in our streams, streets, and wherever water ran in sandy soil, herbicide poisoning has tragically just about eliminated this super-food herb in the wild. Today, it is known for its high mineral content (calcium, manganese, sulfur, magnesium, phosphorus, and copper) as well as vitamins C, A, and K. As a cruciferous vegetable, its high levels of glucosinolates protect us from several types of cancer and heart disease. And it's simply delicious raw in salads!

Uses: Watercress is most known in Puerto Rico for its past role in preventing and even curing tuberculosis.

Remedy: Freshly pressed juice was simply imbibed several times a day, alone or mixed with other herbs. (By María Benedetti)

CAISIMÓN DE ANIS (PIPER AURITUM)

Uses:

1. Emollient
2. Diuretic
3. Anti-scorbutic
4. General inflammation and, more specifically, for testicle inflammation
5. Headaches, indigestion
6. Anti-scrofulous

Remedy/s: Lightly cooked leaves are used as a poultice on tumors, infusion is used in the cure of gonorrhea, fresh leaves are applied to the side for liver pain, and the eaves are also placed on the head for headaches. (By Juliet Díaz)

CILANTRO (CORIANDRUM SATIVUM)

Plant Description: Cilantro refers to the leaves of the coriander plant.
Uses:

1. Powerful digestive aid and for removing toxic agents from the body, like heavy metals
2. Helps eliminate bacteria that cause infections
3. Lowers anxiety, stress
4. Urinary tract infections
5. Toothache

Remedy: For #3, anxiety or stress make a tea of cilantro by adding fresh or dried cilantro to boiled hot water. You can also chew cilantro for faster relief. (By Juliet Díaz)

COCOS NUCIFERA L.

Plant Description: Coconut is the fruit of a tall, slender palm that reaches up to 30 meters in height and has a crown of large pinnate leaves. The fruit encloses a single seed with a smooth epidermis that is yellow, orange, green, brown or reddish-brown in color, which holds a fibrous mesocarp or husk, and a woody, hard dark brown endocarp. The seed consists of a brown coat which encloses a layer of white meat and a large central cavity that contains coconut water. Common names include *Coco, cocotero, palma de coco(s)* (Cuba, Dominican Republic, Puerto Rico), *coco indio* (Cuba, Dominican Republic), *cocotier* (Guadeloupe, Haiti, Martinique), *coco lait* (Haiti), coconut (Bahamas, L. Antilles, Jamaica), *cocoyé* (Dominican Republic), *cocoyeur* (Haiti), *mata de coco* (Dominican Republic), and *noix de coco(s)* (Haiti, Guadeloupe). The coconut tree grows in tropical and subtropical areas around the world and is one of the most versatile and useful plant species from an ethnobotanical point of view. The roots and fruit, including the endocarp, the oil, coconut water, and coconut milk, are all used in Dominican TM.

Figure A.3: *Cocos nucifera* L.: *Coco, coco indio*. Tree (*left*), fruit (*right*)

Uses:

1. Treatment of kidney stones
2. Asthma, bronchitis, cold, and flu
3. Infertility and venereal diseases

4. Labor pain
5. *empacho* (gastrointestinal blockade) and diarrhea
6. *nacíos* (skin boils)

Remedy/s: For #1, kidney stones (most popular medicinal use), drink coconut water, sometimes in combination with onion, sugar, or milk. Alternatively, a tea is made of the coconut shell (endocarp), sometimes together with corn silk or cinnamon, or a *botella* (a bottled plant mixture) is prepared with coconut root, *tuna*, *maguey*, *guaucí* and/or *cola de caballo*. For #2, asthma, ingest the oil or milk, either alone or together with the oil of herring (*arrenque*), shark (*tiburón*), or *higuera*. The same remedy also serves to treat bronchitis, cough, the common cold and flu. Or, a syrup (*jarabe*) is made with honey, coconut and other plants, such as lemon, shallot or onion, and garlic. Finally, burns are treated with coconut oil and annatto seeds. For #3, infertility and venereal diseases, treated with a bottled plant mixture (*botella*) consisting of coconut roots and other plants, such as *guaucí*, cinnamon, star anise, chamomile, and lavender. For #4, labor pain, with an herbal mixture that contains the fruit ("placenta") of *higüero*, coconut, and *guaucí*. For #5, *empacho* (gastrointestinal blockade) and diarrhea, coconut oil, or milk are ingested. A tea of coconut, *sen* leaves, or *apasote* serves to treat intestinal parasites. For #6, *nacíos* (skin boils), coconut milk or oil is applied with sulfathiazole.
*Contraindications: For most people, it appears to be safe to apply coconut oil as a cosmetic ingredient or consume the oil in amounts found in food. Although the oil has a high saturated fat content, concerns that it may increase body weight or raise cholesterol levels when used in large quantities have not been substantiated, or were even contradicted by other scientific studies. In medicinal quantities, the safety of coconut oil is unknown, and therefore it should be avoided during pregnancy or breastfeeding. Patients with high levels of cholesterol should discuss their intake of coconut oil with a qualified healthcare professional. (By Ina Vandebroek)

COCONUT (COQVES).

Plant Description: Fruit growing on a tree like a nut. After removal of the first shell two eyes and a mouth like those of a fish appear containing very good nourishment white in color.

Uses: There also is within the shell an exquisite liquid for quenching the thirst of persons having a fever. (Drake manuscript by Rosalina Díaz)

ESCOBA/WIREWEED/ (SIDA SPP.)

Plant Description: considered a *very* bad weed because of its ability to hold on to soil, and not let go, meaning it's hard to pull out of the garden! However, this makes it a very important herb for fighting erosion, and as a source of fiber for weaving. It is high in saponins and was traditionally used to make amazing brooms, hence its name, literally, broom, in Spanish. It was also made into fist-size rolls to wash dishes and even bathe animals.

Uses:

1. Antiseptic
2. Staph infections
3. Impetigo
4. *Sida* species are widely used in Ayurvedic medicine as a stimulating tonic with anti-cancer and broad-spectrum anti-parasite action. (By María Benedetti)

Figure A.4: Escoba (Wire Weed)

GOLDEN CHALICE VINE (SOLANDRA MAXIMA)

Uses:

1. Aphrodisiac
2. Severe coughs
3. Eye infections

Remedy: Collect the dew to use as drops for eye infections and a tea made from the leaves will alleviate severe coughs. (By Juliet Díaz)

GUANABANA/SOURSOP/ANNONA MURICATA **L.**

Plant Description: Annona muricata is a small tree with aromatic, dark green leaves that are glossy and leathery. The characteristic flowers (three whorls each consisting of three segments) are yellowish-green in color and produced either as single flowers or in small clusters on old wood. The heart-shaped to oval fruit has a green skin with many recurved, soft spines. The ripe fruit pulp is white and has a creamy consistency and a particular taste that is slightly acidic. Common names include *Soursop* (Jamaica, Lesser Antilles), *guanábana* (Dominican Republic, Puerto Rico, Lesser Antilles), *corossol* (Dominican Republic, Lesser Antilles), and *coro(s)solier* (Haiti, Lesser Antilles). Its native range remains disputed and perhaps stretches from Mexico to Central and South America. There exist conflicting opinions as to its nativity status in the Caribbean. Vega lists the species as one of the fruit trees of the Taino in Hispaniola, and I have argued elsewhere that its long tradition of use in the Caribbean warrants a status of cultural heritage species.

Figure A.5: *Annona muricata* L.: *Guanábana*. Fruit (*left*), branch with leaves and young fruit (*right*)

Uses:

1. For treating upper respiratory tract illnesses, most notably the flu (*gripe*) and common cold (*resfriado*), but also bronchitis and cough
2. To calm the nerves and as a sleep aid (*nervios* and *dormir*)

Remedy/s: For #1, for treating upper respiratory tract illnesses, most notably the flu (*gripe*) and common cold (*resfriado*), but also bronchitis and cough. For #2, to calm the nerves and as a sleep aid (*nervios* and *dormir*), although the use of the leaves and fruit as a tranquilizer and sleep-inducer is reported across the three official language regions in the Caribbean, there exists a lack of (pre-)clinical research into this particular use.
*Contraindications: Two decades ago, overindulgent consumption of the fruit and leaf tea was linked to clinical cases of atypical Parkinson's disease in the French Caribbean, but the association was later disputed by French health officials.

Laboratory research has shown the presence of chemical compounds that are potentially toxic to nerve cells in large amounts. However, it is important to keep in mind that consumption as part of a normal diet is considered to be safe. (By Ina Vandebroek)

GUAVA (GOVIAVES) PSIDIUM GUAJAVA

Uses: Extremely useful for the bloody flux [dysentery].
Remedy: Eaten still green, it relieves the person and, when ripe and smooth, it is a most excellent fruit. (Drake Manuscript by Rosalina Díaz)

GUAVA LEAVES

Uses: anti-inflammatory and antimicrobial.

1. Heal wounds
2. Relieves diarrhea, gastrointestinal issues
3. Respiratory issues
4. Supports oral health
5. Boosts immunity

Remedy: To heal wounds apply guava-leaf extract. For oral health chew on fresh guava leaves or add crushed guava leaves to boiling water to make a mouthwash. (By Juliet Díaz)

HIGUERO/RICINUS COMMUNIS

Plant Description: a shrub or small tree that spreads easily in dense thickets. The stems and branches have conspicuous nodes and ring-like scars, and the leaves are palmately lobed, green or red in color, and spirally arranged. The unisexual flowers grow in a panicle, with male flowers situated at the base, and female flowers at the top. The plant carries many spiny fruits with brown-beige speckled seeds that are toxic. When the seeds are properly processed they represent an important source of castor oil. Common names include *higuera*, *higuereta*, *ricino* (Cuba, Dominican Republic, Puerto Rico), *palme cristi, ricin, huile montecristi,* or *huile ricin* (Haiti), and castor oil plant (Bahamas, Jamaica, Lesser Antilles). The oil derived from the seeds (*aceite de higuereta*) is popular as a medicine in the Dominican community in NYC.

Uses:

1. Respiratory conditions (flu, common cold, asthma, sinusitis, bronchitis, and cough)
2. *Nacíos* (skin boils) and arthritis

Remedy/s: For #1, respiratory conditions, the oil is ingested together with bitter coffee, honey, or a variety of other oils such as coconut oil, shark oil, cod liver oil, or snake oil. Alternatively, *higuera* oil can be mixed with honey and several plants, such as shallot (*cebollín*), *sábila*, onion, lemon, or sesame seeds. To treat sinusitis, the oil is applied to the forehead, either alone or mixed together with Vicks VapoRub™, bitter orange fruit, banana peel, *sebo flande(s)* (mutton tallow), salt, ginger, menthol, cajeput oil, camphor, or *clavel de muerto*. For #2, nacios and arthritis, apply the oil or leaf to the skin. For *Nacíos,* a type of skin abscesses or boils, apply the leaf of *Ricinus communis* alone or together with the leaf of *Capsicum* species (*ají*, pepper), or bitter orange.

**Contraindications:* Although few people mentioned ingesting the seeds directly, this should always be avoided since they are very toxic, especially when chewed, and can result in hospitalization and even death. The chemical compound in the seeds that is responsible for poisoning is ricin. If the oil is properly prepared, the seeds are processed in such a way that ricin is left behind in the waste material and not present in the oil. People who are not familiar with the traditional process of making the oil should never attempt to do this on their own. Those looking to buy the oil should always source the product from a trusted, experienced traditional producer, or purchase the oil in a licensed pharmacy or reputable health store. Oil produced for industrial applications is highly toxic and should never be used. (By Ina Vandebroek)

Figure A.6: Ricinus communis L.: Higuera, higuereta. Flower stalk (*left*), seeds (*right*)

LLANTEN—PLANTAGO MAJOR **L., PLANTAGINACEAE. COMMON NAME: BROAD-LEAVED PLANTAIN**

Plant Description: This family consists of 104 genera and more than 1,800 species worldwide. In this family, we can find herbs, sometimes small shrubs, and sometimes aquatic plants. More than 250 are *Plantago* species, all edible and medicinal. *P. major* is native to Europe and Asia, but it is widely distributed around the world. *Plantago major* is an herbaceous perennial plant and has round to ovate glabrous leaves that grow around the base of the plant (rosette) and are very stringy—when you pull one out you can still see strings of fiber attached to the stem. The flowers are formed in dense spikes on single leafless stalks that can rise to about two feet tall. Each flower within the inflorescence has four tiny white petals barely able to be seen with the naked eye. This species is wind-pollinated.

Uses:

1. Nutritional: The whole plant is edible. Plantain has a very strong taste, sometimes bitter, but very flavorful. Some consider eating plantain an acquired taste, but once you get used to it you will crave more. Plantain is

rich in iron, vitamin B1, protein, calcium, potassium, and micronutrients—good for healthy bones, teeth, muscles, and organs. Its seeds are rich in proteins, amino acids, omega-3 fatty acids, and other minerals.
2. Diuretic (leaf decoction)
3. Hemorrhoids, gastric and peptic ulcers, irritable bowel syndrome (IBS)
4. Bronchitis, common cold, asthma, and other upper respiratory conditions.
5. Dermatological conditions; it works as a vulnerary for contusions, cuts, and bruises as well as for insect bites—it has potent anti-inflammatory properties (leaf poultice).

Remedy/s: For #1, leaves can be chopped finely and added to salad and green juices. stems and roots can be sautéed in garlic and olive oil and mixed with vegetables; immature and mature seeds can be eaten raw or added to vegan and other plates. You can also soak and cook the seeds, like rice or sprouts, and add them to salads. For #3, you can make a juice from mature leaves, mix it with cabbage juice and use it for IBS and other colon-related ailments. In addition, seeds are covered by a mucilage that also absorbs toxins in the digestive tract and lubricates the colon, thus acting as a laxative. For #5, you can either pass the leaf through fire (*amortigüar*) or if you are outside in the field and have a bad cut you can just chew the leaf and apply it directly to the area. It will help to control the bleeding, diminish inflammation, and hasten the healing process. (By Gladys M. Nazario Muñiz)

Figure A.7: Plantago plant with basal leaves and inflorescence of minute flowers (*left*) and Plantago poultice for cut (*right*)

MANZANILLA; **CHAMOMILE** (ISOCARPHA ATRIPLICIFOLIA)

Plant Uses: Chamomile is used to treat issues related to

1. Nervous system
2. Digestive tract
3. Stress
4. Gastrointestinal ulcers, skin-healing, rashes
5. Anti-inflammatory, antimicrobial, for topical and internal infections.

Remedy: for conjunctivitis, eye infection, redness, red eye, and bacteria. Make an eye rinse by bringing water to boil and adding chamomile. Allow to simmer for 5 minutes and then let it cool before applying to eyes. (By Juliet Díaz)

MENTA/MINT (MENTHA PIPERITA AND SPICATA)

Uses:

1. Nutrition (tea)
2. Irritable bowel syndrome, indigestion
3. Reduces breast swelling and pain during breastfeeding

Remedy: To make a tea for stomach aches and indigestion, boil a cup of water and add one tablespoon of the mint. Let it steep for 3–5 minutes. Add sugar cane. (By Juliet Díaz)

MOSTAZA SILVESTRE **OR** RÚGULA CRIOLLA **(SPANISH); INDIAN MUSTARD (ENGLISH);** BRASSICA JUNCEA: **(J.) CZERN, BRASSICACEAE (MUSTARD FAMILY).**

Plant Description: This is a large family comprising over 4,000 species, mostly edible and medicinal. The genus Brassica includes over 35 species. Mustards range from herbs to shrubs or trees. Other well-known vegetables in this family are broccoli, radish, and cabbage. *B. juncea* has been distributed worldwide and has naturalized as a weed in roadsides, fields, and wastelands.

Figure A.8: Mustard plant with beautiful yellow flowers; observe the wide and irregularly dentated leaves at the base in comparison with the upper leaves that are slender and less dentated.

All mustards have a pungent aromatic smell and spicy taste, I call this one our "*rúgula criolla*." It has beautiful yellow flowers with four sepals and four petals, six stamens—four long and two short (tetradynamous)—and one pistil. The leaves are in an alternate position and are irregularly dentated; they originate at the base from a basal center, and then up the stalk are progressively smaller, slender, and less dentated. The fruit is a capsule, called a silique, and is filled with numerous seeds—brown, small, roundish, and smooth.

Uses:

1. Cultural: In some cultures, the leaves are used as a substitute for tobacco, and some indicate that smoking it helps them to "communicate" with the gods.
2. Nutritional: The leaves contain proteins, vitamins A, C, and iron—a cup provides 60 % of the vitamin A, 100 % vitamin C, and 20 % of the iron required by an adult. In addition, it provides fiber, calcium, sodium, and potassium as well as other required nutrients in less concentration. Leaves, shoots, roots, and flowers are edible. You can eat them all raw in salads or sauté in a skillet with garlic, pepper, curry, cumin, and salt, or add it to omelets and other dishes. The beautiful flowers add color and flavor to salads and other plates. You can also harvest the seed[1] when the pods are ready and add them to salads and other dishes—they are more potent than the leaves.

3. To treat sore throats and congestion
4. To enhance milk production in lactating women
5. To prevent infections and heal wounds
6. To treat respiratory conditions, headaches and inflammatory ailments
7. To treat boils and tumors

Remedy/s: For #3, sore throats and congestions, a leaf infusion[2] is used as a mouth gargle. For #4, a leaf decoction[3] is prepared to enhance milk production in lactating women. For #5, a decoction with the whole plant is also made to prevent infections and heal wounds. For #6, the leaves are used as poultice[4] for respiratory conditions, headaches and to treat inflammatory ailments. You can pass the leaf through fire (*amortigüar*) or you can mash it and apply it directly to the affected area. In my experience, it is more effective when I apply a fatty substance such as coconut, almond, or sesame oil to the area before adding the poultice. You could also enhance the mustard poultice outcome with an essential oil such as eucalyptus for a respiratory condition, or lavender for a headache. A poultice is also effective to treat boils and tumors (#7). (By Gladys M. Nazario Muñiz)

OREGANO DE LA TIERRA (HYPTIS AMERICANA)

Uses:

1. This plant is used for issues with the uterus
2. Emmenagogic (root decoction)
3. Antifungal, carminative, febrifuge, stomachic (referring to stomach problems), and febrifuge/fever reducer. (The flowering plant)

Remedy/s: The juice of leaves, mixed with lime juice, is ingested for stomach aches. Applied externally, it is used as a wash for skin disorders such as dermatitis, eczema, and boils. A poultice is used for snake bites. The juice of the leaves applied to the feet treats athlete's foot, while the leaf paste is applied on sores and fungal skin infections. The cooked leaf combined with olive oil is used for ear infections and ear pain. (By Juliet Díaz)

PIÑA, PINEAPPLE (PINNES)

Plant Description: An exquisite fruit, extremely good, having the taste of raspberry; it grows on a tall tree where there can be found several, having the characteristic of growing rather down than up in contrast to the fruits of France.

Use: It is eaten raw with salt only to relieve the Indians of stomach pains. (Drake Manuscript cited by Rosalina Díaz)

PHYSIC NUT/JATROPHA CURCAS (AVILANNES NOIRES GOMITES) MA 3900 (FOLS. 20V–21)

Plant Description: There grows on this tree a sort of small nuts and there are two kinds, black ones and white ones.

Use: When a person has eaten them, he will throw out everything in his body above and below. When the Indians feel they have eaten something bad or a poisonous animal has touched them, they take these nuts, promptly throwing out all the poison by mouth and "below" and are cured. (Drake manuscript cited by Rosalina Díaz)

*Contraindications: The oil of the physic nut, also known as Barbados nut or purging nut, is violently purgative. Can be fatal if taken in even moderate amounts (3 nuts).

PLANTAIN (PLANTAINNES).

Plant Description: Good fruit similar to the grape vine. When a branch breaks off, it sprouts another; it has the shape of a long cucumber and has an extremely good taste.

Uses: Aids in dispelling bad air from below.

Remedy: It is eaten cooked or raw and it is available at all times. (Drake manuscript cited by Rosalina Díaz)

PURSLANE/VERDOLAGA (PORTULACA OLERACEA)

Plant Description: a true superfood, high in Omega-3 fatty acids and a good source of vitamin C.

Uses:

1. Active in protecting our heart
2. Aids in fighting depression
3. Anti-cancer support
4. Protects the liver and supports pancreatic functions
5. Helps to regulate blood sugar levels

6. Preventive anti-parasite ingredient for children (seeds)
7. Constipation

Remedy: Lightly cooked it is great for constipation, #7, and is traditionally served with codfish and root vegetables. Boiled up for twenty minutes with local sea salt, let it cool a few minutes, add a bit of olive oil and fresh-ground garlic, and we have a gourmet broth fit for royalty. (By María Benedetti)

Figure A.9: Verdolaga (Purslane)

SABILA (SPANISH): ALOE VERA (L.) BURM.F.

Plant Description: a hardy plant with succulent leaves that are lancet-shaped, spiny and form dense rosettes. It is known by several common names: *Aloe* (Barbados, Tobago), *lalwa* (Haiti), *sábila (*Cuba, Dominican Republic, Puerto Rico), and *sinkle bible* (Jamaica). The presumed origin of the species is Arabia, Somalia, or Sudan, although its native distribution range remains disputed. *Aloe vera* is available in commerce worldwide as a common houseplant. In New York City, the fresh leaves are sold in Latino greengrocers, *botánica* shops, and supermarkets in Caribbean neighborhoods. In the Dominican Republic, it is often found in gardens and patios. It is a favorite plant to attract good luck; for this purpose many Dominicans either keep a living plant inside their house, or hang it upside down above the main entrance of their home. *Sábila* is undisputedly the most popular plant in Dominican TM, often referred to as a "cure all." The part used medicinally is the succulent leaf, in particular the transparent gelatinous part of the inner leaf, and occasionally also the bitter greenish-yellow latex that drips from the leaf when it is cut.

Figure A.10: Petiveria alliacea *Aloe vera* (L.) Burm.f.: *Sábila*. Plants with inflorescences (*left*), leaves sold in a NYC supermarket (*right*)

Uses: The highest number of use-reports for *sábila* in the Dominican community in NYC included:

1. Treating respiratory conditions, such as asthma, flu, the common cold, bronchitis, and cough
2. A second major use of the gel in NYC was its direct application on the skin to treat wounds, burns, skin boils, fungal skin infections and shingles
3. Ingestion of the transparent gel for diabetes
4. Consuming the transparent gel for weight loss (blended together with pineapple, cucumber or celery), cancer (blended together with honey or whiskey)
5. High cholesterol (combined with grapefruit juice)
6. Arthritis (together with honey and lemon)
7. Stomach ulcers, constipation, and intestinal cleansing

8. For menstrual pain, *sábila* was either applied externally, or drunk as a tea
9. To treat hair loss, *sábila* was rubbed directly into the hair
10. For vaginal infections, an ovule of the transparent gel was prepared by freezing and inserting as a suppository, and *sábila* was also consumed as a tea

Remedy/s: For #1, the transparent gel of the leaf was either blended and ingested alone or together with bitter coffee. For these conditions several people also reported preparing a raw plant mixture of *sábila* and other plants, such as onion, shallot, lemon, watercress, radish, garlic, celery, honey, and/or an oil, such as castor oil, sesame oil, snake oil or shark oil. For #3, *sábila* was either taken alone or together with bitter coffee.

*Contraindications: Some interview participants warned that *sábila* may be toxic if all the green-looking parts of the leaf are not properly removed from the transparent gel, and others said that it is important to wash the gel to remove the bitter latex before consumption. Although *Aloe vera* is used across the world as a medicinal plant, there exist relatively few reports of adverse reactions. Negative effects seem to mainly involve long-term use of the green-yellow colored latex that is released when the leaf is cut. Natural Medicines (formerly Natural Standard) cautions against applying *Aloe vera* to open and surgical wounds and bed sores, and against oral administration for surgery (to prevent bleeding), intestinal obstruction and other intestinal disease, (bloody) diarrhea, hepatitis, heart arrhythmia, electrolyte imbalances, diabetes, and kidney disease. Pregnant women or those breastfeeding should also avoid ingesting *Aloe vera*. (By Ina Vandebroek)

SABILA (ALOE VERA): **THE OLDEST AND STILL USED FORM OF ALOE VERA IN CUBA TODAY.**

Uses:

1. Stimulating the vaginal mucosa that lubricate the vagina, as well as helping prevent infections
2. Used topically for burns, skin rashes, sun burn, scars and skin infections
3. Also taken orally for stomach ulcers or discomfort of the intestines

Remedy: For #1, freeze small portions of juice and then placing it inside the vagina. For #2, healthy skin, combine aloe vera gel, raw honey, and lemon juice to make a smooth paste. Apply as a mask and keep on your face for 20 minutes. Rinse with warm water. Use three times a week to treat acne. (By Juliet Díaz)

SALVIA ANTILLANA/SWEET SCENT/(PLUCHEA SYMPHYTIFOLIA)

Plant Description: a softly aromatic powerhouse of analgesic compounds. Rural Puerto Ricans in their sixties and older all remember seeing their elders wearing salvia leaf poultices on their forehead and temples for headache.

Uses:

1. Pain (head, lower back arthritic joints and sore muscles).
2. Fever reducer
3. Sore throat and laryngitis
4. Menstrual cramps
5. Home birthing aid

Remedy/s: For #1, The analgesic oils and salves made using this leaf are an amazing ally for lower back pain, arthritic joints, and sore muscles. For #2, oiled *salvia* or sweet scent leaves were traditionally placed on the soles of the feet for lowering fever. For #3, the new leaves are traditionally chewed (or made into teas or gargles with salt) for sore throat and laryngitis. For #4, leaves are brewed up in teas for menstrual cramps. For #5, Sweet scent post-partum sitz baths and vaginal steams are still a prized part of the home birthing experience throughout the Central American region. (By María Benedetti)

SALVIA CRIOLLA/PLUCHEA CAROLINENSIS (JACQ.) G DON, ASTERACEAE. COMMON NAME: WILD TOBACCO, INDIAN SOUR BUSH OR 'CURE FOR ALL' IN ENGLISH.

Plant Description: This is one of the largest plant families with 23,000 species, and more than 1,500 genera. This family is distributed worldwide, and we can find herbs, shrubs or trees. In Puerto Rico, we commonly call *P. carolinensis* "salvia," and it is frequently confused with *Salvia officinalis*—same family, different species—thus, the importance of scientific names. Several plants of economic importance belong to this family: sunflower, lettuce, artichoke, artemisia, and dandelion, among others. *Pluchea carolinensis* is an erect, branched, lightly aromatic, taprooted shrub with soft and pubescent (hirsute) stems and leaves. The leaves are grayish-green on the upper surface and pale on the lower surface; they are alternate and spirally arranged and are soft to the touch—velvety-like. The flower heads are in large flat-topped inflorescence consisting of beautiful pinkish florets.

Figure A.11: Flat-topped inflorescence of *Pluchea* with beautiful pinkish florets

Uses:

1. Cultural: Leaves and branches are used for spiritual cleansing (burning), bath (decoction), dispossession, and as incense. Oil extracted from the plant has insecticide and fungicide uses in agriculture. The leaf is used as a tobacco substitute; some *jíbaros* smoke the leaves for sore throats, I prefer to chew them.
2. Nutritional: Cooked leaves are added to stew and other dishes
3. Sore throats
4. Analgesic (pain reducer)
5. Bronchitis, Cold/fever, rheumatic conditions
6. Vaginitis
7. Fever reducer

Remedy/s: For #3, leaves are used in several ways: you can chew them for sore throats and catarrh or make an infusion for the same purpose. For #4, analgesic properties, you can chew the leaves for a toothache. For headaches, make a decoction of the aerial parts. A poultice made with leaves is also good to alleviate headaches, toothaches, and inflammation—pass the leaves through fire (*amortigüar)*, use a fatty substance, locate it on the affected area and then add the warm leaves, leave it on for 15 minutes at least; repeat the process, if necessary. I highly recommend a poultice of *salvia* leaf with lavender oil, as the fatty substance, for headaches—very effective. For #5, a decoction of the aerial plant parts is prepared against bronchitis, cold and fever, asthma, rheumatic conditions, stomachaches, amongst other ailments. For #6, a decoction can also be used for vaginitis in a 'sitz' bath. For #7, a tincture (a medicinal remedy made with a particular vegetative part—leaf, stem, flower, or roots—dissolved in an alcoholic substance—vodka, rum, gin, or ethanol 40–50 %) is prepared and rubbed on the body to provoke perspiration and reduce fever. (By Gladys M. Nazario Muñiz)

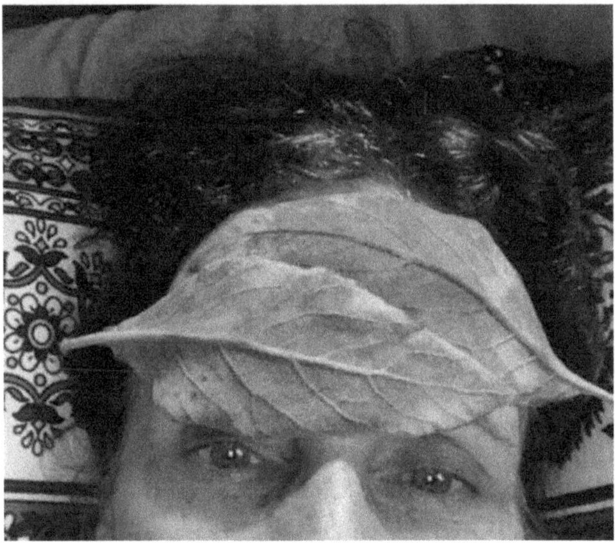

Figure A.12: *Pluchea* as a poultice for a headache

TILO (JUSTICIA PECTORALIS)

Uses: The leaves are used for menstrual pains, coughs and colds, flu, and other respiratory issues. The leaves and stems together are used for the treatment of diabetes, infections and as sedative.

Remedy: Smashed leaves mixed with honey are consumed as a substitute for cough syrup. (By Juliet Díaz)

TOBACCO (PETVN)

Plant Description: A special herb which the Indians use for food as well as an extremely beneficial medicine.

Uses:

1. When they are sick, they breathe in the smoke by mouth with a straw; soon the ill humor escapes by vomiting
2. Toothache
3. Eye problems

Remedy/s: They often pulverize it and, putting it in their noses, it distills several drops of water from the brain to discharge illness. For #2, laying its leaves on the teeth, the pain disappears; For eye problems, #3, it is advisable to take the herb and steep it in water about half of a quarter of an hour and then wash one's eyes and one will experience its benefit (Drake Manuscript cited by Rosalina Diaz)

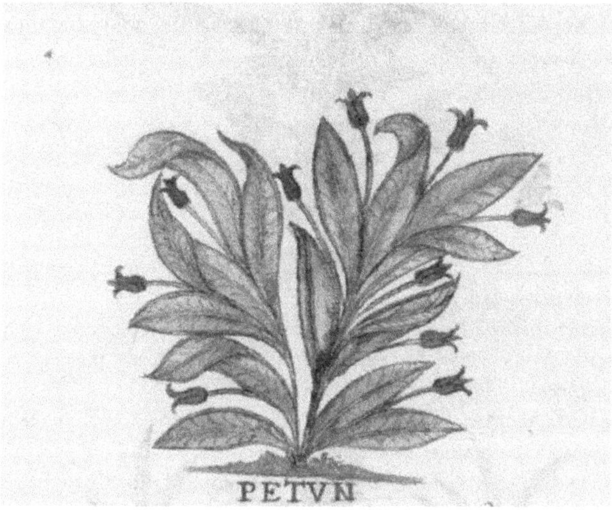

Figure A.13: Petvn (Tobacco)

Note: From The Drake Manuascript, fols. 4v, 1586

WATERMELON (PATILLE)

Plant Description & Use: It is a melon which is excellent for those who are unable to urinate; after eating it, the person will promptly and easily pass water. The Indians grow it from seed in their gardens. (Drake Manuscript cited by Rosalina Díaz)

YELLOW MORNING GLORY (IPOMOEA HEDERIFOLIA LUTEA)

Uses:

1. Cultural: Seeds are consumed as a hallucinogenic substance. This is done to enter trances and altered states for ritualistic purposes, usually to discover hidden ailments in the body. The seeds are toxic, do not eat them.
2. Laxative, a diuretic, and expectorant
3. Toothache

Remedy: Tea brewed from the dry leaves of yellow morning glory with clove are used for toothache, #2. Start by adding one tablespoon of whole cloves, one tablespoon of YMG leaves, add a cup of water, then bring it to boil. Let it steep for 3–4 minutes. (By Juliet Díaz)

NOTES

1 Contraindication: oil obtained from the seeds have a high erucic acid content which has been associated with certain health problems. Be cautious with the doses.

2 Infusion: the liquid that results from adding boiling water to a plant part, without boiling the vegetative material. You can also have a cold infusion; in this case, the vegetative part is left in cold water for a minimum of 2 hours before using it.

3 Decoction: the liquid that results from boiling or heating a preparation made from a plant.

4 Poultice or cataplasm: a soft, moist mass that could be made with a plant part (heated or smashed) to alleviate pain in many parts of the body and can be applied directly to the affected area.

Contributors

Joshua O. Acevedo (translator) is a graduate of The University of Puerto Rico where he received a Bachelor's degree in Biology. Currently, he is a Project Coordinator at the Vida Marina: Center for Conservation and Ecological Restoration, where he works on ecological restoration of sand dunes to improve their resilience against extreme weather.

Albert Areizaga (artist) was born in 1956 at Lincoln Hospital, Bronx, New York, to traditional Puerto Rican parents. Albert began drawing at a very early age. He attended college classes at night during his military service and graduated from Mercy College in Dobbs Ferry, New York, with a degree in Art and Science. After retiring from the military, Albert began a new career as a professional photographer and graphic designer. Albert is also a poet who has been published by CENTRO (The Hunter College Center for Puerto Rican Studies). He currently teaches art at the South Brooklyn Community High School.

Nelson Alvarez Febles is Puerto Rican, a social ecologist and specialist in agroecology, author, and educator. He has published, among other books: *El huerto casero, manual de agricultura* orgánica (2008), *La Tierra Viva: manual de agricultura ecológica* (2010), and *Sembramos a tres partes: los surcos de la agroecología y la soberanía alimentaria* (Ed. Callejón, 2016) as well as articles in 80grados.net

María Benedetti is an ethnobotanical researcher, author, and educator focused on the botanical traditions of healing and reciprocity with nature in the Puerto Rican archipelago. Her experience became her first book, *Earth and Spirit*, first published by Waterfront Press, and now in its ninth edition. She has continued to document the Puerto Rican botanical tradition in several other books, published in Spanish (Sembrando y Sanando en Puerto Rico, 12 Árboles Amigos, Árboles Nuestros para la Supervivencia, entre otos) and—most recently—a novel *(Dolores and Milagros)* in both languages.

Published author of best-selling book, *Witchery—Embrace the Witch Within*, **Juliet Díaz** is a hereditary witch from a long line of witch healers from Cuba. She is an indigenous Taíno, and her practice revolves around Earth medicine and Magic. She is the owner of November Sage Apothecary and the online school *Tierra Sagrada*.

Rosalina Díaz is Puerto Rican born anthropologist, author, certified herbalist and Associate Professor at Medgar Evers College, CUNY, with research interests in Gender, Identity, and Power in Indigenous Societies of the Caribbean; Historical Archaeology of the Caribbean; Educational inequality of Latinx and Caribbean populations in the U.S. She founded the Latinx heritage Month Celebration and the Association of Latinx Studies at MEC. In addition to her teaching responsibilities and administrative responsibilities at MEC, she currently works with the University of Puerto Rico on several projects focusing on Environmental Resilience of Island Communities in the Anthropocene. In her free time, she writes speculative fiction, based on the myths, legends and traditions of the Caribbean.

Jorge Baracutei Estevez is a Taíno who hails from the town of Haibon, Dominican Republic, and grew up in NYC. Mr. Estevez worked at the Smithsonian National Museum of the American Indian for 25 years as a Coordinator and Researcher. In addition, he is the founder and president of "Higuayagua Taino of the Caribbean," a cultural group dedicated to the search, rescue, and preservation of all Indigeneity, including history, traditions, and language of the entire Caribbean region.

Arturo Massol-Deyá is from the mountainous area of Puerto Rico in the municipality of Adjuntas where his parents founded the community-based organization Casa Pueblo. Massol-Deyá grew up in this project and chairs its Board of Directors since 2007. He is a faculty member at the Department of Biology of the University of Puerto Rico Mayagüez Campus, where he established the Tropical Microbial Ecology Lab. He is the author of multiple academic and opinion articles and has given numerous conferences nationally and internationally.

Gabriela Miranda-Diaz is a Puerto Rican/Ecuadorian born and raised in Brooklyn, New York. In Spring 2021, she graduated with a Bachelor's degree in Environmental Sustainability from the CUNY BA program. Currently, together with her partner Ian Evans, Gabriela is the co-director of the Environmental Action Lab, a non-profit organization, whose mission is to fight environmental injustice by increasing community resilience and food security.

Dra. **Gladys M. Nazario Muñiz** became an ethnobotanist because of the mountain. She moved to Utuado, a municipality located in the central part of the island in the Cordillera Central, at nineteen years old from the capital city where she was born and raised. It was there that the local Jibaro elders and nature taught her about plants. She went to the University of Puerto Rico to study botany and has spent 30 years teaching it to new generations, as a professor of Biology at the University of Puerto Rico.

Tara Rodríguez Besosa, born in Santurce, Puerto Rico, is an architect building a world where agroecological concepts and queer practices are used to create resilience through food sovereignty. Tara is the founder of "El Departamento de la Comida" a project born in 2010 as a multi-farm CSA, then a storefront, then a local-sustainable sourced experimental kitchen, restaurant, and workshop space in Puerto Rico. Most recently, Tara founded Otra Cosa, a queer farming collective in Caguas, Puerto Rico.

Dr. **Ina Vandebroek**'s research is at the intersection of floristics, ethnobotany, community health, and conservation. Currently, she conducts fieldwork in Jamaica, in partnership with local community members and academic colleagues at The University of the West Indies, Mona. Ina is fluent in Dutch, English, and Spanish, and speaks Jamaican Patois.

Peter Visscher is a freelance copy editor from New York City and a current graduate student of Philosophy at Villanova University.

COUNTERPOINTS

Studies in Criticality

General Editor
Shirley R. Steinberg

Counterpoints publishes the most compelling and imaginative books being written in education today. Grounded on the theoretical advances in criticalism, feminism, and postmodernism in the last two decades of the twentieth century, Counterpoints engages the meaning of these innovations in various forms of educational expression. Committed to the proposition that theoretical literature should be accessible to a variety of audiences, the series insists that its authors avoid esoteric and jargonistic languages that transform educational scholarship into an elite discourse for the initiated. Scholarly work matters only to the degree it affects consciousness and practice at multiple sites. Counterpoints' editorial policy is based on these principles and the ability of scholars to break new ground, to open new conversations, to go where educators have never gone before.

For additional information about this series or for the submission of manuscripts, please contact:

Shirley R. Steinberg, General Editor
msgramsci@gmail.com

To order other books in this series, please contact our Customer Service Department:

peterlang@presswarehouse.com (within the U.S.)
orders@peterlang.com (outside the U.S.)

Or browse online by series:

www.peterlang.com

www.ingramcontent.com/pod-product-compliance
Ingram Content Group UK Ltd.
Pitfield, Milton Keynes, MK11 3LW, UK
UKHW021857290926
8980IPUK00005B/887

9 781433 195433